はじめに

　我が国においては、科学技術創造立国の理念の下、産業競争力の強化を図るべく「知的創造サイクル」の活性化を基本としたプロパテント政策が推進されております。

　「知的創造サイクル」を活性化させるためには、技術開発や技術移転において特許情報を有効に活用することが必要であることから、平成９年度より特許庁の特許流通促進事業において「技術分野別特許マップ」が作成されてまいりました。

　平成１３年度からは、独立行政法人工業所有権総合情報館が特許流通促進事業を実施することとなり、特許情報をより一層戦略的かつ効果的にご活用いただくという観点から、「企業が新規事業創出時の技術導入・技術移転を図る上で指標となりえる国内特許の動向を分析」した「特許流通支援チャート」を作成することとなりました。

　具体的には、技術テーマ毎に、特許公報やインターネット等による公開情報をもとに以下のような分析を加えたものとなっております。
　・体系化された技術説明
　・主要出願人の出願動向
　・出願人数と出願件数の関係からみた出願活動状況
　・関連製品情報
　・課題と解決手段の対応関係
　・発明者情報に基づく研究開発拠点や研究者数情報　など

　この「特許流通支援チャート」は、特に、異業種分野へ進出・事業展開を考えておられる中小・ベンチャー企業の皆様にとって、当該分野の技術シーズやその保有企業を探す際の有効な指標となるだけでなく、その後の研究開発の方向性を決めたり特許化を図る上でも参考となるものと考えております。

　最後に、「特許流通支援チャート」の作成にあたり、たくさんの企業をはじめ大学や公的研究機関の方々にご協力をいただき大変有り難うございました。

　今後とも、内容のより一層の充実に努めてまいりたいと考えておりますので、何とぞご指導、ご鞭撻のほど、宜しくお願いいたします。

独立行政法人工業所有権総合情報館

理事長　藤原　譲

携帯電話表示技術　　　エグゼクティブサマリー

成長を続ける携帯電話表示技術

■ 多様化する携帯電話表示技術

　最近の技術革新は、これまで単なる通信手段であった携帯電話の用途を多機能のデータ通信手段へ変貌させた。この結果、文字や図形データの表示から始まり、画像データまで表示することが可能になった。また携帯電話は、着信や電池切れなどの補助的な情報を表示するために、光、色、声、音、メロディ、振動を利用する技術でもある。この技術についても、それぞれの技術の進歩により視認性、報知性、利便性などの表示性能が格段に向上している。このような実用的内容の表示のほかにも、アミューズメント性を持たせた表示も求められるようになっている。

　このような今日の携帯電話は、表示技術を制御方法および表示情報から、「パネルの表示制御」、「パネルの状態表示」、「パネルのサービス情報表示」、「パネルの発着信・メッセージ表示」、「発光表示」、「可聴表示」、「振動表示」にカテゴライズすることができる。

■ 急激な出願の伸びは1995、96年から

　1994年に携帯電話の売り切り制度がスタートしてから、新規加入台数は96年3月に1,000万台を突破した。それ以降も毎年1,000万台が新規に加入を続け2001年末には契約数が7,000万台を突破した。この驚異的な伸びが始まった96年頃は、携帯電話が市場に認知された時期である。

　携帯電話表示技術に関する特許出願をみると、1995年から96年にかけて、ほとんどの企業が表示技術の開発に多くの研究開発者を投入している。これとともに出願件数も急激に増え、その勢いは現在も続いている。市場からの認知が多くの出願を促すものとなった。

■ 課題と解決手段事例　その1

　データ通信用途が増えるに伴い、携帯電話は多種多様な機能を持つようになった。このため機能指定に、煩雑な操作を強いられ時間もかかる。操作性は重要な改善すべき課題であり、出願件数が非常に多い。キー入力、ダイヤル入力、タッチ式入力など多くの解決手段が開発され特許として出願されている。

携帯電話表示技術　　　エグゼクティブサマリー

成長を続ける携帯電話表示技術

■ 課題と解決手段事例　その２

　携帯電話が若者の支持を得ることができた理由の１つに、アミューズメント性が挙げられる。表示の美しさや奇抜さ、アニメのかわいらしさ、作曲できる着信メロディなど携帯電話を持つ楽しさが購入意欲を刺激した。1999年までに出願された件数は、決して多くないが注目すべきテーマである。

■ 技術開発拠点は大都市に集中

　主要出願人20社の開発拠点を発明者の住所・居所でみると、関東地方と関西地方に集中している。特に東京、神奈川および大阪に偏っている。また海外では米国と欧州に拠点がある。

■ 技術開発の課題

　技術開発の課題は、画面の制約から表示量が少なく見づらいことである。表示量の拡大と視認性の向上が今後の研究開発の中心となる。

　小さい画面にたくさんのデータを表示することが、今までもこれからも研究開発の基本的課題であることに変わりはない。メール情報量の多寡に応じたフォントサイズの自動変更機能や画面が大きくとれる折り畳み型携帯電話の市場席巻などは、この課題に対する解決手段の典型的事例である。デジタルカメラやテレビ機能を搭載した携帯電話の出現で、表示すべき情報量はさらに膨大になった。

　視認性においては、大きなフォントの標準化やシャープなフォント形状などの出願事例がみられる。フルカラー化もその一例である。

　また表示量と視認性の両方を解決する手段として、携帯電話本体とは別体の表示装置を使用するものもある。

　このように表示量や視認性はその時々において技術的解決を行ってきたが、さらにこの技術の進歩なくしてインターネットを利用する各種サービスの拡大は望めない。

携帯電話表示技術　　　　　要素技術

多様化する携帯電話表示技術

携帯電話は、主表示手段である液晶パネルと補助手段である発光素子、リンガー、バイブレータなどを組合わせて、さまざまな情報を利用者に伝える。

携帯電話表示技術を制御方法および表示情報から、「パネルの表示制御」、「パネルの状態表示」、「パネルのサービス情報表示」、「パネルの発着信・メッセージ表示」、「発光表示」、「可聴表示」および「振動表示」の7つの技術に分類することができる。

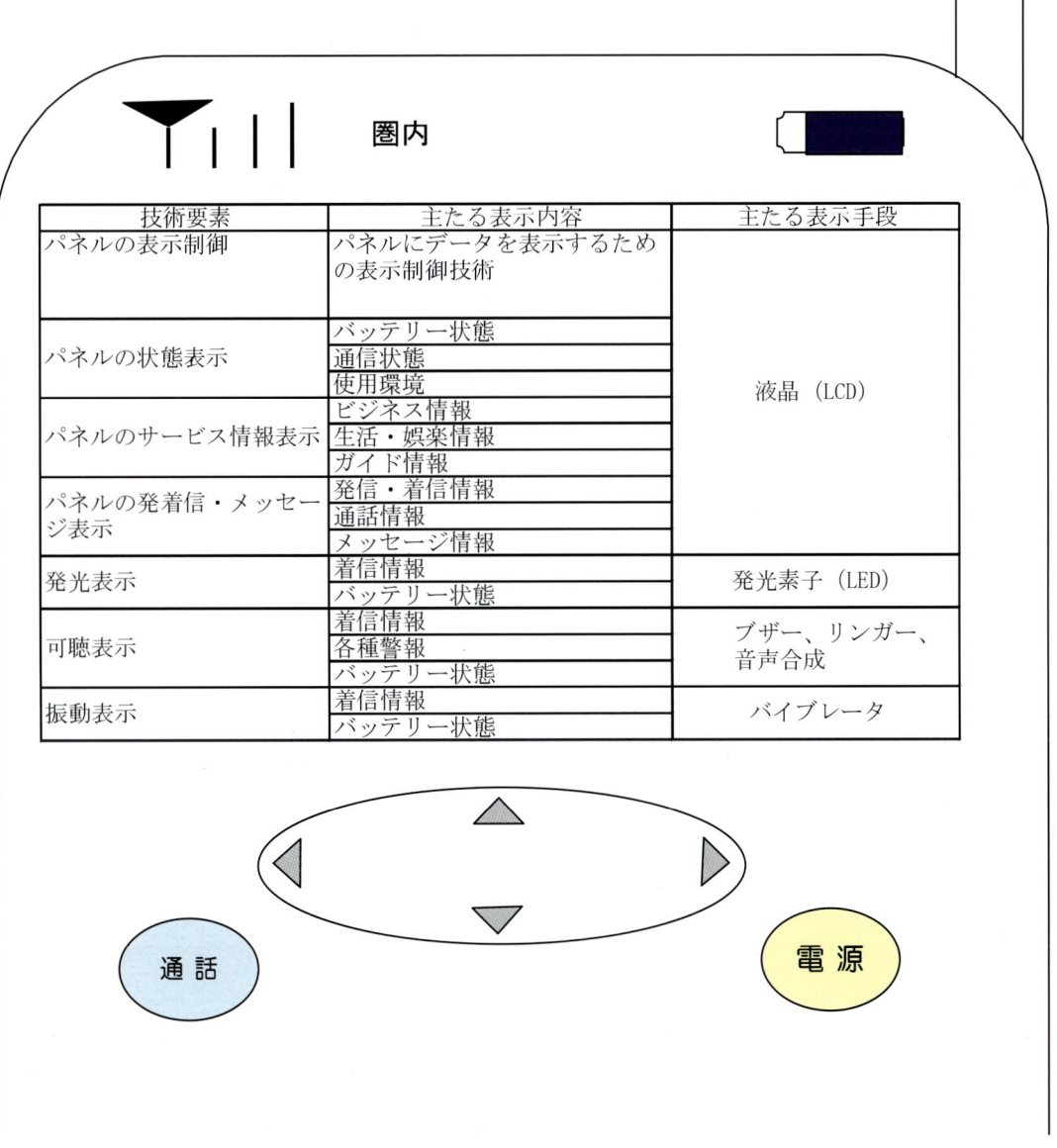

技術要素	主たる表示内容	主たる表示手段
パネルの表示制御	パネルにデータを表示するための表示制御技術	液晶（LCD）
パネルの状態表示	バッテリー状態 通信状態 使用環境	
パネルのサービス情報表示	ビジネス情報 生活・娯楽情報 ガイド情報	
パネルの発着信・メッセージ表示	発信・着信情報 通話情報 メッセージ情報	
発光表示	着信情報 バッテリー状態	発光素子（LED）
可聴表示	着信情報 各種警報 バッテリー状態	ブザー、リンガー、音声合成
振動表示	着信情報 バッテリー状態	バイブレータ

| 携帯電話表示技術 | | 出願状況 |

急激な出願の増加は1995、96年から

1995年以降の携帯電話表示技術に関する特許出願人数および出願は、ともに大幅に増加した。出願人数は95年から5年間に年間平均30人ずつ増えており、出願件数も約100件ずつ増加している。

主要出願人別にみても、多くの企業が1995年から96年頃に出願件数を大きく伸ばしており、この技術分野の研究開発に注力し始めたことがわかる。

図1.3.1-1 携帯電話表示技術全体の出願人数と出願件数の推移

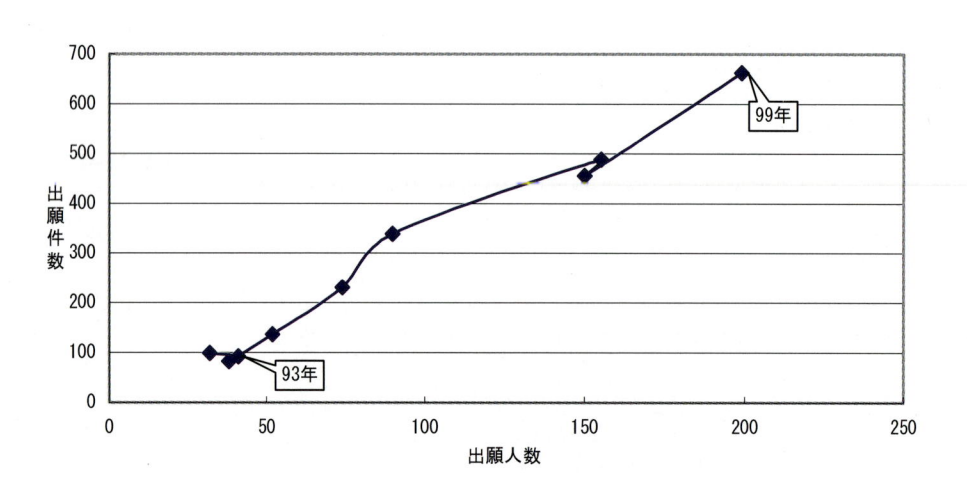

1991～2001年7月までに公開された出願

表1.3.1-1 携帯電話表示技術全体の出願状況

企業名/出願年	90	91	92	93	94	95	96	97	98	99	計
松下電器産業	7	31	6	13	15	9	13	36	36	59	225
日本電気	14	9	19	14	10	16	20	32	30	38	202
ソニー	1	9	7	2	21	27	19	38	27	7	158
東芝	5	6	6	6	7	7	10	29	20	38	134
日立国際電気	0	2	2	0	5	14	33	35	16	30	137
NECモバイリング	0	0	0	0	3	11	30	20	27	16	107
三洋電機	4	0	3	5	3	23	13	9	17	29	106
埼玉日本電気	1	0	3	1	0	7	16	18	24	32	102
京セラ	0	0	1	3	2	3	23	16	16	29	93
カシオ計算機	2	5	0	3	10	10	21	13	18	8	90
日立製作所	2	0	8	10	12	6	13	13	6	12	82
デンソー	0	0	0	1	0	1	3	5	10	47	67
三菱電機	1	4	1	1	4	5	18	11	11	10	66
シャープ	1	2	0	3	0	6	9	16	8	11	56
ケンウッド	0	0	0	0	0	0	5	11	11	29	56
キヤノン	1	0	3	1	3	8	1	6	9	4	36
富士通	2	1	7	1	2	6	1	4	3	6	33
日本電信電話	3	2	1	2	2	4	2	5	2	5	28
エヌ・ティ・ティ・ドコモ	1	0	2	0	1	2	3	1	1	13	24
ノキア モービル フォーンズ	2	0	1	1	0	0	4	5	3	6	22

携帯電話表示技術

課題・解決手段対応の出願人

課題と解決手段事例 その1

> 携帯電話の表示技術に関する特許出願の技術課題をみると、「入力操作性」に関するものが最も多い。パネル制御Ⅱ（データ入力）をみると、松下電器産業やソニーなど多くの企業がこの課題に対する解決手段を開発し、出願していることがわかる。その例の1つとしてダイヤル入力における操作性向上を紹介する。

表1.4.2-1 パネルの表示制御全体の技術開発と解決手段の対応表

パネルの表示制御		パネル制御Ⅰ 画面設定	パネル制御Ⅱ データ入力
表示機能・性能向上の	視認性・画質改善	109	21
	アミューズメント性	13	5
	大容量のデータ表示	7	5
	高速化	0	1
携帯性・操作性の改善	小型・軽量化	10	42
	入力操作性	71	190
	編集の容易化	6	6
電力低減		8	23
セキュリティ改善		1	8
静粛性の確保		0	7
使用制約の自動化		1	6
情報表示の正確性		0	1
条件に応じた制御		10	17

表1.4.2-3 パネルの表示制御Ⅱ（データ入力）の技術開発と解決手段の対応表

課題		解決手段 データ入力		
		キー入力	ダイヤル入力	タッチ方式などによる入力
表示機能・性能向上の	視認性・画質改善	全体件数 4件		全体件数 1件
	アミューズメント性	全体件数 1件		全体件数 1件
	大容量データの表示			
	高速化			全体件数 1件
操作性・携帯性の改善	小型・軽量化	全体件数 5件 ソニー 2	全体件数 4件	全体件数 13件 松下電器産業 2 ソニー 2 シャープ 2
	入力操作性	全体件数 60件 松下電器産業 8 東芝 6 日本電気 5 国際電気 5	全体件数 33件 松下電器産業 15 ソニー 8 ノキア モービル フォーンズ（フィンランド）3	全体件数 36件 ソニー 8 埼玉日本電気 3 ノキア モービル フォーンズ（フィンランド）3 三洋電機 2 三菱電機 2
	編集の容易化	全体件数 1件		

入力操作性	特許3011195 （松下電器産業）	H04M 1/00; H04M 1/02; H04M 1/23; H04Q 7/32; H04Q 7/38	ダイヤルの回転量に応じて機能名を表示し、ダイヤルが押し下げられると、表示された機能名に対応する制御が行われる。

v

携帯電話表示技術　　　　　課題・解決手段対応の出願人

課題と解決手段事例　その２

「アミューズメント性」は、携帯電話の購入に当たり機種選択の判断基準の１つである。音声・画像処理による解決事例を紹介する。

表1.4.2-4 パネルの表示制御Ⅲの技術開発と解決手段の対応表

課題	解決手段	内部データ処理			入力操作情報による表示制御	リモート端末への表示	照明・発光駆動回路などの回路制御
		電話帳・履歴情報などを用いたデータ処理	音声・画像処理	動作状態および内部データの監視・検索			
表示機能・性能の向上	視認性・画質改善	全体件数 22件 東芝 3 埼玉日本電気 3 ケンウッド 3	全体件数 16件 東芝 4 ソニー 3 京セラ 2	全体件数 10件 東芝 2 埼玉日本電気 2 ケンウッド 2	全体件数 6件 キヤノン 2	全体件数 34件 東芝 5	全体件数 11件 日本電気 3 デンソー 2 カシオ計算機 2
	アミューズメント性	全体件数 1件	全体件数 6件	全体件数 2件	全体件数 1件		
	大容量データの表示		全体件数 8件 松下電器産業 2		全体数 1	全体件数 7件 松下電器産業 2	
	高速化	全体件数 2件 三菱電機 2	全体件数 6件 京セラ 3	全体件数 2件	全体件数 1件		
操作性・携帯性の改善	小型・軽量化	全体件数 2件	全体件数 6件 松下電器産業 2	全体件数 1件		全体件数 7件 松下電器産業 2	
	入力操作性	全体件数 62件 国際電気 10 東芝 7 日立製作所 4 デンソー 4 京セラ 4	全体件数 6件	全体件数 16件 デンソー 2 埼玉日本電気 2 ケンウッド 2	全体件数 29件 ソニー 4 デンソー 3 ノキア モービルフォーンズ（フィンランド）3 ケンウッド 3	全体件数 4件	全体件数 5件 日本電気 2
	編集の容易化	全体件数 4件			全体件数 1件		
電力低減化		全体件数 1件	全体件数 1件	全体件数 7件 デンソー 2 国際電気 2	全体件数 11件 埼玉日本電気 2		全体件数 65件 日本電気 10 松下電器産業 6 埼玉日本電気 6 デンソー 5 東芝 5 NECモバイリング 4 国際電気 4
セキュリティ改善		全体件数 4件	全体件数 2件	全体件数 2件	全体件数 2件		
静粛性の確保			全体件数 2件	全体件数 2件		全体件数 1件	全体件数 1件
使用制約の自動化						全体件数 1件	

アミューズメント性	特開2001-45112 （日本電気）	H04M 1/00; H04M 1/00; H04Q 7/38	着信時に、メロディに連動してイラストを表示する。

| 携帯電話表示技術 | 技術開発拠点の分布 |

技術開発拠点は大都市に集中

主要出願人の開発拠点は、発明者の住所や居所からみると東京、愛知、大阪など大都市に集中している。

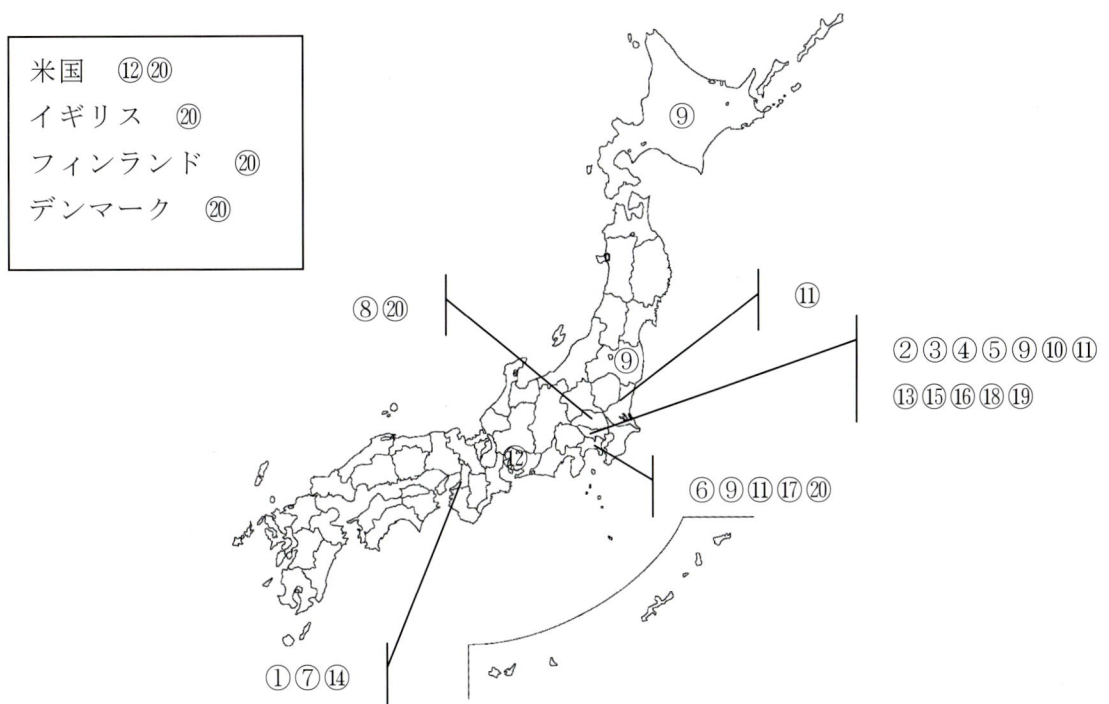

図3.1-1 技術開発拠点図

no	企業名	本社住所	TEL
1	松下電器産業	大阪府門真市大字門真1006	06-6908-1121
2	日本電気	東京都港区芝5-7-1	03-3454-1111
3	ソニー	東京都品川区北品川6-7-35	03-5448-2111
4	東芝	東京都港区芝浦1-1-1	03-3457-4511
5	日立国際電気	東京都中野区東中野3-14-20	03-3368-6111
6	NECモバイリング	神奈川県横浜市港北区新横浜3-16-8	045-476-2311
7	三洋電機	大阪府守口市京阪本通2-5-5	06-6991-1181
8	埼玉日本電気	埼玉県児玉郡神川町元原300－18	0495-77-3311
9	京セラ	京都府京都市伏見区竹田鳥羽殿町6	075-604-3500
10	カシオ計算機	東京都渋谷区本町1-6-2	03-5334-4111
11	日立製作所	東京都千代田区神田駿河台4-6	03-3258-1111
12	デンソー	愛知県刈谷市昭和町1-1	0566-25-5511
13	三菱電機	東京都千代田区丸の内2-2-3	03-3218-2111
14	シャープ	大阪府大阪市阿倍野区長池町22-22	06-6621-1221
15	ケンウッド	東京都渋谷区道玄坂1-14-6	03-5457-7111
16	キヤノン	東京都大田区下丸子3-30-2	03-3758-2111
17	富士通	東京都千代田区丸の内1-6-1　丸の内センタービル	03-3216-3211
18	日本電信電話	東京都千代田区大手町2-3-1	03-5205-5111
19	エヌ・ティ・ティ・ドコモ	東京都千代田区永田町2-11-1　山王パークタワー	03-5156-1111
20	ノキア　モービル　フォーンズ（フィンランド）	Keilalahdentie 4,FIN-00045	－

携帯電話表示技術　主要企業

松下電器産業　株式会社

課題と解決手段（パネル表示の制御技術）

入力操作性を改善する課題に対しての出願が最も多い。これらの出願の中で、ダイヤルを用いて入力を効率化する内容のものが、特許3011195など多数分割出願され登録されている。

課題 \ 解決手段		画面設定	データ入力	表示制御	システム制御
表示機能・性能の向上	視認性・画質改善	11	1	4	1
	アミューズメント性	0	0	0	0
	大容量データの表示	0	0	0	0
	高速化	0	0	0	0
操作性・携帯性の改善	小型・軽量化	0	0	0	0
	入力操作性	4	34	8	0
	編集の容易性	0	0	0	0
電力低減化	電力低減化	3	2	7	3

保有特許リスト例

技術要素	課題	解決手段	特許番号 / 出願日 / 主IPC	発明の名称、概要
パネルの表示制御	入力操作性	記憶情報を用いた入力	特開平10-13887 96.6.27 H04Q　7/14	**携帯端末装置** メッセージに含まれる数字列を抽出し、この数字列に対応する電話番号を電話帳メモリから検索し表示する。
パネルの表示制御	入力操作性	ダイヤル入力	特許3011195 91.6.25 H04M　1/00	**電話装置及び無線電話装置** ダイヤルの回転量に応じて機能名を表示し、ダイヤルが押し下げられると、表示された機能名に対応する制御が行われる。 PH11-8682

携帯電話表示技術　　　主要企業

日本電気　株式会社

課題と解決手段（パネル表示の制御技術）

視認性・画質改善、入力操作性、電力低減化の各課題に対して重点的にバランス良く出願している。またアミューズメント性、大容量データの表示、小型・軽量化に対しても件数は少ないながら出願されており、全方位的な出願傾向がみられる。

課題 \ 解決手段		画面設定	データ入力	表示制御	システム制御
表示機能・性能の向上	視認性・画質改善	7	1	7	2
	アミューズメント性	1	0	2	0
	大容量データの表示	1	0	1	1
	高速化	0	0	0	0
操作性・携帯性の改善	小型・軽量化	1	1	1	0
	入力操作性	4	11	6	1
	編集の容易性	0	0	0	0
電力低減化	電力低減化	1	1	11	0

保有特許リスト例

技術要素	課題	解決手段	特許番号 出願日 主IPC	発明の名称、概要
パネルの表示制御	アミューズメント性	音声・画像処理	特開 2001-45112 99.7.27 H04M 1/00	**携帯電話機のイラスト表示システム、方法及びそのシステムの使用方法**　着信時に、メロディに連動してイラストを表示する。
パネルの状態表示	仕様動作状態の表示	文字・アイコン・キャラクタなどを用いた表示	特許 3136781 92.7.20 H04Q 7/38	**無線通信機**　電話機の状態に合わせて、主表示パネル用のバックライトの光源色を使い分ける。　PH06-37715

携帯電話表示技術　主要企業

ソニー　株式会社

課題と解決手段（パネル表示の制御技術）

入力操作性の課題に対して、データ入力および画面設定による各解決手段を重点的に出願している。これらの公報の中で、ダイヤルを用いて入力操作性を向上する内容のものが多い。また視認性を高めるために、画像を電話帳などの登録データに関連づけて記憶する解決手段なども出願されている。

課題 \ 解決手段		画面設定	データ入力	表示制御	システム制御
表示機能・性能の向上	視認性・画質改善	11	1	6	1
	アミューズメント性	0	0	0	0
	大容量データの表示	1	0	1	1
	高速化	0	0	0	0
操作性・携帯性の改善	小型・軽量化	3	7	0	2
	入力操作性	15	21	8	2
	編集の容易性	0	0	0	0
電力低減化	電力低減化	0	0	0	0

保有特許リスト例

技術要素	課題	解決手段	特許番号 出願日 主IPC	発明の名称、概要
パネルの表示制御	入力操作性	フォント・アイコンなどの設定	特許 2996393 94.8.31 H04M 1/274	**通信端末装置**　入力文字数が所定数までは表示文字が第1の大きさで表示され、所定数を超えると小さい第2の大きさで表示される。 PH10-98518
発光表示	着信認知	発光機能付別体報知装置	特開平 10-51520 96.8.2 H04M 1/00	**着信指示装置**　眼鏡のサイドフレームに取り付けて使用する着信報知装置で。リンガー音に換えて着信光（呼び出し光）によって着信を知らせる。これにより、使用者は視覚によって着信を確実に認識できる。

携帯電話表示技術　　主要企業

株式会社　東芝

課題と解決手段（パネル表示の制御技術）

視認性・画質改善、入力操作性、電力低減化の各課題に対して、表示制御による解決手段に重点的に出願がなされている。具体的には、視認性・画質改善に対して、特開2001-177668のような内部データ処理、リモート端末への表示の各解決手段に多くの出願がなされている。

課題 \ 解決手段		画面設定	データ入力	表示制御	システム制御
表示機能・性能の向上	視認性・画質改善	5	5	15	2
	アミューズメント性	0	0	0	0
	大容量データの表示	0	0	0	0
	高速化	0	0	0	0
操作性・携帯性の改善	小型・軽量化	1	2	0	0
	入力操作性	2	9	11	0
	編集の容易性	0	0	0	0
電力低減化	電力低減化	1	1	7	0

保有特許リスト例

技術要素	課題	解決手段	特許番号 / 出願日 / 主IPC	発明の名称、概要
パネルの表示制御	視認性・画質改善	照明制御	特開2001-177668　99.12.20　H04M11/00,303	**通信端末装置**　受信した文字メッセージに含まれる文字列に応じて、着信メロディの鳴動、バイブレータ動作およびバックライト動作を制御する。
パネルの発着信・メッセージ表示	通話状態の表示	着信履歴・着信回数表示	特開平11-252219　98.2.27　H04M 1/00	**電話装置**　呼回数テーブルに書き込まれたカウント値に基づき、発呼と着呼の回数のいずれが多いかを示すバロメータ図形を表示する。

携帯電話表示技術　　　主要企業

株式会社　日立国際電気

課題と解決手段（パネル表示の制御技術）

視認性・画質改善の課題に対しての画面設定による解決手段と、入力操作性の課題に対しての解決手段とに重点的に出願がなされている。具体的には、視認性・画質改善に対して、特開2000-349888のようなフォント・アイコンなどの設定、画面構成および画面シーケンス制御の各解決手段に重点的に出願がなされている。

課題 \ 解決手段		画面設定	データ入力	表示制御	システム制御
表示機能・性能の向上	視認性・画質改善	14	1	2	2
	アミューズメント性	0	0	0	0
	大容量データの表示	0	0	0	0
	高速化	0	0	0	0
操作性・携帯性の改善	小型・軽量化	0	0	0	0
	入力操作性	7	7	12	1
	編集の容易性	1	1	2	1
電力低減化	電力低減化	0	0	0	0

保有特許リスト例

技術要素	課題	解決手段	特許番号 / 出願日 / 主IPC	発明の名称、概要
パネルの表示制御	視認性・画質改善	フォント・アイコンなどの設定	特開2000-349888 96.7.1 H04M 1/247	**携帯電話装置** 機能を表すアイコンを選択すると、アイコンの機能を文字によりガイダンス表示する。
パネルの状態表示	動作状態に応じた正確で、認識容易な表示	文字・アイコン・キャラクタなどを用いた表示	特開平11-98565 97.9.19 H04Q 7/38	**携帯電話機** 割り込み受信時あるいは三者通話時の通話状態を把握しやすくするために、1対1の通話状態では「通話中」、A・Bの2加入者の接続状態で一方との通話状態には「A：通話中」「B：保留」などのように表示器へ表示し、携帯電話の使用者がいまどの状態かを認識しやすくする。

目次

携帯電話表示技術

1. 技術の概要
- 1.1 携帯電話表示技術 3
  - 1.1.1 携帯電話表示技術全体 3
  - 1.1.2 パネルの表示制御 5
  - 1.1.3 パネルの状態表示 12
  - 1.1.4 パネルのサービス情報表示 14
  - 1.1.5 パネルの発着信・メッセージ表示 15
  - 1.1.6 発光表示 16
  - 1.1.7 可聴表示 17
  - 1.1.8 振動表示 18
- 1.2 携帯電話表示技術の特許情報へのアクセス 19
- 1.3 技術開発活動の状況 21
  - 1.3.1 携帯電話表示技術全体 21
  - 1.3.2 パネルの表示制御 22
  - 1.3.3 パネルの状態表示 23
  - 1.3.4 パネルのサービス情報表示 25
  - 1.3.5 パネルの発着信・メッセージ表示 26
  - 1.3.6 発光表示 27
  - 1.3.7 可聴表示 28
  - 1.3.8 振動表示 29
- 1.4 携帯電話表示技術開発の課題と解決手段 31
  - 1.4.1 携帯電話表示技術 31
  - 1.4.2 パネルの表示制御 31
  - 1.4.3 パネルの状態表示 36
  - 1.4.4 パネルのサービス情報表示 37
  - 1.4.5 パネルの発着信・メッセージ表示 39
  - 1.4.6 発光表示 40
  - 1.4.7 可聴表示 41
  - 1.4.8 振動表示 44

目次

2. 主要企業等の特許活動

- 2.1 松下電器産業 50
  - 2.1.1 企業の概要 50
  - 2.1.2 製品例 51
  - 2.1.3 技術開発拠点と研究者 51
  - 2.1.4 技術開発課題対応保有特許の概要 53
- 2.2 日本電気 60
  - 2.2.1 企業の概要 60
  - 2.2.2 製品例 60
  - 2.2.3 技術開発拠点と研究者 61
  - 2.2.4 技術開発課題対応保有特許の概要 63
- 2.3 ソニー 68
  - 2.3.1 企業の概要 68
  - 2.3.2 製品例 68
  - 2.3.3 技術開発拠点と研究者 69
  - 2.3.4 技術開発課題対応保有特許の概要 70
- 2.4 東芝 75
  - 2.4.1 企業の概要 75
  - 2.4.2 製品例 75
  - 2.4.3 技術開発拠点と研究者 76
  - 2.4.4 技術開発課題対応保有特許の概要 77
- 2.5 日立国際電気 82
  - 2.5.1 企業の概要 82
  - 2.5.2 製品例 82
  - 2.5.3 技術開発拠点と研究者 83
  - 2.5.4 技術開発課題対応保有特許の概要 84
- 2.6 NECモバイリング 88
  - 2.6.1 企業の概要 88
  - 2.6.2 製品例 88
  - 2.6.3 技術開発拠点と研究者 89
  - 2.6.4 技術開発課題対応保有特許の概要 90
- 2.7 三洋電機 93
  - 2.7.1 企業の概要 93
  - 2.7.2 製品例 93
  - 2.7.3 技術開発拠点と研究者 94
  - 2.7.4 技術開発課題対応保有特許の概要 96

目次

- 2.8 埼玉日本電気 100
  - 2.8.1 企業の概要 100
  - 2.8.2 製品例 100
  - 2.8.3 技術開発拠点と研究者 100
  - 2.8.4 技術開発課題対応保有特許の概要 102
- 2.9 京セラ 105
  - 2.9.1 企業の概要 105
  - 2.9.2 製品例 105
  - 2.9.3 技術開発拠点と研究者 106
  - 2.9.4 技術開発課題対応保有特許の概要 108
- 2.10 カシオ計算機 111
  - 2.10.1 企業の概要 111
  - 2.10.2 製品例 111
  - 2.10.3 技術開発拠点と研究者 112
  - 2.10.4 技術開発課題対応保有特許の概要 113
- 2.11 日立製作所 116
  - 2.11.1 企業の概要 116
  - 2.11.2 製品例 116
  - 2.11.3 技術開発拠点と研究者 117
  - 2.11.4 技術開発課題対応保有特許の概要 118
- 2.12 デンソー 121
  - 2.12.1 企業の概要 121
  - 2.12.2 製品例 121
  - 2.12.3 技術開発拠点と研究者 122
  - 2.12.4 技術開発課題対応保有特許の概要 123
- 2.13 三菱電機 126
  - 2.13.1 企業の概要 126
  - 2.13.2 製品例 126
  - 2.13.3 技術開発拠点と研究者 127
  - 2.13.4 技術開発課題対応保有特許の概要 129
- 2.14 シャープ 131
  - 2.14.1 企業の概要 131
  - 2.14.2 製品例 131
  - 2.14.3 技術開発拠点と研究者 132
  - 2.14.4 技術開発課題対応保有特許の概要 134

目次

2.15 ケンウッド ... 136
- 2.15.1 企業の概要 ... 136
- 2.15.2 製品例 ... 136
- 2.15.3 技術開発拠点と研究者 ... 137
- 2.15.4 技術開発課題対応保有特許の概要 ... 138

2.16 キヤノン ... 140
- 2.16.1 企業の概要 ... 140
- 2.16.2 製品例 ... 140
- 2.16.3 技術開発拠点と研究者 ... 141
- 2.16.4 技術開発課題対応保有特許の概要 ... 142

2.17 富士通 ... 144
- 2.17.1 企業の概要 ... 144
- 2.17.2 製品例 ... 144
- 2.17.3 技術開発拠点と研究者 ... 145
- 2.17.4 技術開発課題対応保有特許の概要 ... 146

2.18 日本電信電話 ... 148
- 2.18.1 企業の概要 ... 148
- 2.18.2 製品例 ... 148
- 2.18.3 技術開発拠点と研究者 ... 149
- 2.18.4 技術開発課題対応保有特許の概要 ... 150

2.19 エヌ・ティ・ティ・ドコモ ... 152
- 2.19.1 企業の概要 ... 152
- 2.19.2 製品例 ... 152
- 2.19.3 技術開発拠点と研究者 ... 153
- 2.19.4 技術開発課題対応保有特許の概要 ... 154

2.20 ノキア モービル フォーンズ ... 156
- 2.20.1 企業の概要 ... 156
- 2.20.2 製品例 ... 156
- 2.20.3 技術開発拠点と研究者 ... 157
- 2.20.4 技術開発課題対応保有特許の概要 ... 159

目次

3. 主要企業の技術開発拠点
- 3.1 携帯電話表示技術全体 164
- 3.2 パネルの表示制御 166
- 3.3 パネルの状態表示 168
- 3.4 パネルのサービス情報表示 170
- 3.5 パネルの発着信・メッセージ表示 172
- 3.6 発光表示 174
- 3.7 可聴表示 176
- 3.8 振動表示 178

資料
1. 工業所有権総合情報館と特許流通促進事業 183
2. 特許流通アドバイザー一覧 186
3. 特許電子図書館情報検索指導アドバイザー一覧 189
4. 知的所有権センター一覧 191
5. 平成13年度25技術テーマの特許流通の概要 193
6. 特許番号一覧 209

1. 技術の概要

1.1 携帯電話表示技術
1.2 携帯電話表示技術の特許情報へのアクセス
1.3 技術開発活動の状況
1.4 携帯電話表示技術開発の課題と解決手段

> 特許流通
> 支援チャート

1. 技術の概要

> 携帯電話は、従来通話用機器としての役割を担ってきたが、iモードの登場を契機として、音声主体の利用からデータ主体の利用への移行が急速に進みつつあり、IT革命の主役としての役割を果たそうとしている。

1.1 携帯電話表示技術

1.1.1 携帯電話表示技術全体
(1) 携帯電話の歴史

　携帯電話の日本における商用サービスは、1985年に登場したショルダーホンに始まる。ショルダーホンは自動車電話の技術を応用して開発され、名前の通り肩に掛けて持ち歩くことができるという画期的な製品であったが、重量は約3kgと非常に重く、また容積も2,300ccもあり携帯性に乏しいものであった。

　その後、1987年に約900gのハンディタイプ携帯電話TZ-802Bが登場し、大幅に軽量化が図られた。さらに91年にエヌ・ティ・ティ・ドコモから、220gという当時の世界最小・最軽量の携帯電話であるムーバシリーズが発売された。この後小型・軽量化はさらに進み、96年にエヌ・ティ・ティ・ドコモから重量が100g、容積が100ccを下回るデジタル・ムーバが発売され、最近では60g程度の携帯電話まで開発されているが、ポケットに入れることができる程度の小型・軽量化を実現するという技術競争は、一応収束したと考えることができる。

　小型・軽量化の急速な進歩の一方で、携帯電話の利用方法が音声通信の利用方法からデータ通信の利用方法へと変化してきている。従来から携帯電話を用いてメールをやりとりするサービスは行われていたが、この動きを決定的に加速したのは、1999年2月にサービス開始されたiモードである。

　2001年12月時点でのiモード契約数は3,000万件を超え、メールでの利用のほかに、WEBアクセス数が9.9ページ・ビュー／人・日と、データ通信の利用が急速に増大してきている。このように携帯電話に表示する内容は、当初の電話番号、電波状態、バッテリー残量などの簡単な情報に、ショートメールなどのメッセージ情報が加わり、さらにiモードサービスとともに、長文メール、静止画像、ＪＡＶＡを用いた動画像などの大容量データの情報表示へと変化してきている。

　大容量データを表示するためには、画面サイズをできるだけ大きくすることが必要であ

り、最近では小型化と画面サイズを大きくし視認性・画質改善を両立させるため、折り畳み式の携帯電話が主流となってきている。

　画面に表示するデータ量が増大し、かつデータの内容が複雑化するとともに、このデータを操作するための入力操作性の改善が重要性を増してきている。表示情報の視認性と入力操作性は密接な関連性があり、入力操作の回数を少なくするという技術以外にも、表示データの階層化、優先順位に応じた表示、音声認識を用いた音声データから文字データへの変換など広範囲な技術が提案されている。

　現在カメラを内蔵し静止画像を送受信するＪ－フォンの写メールが人気を集めているが、G3規格の携帯端末であるＦＯＭＡでは、カメラを内蔵しＴＶ電話のサービスが開始されつつある。

　現在までの携帯電話のハードウェアの進歩は目を見張るほどであり、重量は当初の携帯電話の約１／30に、表示色はモノクロから、256色によるカラー化、さらにフルカラー化へと進歩し、最近ではGPSを搭載した機種まで発売されている。今後も、周辺機器を実装するなど一層の進展が予想される。

　最近ｉモードサービスを契機として、携帯電話からデータベースへアクセスすると、利用者の要求に応じた多様な情報を携帯電話に表示するという新しいビジネス、すなわちサービス情報ビジネスというべきビジネスが携帯電話のインフラを活用して次々と起きている。携帯電話の表示技術を語る上で、このサービス情報の動向は極めて重要と思われる。

　　＊「ｉ-ｍｏｄｅ／アイモード」、「ｉ-モード／アイモード」は
　　　株式会社エヌ・ティ・ティ・ドコモの登録商標です。
　　＊「ＦＯＭＡ／フォーマ」は株式会社エヌ・ティ・ティ・ドコモの登録商標です。
　　＊「ショルダーホン」は株式会社エヌ・ティ・ティ・ドコモの登録商標です。
　　＊「ムーバ」は株式会社エヌ・ティ・ティ・ドコモの登録商標です。
　　＊「ショートメール」は株式会社エヌ・ティ・ティ・ドコモの登録商標です。
　　＊「ＪＡＶＡ」はサン・マイクロシステムズ・インコーポレーテッドの登録商標です。
　　＊「写メール」はジェイフォン東日本株式会社の登録申請中の商標です。

(2) 携帯電話表示技術の概要

　携帯電話表示技術は、一般的には表示素子の構造および製造方法、パネルの駆動技術、実装技術などを含む幅広い技術分野を扱うが、ここではパネル、発光素子、バイブレータなどの表示装置に対する制御方法および表示情報を主として説明する。この見地から、携帯電話表示技術を表1.1.1-1に示すように、下記の7つに大別する。

　　・パネルの表示制御
　　・パネルの状態表示
　　・パネルのサービス情報表示
　　・パネルの発着信・メッセージ表示
　　・発光表示
　　・可聴表示
　　・振動表示

表1.1.1-1 携帯電話表示技術の分類

技術要素	主たる表示内容	主たる表示手段
パネルの表示制御	パネルにデータを表示するための表示制御技術	液晶（LCD）
パネルの状態表示	バッテリー状態 通信状態 使用環境	
パネルのサービス情報表示	ビジネス情報 生活・娯楽情報 ガイド情報	
パネルの発着信・メッセージ表示	発信・着信情報 通話情報 メッセージ情報	
発光表示	着信情報 バッテリー状態	発光素子（LED）
可聴表示	着信情報 各種警報 バッテリー状態	ブザー、リンガー、音声合成
振動表示	着信情報 バッテリー状態	バイブレータ

「パネルの表示制御」は、表示性能の向上、操作性・携帯性の改善、電力低減化などのパネルへの表示制御に関する内容を主とし、ほかに基地局またはサーバを含めたシステム制御の内容、発光表示、可聴表示、振動表示を状況に応じて最適に制御する内容をも含み、7分類中で最も広範囲な内容を取り扱っている。

「パネルの状態表示」は、バッテリー状態表示、通信状態表示、使用環境の表示など携帯電話の内部動作状態と外部の通信環境および使用環境の課題を扱っている。

「パネルのサービス情報表示」は最近増加している内容であり、情報の内容に特徴があるものを分類している。

「パネルの発着信・メッセージ表示」は、発信情報、着信情報、メッセージ情報をパネルへ表示する内容のものを扱っており、「発光表示」はLEDなどの発光素子を用いた表示内容のものが分類されている。

また「可聴表示」は、音声あるいはメロディなどの音により表示する内容を扱い、「振動表示」は、振動パターンによる各種情報の表示など振動を利用した表示の内容を扱っている。

1.1.2 パネルの表示制御

パネルの表示制御は、内容が多岐にわたるため表1.1.2-1に示すように大きく4つに分類している。具体的に説明すると、第1の技術分類は画面設定に関するパネル制御Ⅰであり、第2の技術分類はデータ入力に関するパネル制御Ⅱであり、第3の技術分類は内部データ処理、入力操作情報による表示制御、リモート端末への表示、照明・発光駆動回路などの回路制御に関するパネル制御Ⅲであり、第4の技術分類は、システム制御に関するパネル制御Ⅳである。

表1.1.2-1 パネルの表示制御の分類

	主たる制御内容	技術課題
パネル制御Ⅰ	画面設定	・表示機能・性能の向上
パネル制御Ⅱ	データ入力	・操作性・携帯性の改善
パネル制御Ⅲ	内部データ処理	・電力低減
	入力操作情報による表示制御	・セキュリティ改善
	リモート端末への表示	・静粛性の確保
	照明・発光駆動回路などの回路制御	・使用制約の自動化
		・情報表示の正確性
パネル制御Ⅳ	システム制御	・条件に応じた制御

(1) パネル制御Ⅰ（画面設定）

　パネル制御Ⅰは、画面設定により表示機能・性能の向上、操作性・携帯性の改善、電力低減化などの課題を解決する技術内容を扱っている。具体的に説明すると画面設定は、メニュー設定、画面構成および画面シーケンス制御、操作情報の表示、フォント・アイコンなどの設定、照明制御に5分類することができる。以下各項目について解説する。

a．メニュー設定

　携帯電話の多機能化に伴いメニューの数が膨大になり、かつ複雑化している。従ってメニューを体系化し、理解しやすい構成にすることが操作性の向上に直結する。こうしたことから、メニュー画面が表示された状態でヘルプキーが押されると、メニュー画面からヘルプ画面に移行し、機能の詳しい内容を即座に知ることができるといった技術や、複数のアプリケーションの識別情報を同時に表示し、選択されたアプリケーションに使用可能なオプションのリストを表示する内容の技術、また機能階層構造の位置を容易に把握するために、機能の階層レベル番号と機能番号とが表示されるといった技術が開発された。

　またユーザの使用状況に応じてメニューを表示することもメニューを快適に使用する上で重要であり、サブメニューの選択回数をカウントし、カウント値の多い順にサブメニューを表示する技術や、使用頻度の高い機能を数字に割り当てて登録することにより、機能キーと割り当てた数字を入力することで、即座に機能を表示する技術などが開発されている。

b．画面構成および画面シーケンス制御

　画面構成および画面シーケンス制御の内容は、待ち受け画面・入力画面などの画面構成と画面シーケンス制御、画面表示方向の制御、複数画面の画面制御にさらに分類することができる。

　待ち受け画面・入力画面などの画面構成は、スタンバイモードからパーシャルモードに移行する際、スクリーンセーバ画像を時間的かつ段階的に小さくしアミューズメント性を高める技術、専用表示領域を専用表示部と専用汎用共用表示部とに分割し、専用汎用共用表示部にはユーザが指定したステータスシンボルまたはショートメッセージを切り替え、

画面構成を工夫することで小さい画面を有効に用いる技術、メールヘッダによりメールメッセージの種別を判定し、通常のメールと送達確認メールの場合とで、待ち受け画面の表示を変更し、視認性を高める技術などが開発されている。

　画面表示方向の制御は、表示パネル上に表示されている地図の方位とその地点での実際の方位とが一致するように地図データを回転して表示するなど、ユーザが見やすい方向に表示データの表示方向を制御する技術である。

　また複数画面の画面制御は、折り畳み型携帯電話で、開いたときは内側の表示器に、閉じたときは外側の表示器に表示データを供給する技術や、キー入力部が開閉可能であり、閉じた状態で外側に電話帳やスケジュールデータを表示する技術などであり、最近折り畳み式の携帯電話が主流となるにつれ、重要な技術となってきている。

c．操作情報の表示

　操作情報の表示は、操作途中で操作手順が分からなくなった場合に、ヘルプ機能が自動的に起動し操作手順を表示する技術や、カーソルでアイコンを選択すると、選択されたアイコンに文字によるガイダンスが表示されるといった操作に関する情報をタイムリに表示し、操作に不慣れなユーザに対しても操作性を改善する技術である。

d．フォント・アイコンなどの設定

　最近長文メールなどデータ量が多い文書を表示する使用方法が増大してきているが、通常のフォントで表示すると、文書全体が見えなくなり視認性が悪くなる。この点を改善するために、入力文字数が少ない場合は大きなフォントで表示し、入力文字数が多い場合は小さいフォントで表示する技術などが開発されている。

　またアイコンをより使いやすくするために、機能が設定されていないアイコンを用いて、使用者がアイコンに独自の機能または情報を設定するなど、操作性を改善する技術が開発されている。またカーソルでアイコンを選択すると、選択されたアイコンに文字によるガイダンスが表示されるようにして、アイコンが理解しやすくなるような技術も開発されている。

e．照明制御

　照明制御は、表示部や入力操作部の照明を制御することにより各種の情報を表示し、視認性を高める技術であり、具体的には、受信した相手先電話番号や電池残量に対応して、画面の輝度、色、発光パターンを変えて表示する技術や、受信した文字メッセージに含まれる文字列に応じてバックライト動作を制御する技術などが開発されている。

(2) パネル制御Ⅱ（データ入力）

　パネル制御Ⅱは、データ入力を工夫することにより表示機能・性能の向上、操作性・携帯性の改善、電力低減化などの課題を解決する技術内容を扱っている。具体的に説明するとデータ入力は、キー入力、ダイヤル入力、タッチ方式などによる入力、カメラ・スキャナ・マイク・センサなどによる入力、記憶情報を用いた入力に5分類することができる。以下各項目について解説する。

a．キー入力

　入力キーが配置された操作部は、携帯電話の宿命である小型化の制約から面積を小さくすることが求められ、入力キーの数が限定されるとともに、入力キー自体も小さくせざるを得ない。このため入力操作性を改善するために、従来から多くの技術が開発されてきており、現在においても重要な技術課題として開発が行われている。

　キー入力の技術は、単にキーの配置を工夫するといったものより、画面上に表示された表示対象に関連している内容のものが多く、具体的には、特定のキーを一定時間以上押すと、登録された電話番号を呼び出してワンタッチ・ダイヤルを行うといった技術や、特定のキーを押し続けると、発呼回数の多い順に、電話帳データとして登録された電話番号を順次表示し、特定キーを押すのをやめた時点で表示されている電話番号で発呼する技術など、入力操作回数をなるべく少なくして、希望の処理を実行することができるような技術が開発されている。

b．ダイヤル入力

　従来より電話番号を効率よく表示するために、携帯電話の側面に回転式のダイヤルを設け、回転量に応じた電話番号などを表示する技術が開発されてきた。携帯電話の操作環境が、音声主体の処理から画像を含む表示データ主体の処理に移行するに伴い、表示画面を正面から見ながらスクロール操作を行うために、操作部と同一面内にダイヤルを設け、表示画面上の階層化されたメニューから必要な機能を選択するなどの処理が主流となってきている。

　具体的には、ダイヤルを回転することにより項目を選択し、押し込むことにより項目に関する情報を表示する技術や、カーソルが画面の最上位の項目にあるときにカーソルを上方に移動する操作を行うと、前画面の最上位の項目にカーソルがジャンプする技術、さらに回転ダイヤルにより音量調整を行うとともに、漢字変換の操作を行うときは、変換候補の漢字を順次表示する技術などが開発されている。

c．タッチ方式などによる入力

　タッチ方式などによる入力としては、ペンや指で入力を行うタッチパネル方式が代表的であるが、ほかにトラックボールを操作して入力する方法、振動を与えて入力する方法など多様なアイデアによる技術が提案されている。具体的に説明すると、フリップにタブレットを設け、タブレットに入力された手書き文字を認識して、機能項目などを選択する技術や、複数の機能に対応しディスプレイ上に複数の領域が設定されており、カーソルをこれらの領域に正確に移動しなくとも、自動的に最も近い領域に移動して機能が選択されるので操作性が改善する技術などが開発されている。変わったところでは、呼び出されたときに筐体を叩くなどの動作をセンサが検知して、呼び出し音を停止、またはほかの表示に切り替えるなどの技術が提案されている。

d．カメラ・スキャナ・マイク・センサなどによる入力

　この技術は、カメラ、スキャナからの画像入力に関する技術、マイクからの音声入力と入力した音声を音声認識の技術を用いて文字に変換し表示部へ出力する技術、センサから

の各種情報の入力の各技術から構成される。

　すなわち携帯電話に内蔵したカメラにより画像を取り込みメールとともに送信するという機能は、単なる文字によるメールのやりとりだけでは飽き足らない若い世帯に強いインパクトを与えており、第3世代の携帯電話で実現したTV電話へと発展してきている。

　またスキャナ入力に関しては、キー入力を省略して大幅に入力操作性を改善する内容が多いが、入力データに秘匿性があることを利用して、セキュリティ改善を図る技術も見られる。

　さらにマイクによる音声入力は、手入力ができないとき音声入力し、入力した音声信号を音声認識することにより音声信号を文字データに変換し、各種の処理を行う場合などに用いられる技術である。具体的には、音声を文字データに変換することで、歩きながらでも文書を送信することができる技術などがあげられる。

　またセンサによる入力情報の種類は、加速度センサはじめ非常に多様であるが、最も多い入力信号としては光信号があげられる。光センサにより周囲の明るさを検知して、明るい場合は照明を停止し電力低減化を行い、暗い場合は照明することにより視認性や操作性を改善する内容ものが代表的である。

e．記憶情報を用いた入力

　記憶情報を用いた入力は、さらに操作履歴情報を用いた入力、メッセージ情報からの入力、登録された文字情報を選択することによる入力に分類される。いずれの入力方法も、入力操作回数を少なくして入力操作性を改善しようとする内容のものが、この項目の77％を占め、圧倒的に多い。

　具体例で説明すると、受信したメッセージの名前に対応する電話番号を検索して、発呼する技術や、過去に使用した機能の機能名を機能履歴情報として記憶しておき、最近使用した順から機能名を表示する技術などがあげられる。

(3) パネル制御III（内部データ処理など）

　パネル制御IIIは、内部データ処理、入力操作情報による表示制御、リモート端末への表示、照明・発光駆動回路などの回路制御に関する技術に大きく4分類することができる。さらに内部データ処理は、電話帳・履歴情報などを用いたデータ処理、音声・画像処理、動作状態および内部データの監視・検索の各技術に分類される。以下各項目について解説する。

a．電話帳・履歴情報などを用いたデータ処理

　電話帳・履歴情報などを用いたデータ処理では、内蔵の電話帳を使いやすくすることで操作性を向上しようとする内容のものが最も多く、次に電話帳の情報を見やすくするための技術が多い。前者の例としては、特定キーを押し続けると発呼回数の多い順に、登録されている電話番号を順次表示する技術などがあり、後者の例としては、電話帳に相手先の名前および電話番号のほかに、相手先に関連する画像情報を付加する技術などがある。上記のほかに、電話帳のデータが膨大になるに伴い、データを扱いやすくかつ見やすくするためにグループ化などを行い、電話帳データを階層化する技術も多く提案されている。

b. 音声・画像処理

　音声・画像処理は、音声合成などによる音声処理、視認性・画質改善を図るためのさまざまな画像処理、画像認識、音声・画像の同期制御の各技術に分類される。

　電話番号は、携帯電話の最も基本的データであるが、利用する電話番号が多くなるにつれて相手先の認識が難しくなり、着信時に発信者の電話番号に対応した顔画像を画像表示装置に表示し視認性を改善する技術などが多く開発されている。

　また登録してある顔画像と、入力した顔画像とが一致した場合、不正使用を防止するためのロック機能を解除するといったセキュリティ改善に関する技術、アミューズメント性を高めるために、キャラクタの動画像をメロディのリズムに同期して制御するといった音声と画像を同期して制御する技術が開発されている。

c. 動作状態および内部データの監視・検索

　動作状態および内部データの監視・検索は、メモリに記憶されている文字などのデータを検索したり、動作状態を監視することで、視認性や入力操作性を改善する内容のものや、動作状態に応じて必要とする回路のみに電源を供給し、電力低減化を図る技術内容のものが多い。具体的には、電話帳に保存してある氏名がフルネームである場合、姓または名の文字列のうちのいずれか一方で検索する技術や、同一発信者から所定時間内に複数の着信があったときに、着信報知方法を変更して受信者に着信の緊急性・重要性を認識させるといった技術があげられる。

d. 入力操作情報による表示制御

　この技術は、入力操作情報を基にして入力操作性を改善する内容のものが最も多く、入力操作情報と画面制御とが密接に関連している技術といえる。このような例として、タッチパネル上に複数の記号が配列されており、1回目の記号へのタッチによりタッチした記号の近辺が拡大され、2回目の記号へのタッチにより最終的に記号が選択されるので操作性が改善する技術などがあげられる。また一定時間キーが押されない場合、バックライトを消灯して電力低減化を図る技術は、重要な技術であるとともに実用化されている。

e. リモート端末への表示

　携帯電話の表示画面は画面サイズが小さいので、画像データなどの大容量データを見やすく表示するには不適である。また、鞄に入っている場合なども、表示情報を認知することができない。このため、表示データを別の大型の表示装置に表示することにより視認性を高めたり、腕時計型表示装置のような、携帯電話よりもより携帯性が優れた表示装置に表示する技術が開発された。すなわち携帯電話から離れた表示装置に表示する技術が、ここには含まれる。

　また運転中の利用に際して、運転者の目線の移動を最少にするために、フロントガラスから目線をはずさない位置にヘッドアップディスプレイを設け着信情報などを表示するといった運転中の安全性を考慮した技術も開発されている。

f．照明・発光駆動回路などの回路制御

　電力低減化を図るために、周囲が明るい場合、一定時間キー入力が行われない場合、鞄などに入っていて暗くとも照明が不要な場合、通話中を検知した場合など、照明あるいは回路動作が不要な場合は対象の回路に電源を供給しない技術が開発されている。電池の性能はニッカド電池からリチウムイオン電池になって大幅に向上しているものの、動画像の表示が一般的になるにつれ消費電力は大幅に増大すると考えられる。従って、照明・発光駆動回路などの回路制御技術を駆使した電力低減化が、一層重要となろう。

(4) パネル制御Ⅳ（システム制御）

　パネル制御Ⅳは、携帯電話の内部処理にとどまらず、携帯電話の外側に位置する交換機、サーバ、特定通信装置、相手携帯端末などを含むシステム全体としての処理が主であり、ほかにパネル表示、発光表示、可聴表示、振動表示などを状況に応じて最適に制御する技術が含まれる。

　すなわちパネル制御Ⅳは、表示内容の制限・使用者の認証と表示、規制・環境条件などによる内部制御、表示手段の選択、受信・送信の識別情報による制御、データ形式の変換・分割、端末からの特定要求による外部装置での処理の6つに分類されるが、パネル制御の中で最も広い技術分野をカバーしている。以下各項目について解説する。

a．表示内容の制限・使用者の認証と表示

　ここに分類された技術は、データ量が多い表示情報をそのまま画面に表示すると視認性が悪くなるので、初期状態では表示データ量を小さくするために上位階層のデータのみを表示し、必要に応じて下位階層のデータを表示するといった表示内容を制限することにより視認性を改善するための内容や、セキュリティ改善や置き忘れを防止するために、使用者の認証と表示を行う内容のものである。例えば、メールデータに付加されたパスワードとメモリに格納されたパスワードとを比較し一致した場合に、持ち主名などを表示する技術があげられる。

b．規制・環境条件などによる内部制御

　この分野の技術には、規制情報、環境条件、サービスエリア情報、設定情報などにより、時刻補正、表示言語の切り替え、着信音の鳴動禁止、電話番号表示などの内部制御を行うものが含まれる。従って、広い範囲の内部制御に関する技術内容を扱っている。例えば静粛性を確保するために、基地局が発信する無音着信情報を受信すると、振動・光・または文字情報により着信を表示する技術、携帯電話の使用が制限されている状況を自動判別して、着信時に発信先にその状況を通知する技術などがあげられる。

　また情報表示の正確性を向上するために、交換機から一定間隔で送られてくる時刻情報を受けて、端末側で時刻補正を行う技術や、使用中の電話番号から国コードまたは地域コードを抽出し、これらのコードに対応する言語表示に切り替える技術、圏外で回線接続ができなかったとき電話番号を記憶し、圏内に移動したとき電話番号を表示する技術など、携帯電話が急速に普及し一般化するに従って、携帯電話に求められる機能も高度化している。

c. 表示手段の選択

　表示手段の選択は、視認性を高めるためや、静粛性を確保する目的などのため、条件に応じて表示手段を選択する技術であり、例えば、利用者のスケジュールに対応し、自動的に鳴音、振動、発光、パネル表示などによる着信動作を切り替える技術などがある。

d. 受信・送信の識別情報による制御

　この技術は、受信信号または送信信号が有する識別情報を利用して制御を行う内容であり、相手携帯端末の識別情報から相手端末の位置を検知したり、相手携帯端末の識別情報を用いて、異なった通信システム間でもメッセージに含まれるデータを正しく変換したりする技術などがあげられる。

e. データ形式の変換・分割

　携帯電話のハードウェアの性能は格段に進歩したが、画像を含むホームページなどをそのまま表示するのは現在においても困難である。従って、大容量のデータを表示するために、携帯電話で表示可能なデータ形式への変換技術や、大容量データを分割して表示する技術が開発され、実用化されている。

f. 端末からの特定要求による外部装置での処理

　携帯電話から通信回線を介して外部装置にさまざまな要求を行い、外部装置で処理されたデータを携帯電話の画面上に表示する技術であり、携帯電話からの制御データに基づいてビデオカメラの首振りおよびズーミングを制御して撮像した画像を、静止画として携帯電話に表示する技術や、使用中のワープロソフトなどのソフトウェア上で調べたい単語を指定し通信回線を介してデータベース上の辞書を検索することにより、作業を中断することなく、検索結果を携帯端末に表示する技術などが例としてあげられる。

1.1.3 パネルの状態表示

　パネルの状態表示は、内部処理に関する技術、外部情報の解析に関する技術、通信相手の状態表示に関する技術を扱っており、内部処理に関する技術としては、バッテリー残量予測、文字・アイコン・キャラクタなどを用いた表示の各内容からなり、外部情報の解析に関する技術としては、センサなどからの入力情報解析、受信電波の解析、回線情報の解析に3分類することができる。以下各項目について解説する。

(1) 内部処理

a. バッテリー残量予測

　バッテリー残量予測は、動作状態に応じた正確で認識容易なバッテリー残量表示、バッテリー残量が少なくなった場合の使用者に対する警告、バッテリーの使用可能時間やバッテリー残量が少なくなったとき、携帯電話が有する機能のうちの使用可能な機能表示などのために必須の技術である。消費電力を使用状態に応じて逐次計算して記憶し、電池残量を適正に表示する技術など使用状況を考慮したさまざまなバッテリー残量予測技術が提案

されている。

b．文字・アイコン・キャラクタなどを用いた表示

この技術は、バッテリー状態、通信状態、使用環境を、文字、アイコン、キャラクタ、顔などの画像、バックライトによる照明パターンや色などにより表示するものであり、電池残量が設定値以下になったときに、電池残量が低下したことを表す画像またはメッセージを背景画像として表示する技術や、電子機器の状態を顔の表情の変化で表した図形で表示し、表示される図形で示される顔の表情により機器の状態を容易に判別できる技術など、使用者に分かりやすい状態表示に関する技術が開発されている。

(2) 外部情報の解析

a．センサなどからの入力情報解析

この技術は、バッテリー状態、通信状態、使用環境をセンサ、接続検知回路からの各情報や車両関連情報などを解析して表示するものであり、携帯電話が落下したときに加速度センサが加速度を検知し、検知信号が規定値を超えた場合異常であることを表示する技術や、車両関連情報を用いて運転走行状態を携帯端末に表示する技術などがあげられる。

使用状態の表示内容は、通話状態、メールの受信状態、障害、水濡れ、携帯電話に画像を取り込むためのカメラの動作状態など多様である。また接続検知回路からの情報を用いて、携帯電話と接続するメモリカード、情報端末などとの外部機器の接続状態を表示する技術も開発されている。

b．受信電波の解析

携帯電話のサービス開始当時は基地局がいまよりもはるかに少なく、電波状態が悪かったために、移動中に通話が切れてしまったり、ビルの陰などで通信できないといった障害があった。従って、受信電波を解析して正確に電波状態を把握したり、移動中に電波状態がどうなるかを予測したりすることが極めて重要であった。

また受信電波の解析としては、1つの基地局からの電波強度解析のほかに、複数の基地局からの電波強度解析、受信信号に含まれる同期信号の解析および誤差率の解析などがある。

c．回線情報の解析

回線情報としては、基地局ID、チャネル情報、空きスロットの情報、切断情報などがあり、これらの情報を用いて主として回線状態を表示する。具体的には通信回線にトラヒックが発生した場合、その情報を基地局から携帯電話に送信して携帯電話の画面に表示する技術などがある。

(3) 通信相手の状態表示

通信相手の装置と情報をやりとりしながら、相手先の携帯端末または基地局など通信相手の状態表示を行う技術である。例えば基地局が、携帯端末から送信された障害情報に自基地局またはほかの携帯端末の障害情報を加えて元の携帯端末に送信し、元の携帯端末は

これらの情報を基に障害の原因を判別して表示する技術などがあげられる。

1.1.4 パネルのサービス情報表示

　パネルのサービス情報表示は、位置・地図に係わる情報の表示、データベース検索と表示、特定端末への情報表示、広告表示、アニメーション・キャラクタ・画像の表示、カメラ・センサによる異常検出と表示、その他の内容からなり極めて広範囲な内容を扱っている。

　サービス情報表示の基本的課題は、各種のサービス情報を表示することにより携帯電話の利用者に利便性を提供することにあるが、利用者がどのような情報を必要としているかの分類、すなわちビジネス情報、生活・娯楽情報、ガイド情報、取引・契約情報、地域情報などの分類は、人間の多様性を反映して相互に深く関連している。以下各項目について具体的に解説する。

a．位置・地図に係わる情報の表示

　これは、位置・地図に係わる情報を表示することにより、利用者にガイド情報を提供する内容である。この情報は、携帯電話が本質的に備えている移動性と、GPSなどからの位置情報と、データベースから必要に応じていつでも情報を入手できるという利点とを生かしたサービス情報と考えることができる。

　具体的には、基地局に対応する地図データを受信し、現在地における地図を表示するといった簡単なものから、携帯電話は地図サーバから地図情報と人気のレストラン、公共施設、開店情報などの案内情報とを受信し、これらを統合して地図を完成させ表示するといった、より高度の技術が開発されてきている。

　位置・地図に係わる情報の表示は、今後携帯電話の標準的なサービス情報として位置付けられ、技術開発が精力的に行われるものと思われる。

b．データベース検索と表示

　データベース検索と表示は、ビジネス情報、生活・娯楽情報、取引・契約情報などを表示するために、携帯電話からデータベースにアクセスし、データベースで必要な情報を検索し処理した結果を携帯電話に表示する技術であり、サービス情報表示の主要な技術といえる。

　ビジネス情報などの情報内容については多種多様であるが、1、2の具体例で説明する。携帯端末のカメラを用いて文字を含んだ画像データを読込ホストに転送し、ホストが画像データ中の文字を認識し、翻訳などの処理を行い、携帯端末に送信して翻訳結果を表示する技術や、携帯端末から情報提供サーバにアクセスし、案内画面に従って通話相手先名および通話相手番号を表示し、これらの情報を電話帳に格納する技術などがある。

c．特定端末への情報表示

　特定端末への情報表示は、特定の携帯電話に地域特有の情報や通知・警告情報などを表示する技術であり、サービスエリアごとのニュースや天気予報などの地域情報を受信して記憶し、スクリーンセーバーモードになったときに記憶した地域情報を表示する技術や、

携帯電話からの位置情報を基にして監視区域内に位置する携帯電話を特定し、これらの携帯電話に対して緊急情報などの報知情報を自動送信する技術などがあげられる。

d．広告表示

　広告表示に関する技術は、主としてサービス情報の料金を低減するための技術として用いられ、発呼時に広告情報を所定時間表示して回線接続し、通話料金を広告情報の閲覧に応じて低減するといった技術内容のものが提案されている。

e．アニメーション・キャラクタ・画像の表示

　この技術は生活・娯楽情報と関連が深いものが多く、具体的には、データベースから時計画面に関するさまざまなデータをダウンロードし、このデータを用いて表示する時計画面を自由に設定する技術などがある。

　また、実際の風景とCGデータによる画像データとを、操作者の視線方向および携帯端末の位置に基づいて合成し表示するといった大がかりなシステム技術を伴う技術も提案されている。いずれの場合も、コンテンツデータベースに格納されたアニメーション・キャラクタ・画像データをダウンロードして、携帯電話に表示する技術といえる。

f．カメラ・センサによる異常検出と表示

　この技術は、カメラ・センサからの情報を基にして、異常事態が発生した場合その旨の通知および警告情報を表示する技術であり、異常事態が発生した場合リアルタイムに異常情報を表示することができるという利点がある。

g．その他

　その他の内容としては、サポート画面の表示、実行方法のガイダンスメニュー表示、携帯電話をリモコン的に用いてビジネス情報などにアクセスする技術、文字と音楽との同期制御、履歴の管理制御技術、外部装置による娯楽情報や通知情報を定期的に情報発信する技術などがあげられる。

　具体的には、初期登録時から一定期間以内の場合、電源投入後に相談窓口を知らせる案内画面を表示する技術、携帯電話を用いて、自動振り込みなどを行う自動手続装置に入力を行う際に、入力ガイダンスを表示する技術など多様な技術がある。

1.1.5 パネルの発着信・メッセージ表示

　パネルの発着信・メッセージ表示技術は、発信・着信表示技術およびメッセージ表示技術に分けられる。

(1) 発信・着信表示

　発信・着信表示技術は電話をかけたとき、あるいは受けたときに、通話が開始する前までにやりとりされる発呼者・被呼者に関する各種の情報、例えば携帯電話機の使用者の氏名、住所、電話番号などのデータの表示に関する技術である。また、メッセージ表示技術は、着信履歴、着信回数の表示、Ｅメールを含むメッセージ内容、画像の表示、携帯電話

操作に関するメッセージの表示に関する各技術である。

発信・着信表示技術は、着信時に発呼者あるいは被呼者の電話番号などをディスプレイ上に表示し、ディスプレイ上に表示される情報を一見しただけで発信先を特定できるようにする技術が大勢を占めており、さらに携帯電話のメモリを検索して所望の電話番号を表示手段に表示させ、表示された電話番号による発信操作を行う技術、あるいは、使用者の氏名、住所などの個人情報をあらかじめ携帯電話に登録しておき、発呼および着呼の処理時および通話時に送受信し、その個人情報を着信時に表示あるいは、メモリダイアルに自動的に登録する技術も多い。

(2) メッセージ表示技術

一方、メッセージの表示技術には、着信時にメロディを鳴動させるとともに、イラストあるいはアニメーションをメロディと連動して表示する技術、受信した画像を表示する技術、送られてきた文字メッセージを表示する技術が多い。特にｉモード、ＦＯＭＡなどの技術開発が進むにつれ、Ｅメールによる文字表示技術に加えて、画像表示技術、特に動画表示技術が増加している。また、留守番電話のメッセージ表示技術として、例えば電車に乗車しているとき、自動車を運転しているとき、あるいはコンサートの会場にいるときなど、電話に出たくても出ることができない状況にある場合、通話で応対することなく、電話をかけてきた相手の電話番号やメッセージを自動的に記録し、メモリに記憶された電話番号およびメッセージ情報を表示する技術も多い。

1.1.6 発光表示

発光表示技術は、点灯や点滅などの発光パターン、発光の強さ、発光色などの発光条件を変化させて、携帯電話の利用者に各種情報を報知する技術である。発光表示技術は、他表示技術と併用することによって、利用者の注意をよりよく喚起させることに役立つ。また表示のカラー化に伴い、若者を対象としたアミューズメント性に富んだ表示を可能にしている。

発光表示技術は、発光素子の搭載環境によって本体発光LED・LCD、発光機能付別体装置および発光アンテナの３つに分けられる。本体発光LED・LCDは、携帯電話本体に搭載されている発光素子であり、メイン表示部、背面部（折り畳み型）および本体周辺部などに取付けられている。発光機能付別体装置は、携帯電話本体とは切り離された表示装置であり、人形などの形をした装飾型表示装置やストラップ付きLEDなどである。発光アンテナは、アンテナの先端に取付けられるLED表示素子である。

表示内容は、着信認知、着信応答および状態報知などである。

着信認知は、発光色で発信者の着信識別や、着信・圏外などの報知情報を周囲の明るさに応じて発光の強さを自動的に設定するなど、着信情報の認知性向上を図る。また発光色と点滅パターンを組合せてアミューズメント性を提供する。

着信応答は、着信後の自動応答や特定発信者に対する応答状況を色表示するなど、迷惑電話やメールの報知を行う。

状態報知は、電池の残留量や圏内・圏外を色別表示や、点滅による警告を発するなど、使用状態・環境の報知を行う。

機能付別体装置と発光アンテナは、着信認知に関する内容が中心であり、アミューズメント的内容が多い。

1.1.7 可聴表示

　可聴表示技術は、音によって携帯電話の使用者に各種情報を報知・提供する技術である。可聴表示技術は、着信報知をはじめとして、携帯電話の電池や通信接続などの状態報知やその他、携帯電話を応用した警報、セキュリティ（盗難・紛失防止など）、位置情報報知や病院や精密電子機器設置室などの携帯電話使用制限区域における携帯電話の制御などに使用されている。

　着信報知においては、ほかの携帯電話の着信を区別（着信認知性向上）するために、自機特有の音色やメロディまたは音声を単独で使用したり、発光または振動との併用が行われたりしている。

　また、携帯電話の所有者が携帯電話本体から離れている場合でも着信を認識できるように、携帯電話本体と別に固定型または携帯型の着信報知装置を設けるなどの工夫や、腕時計やペンダントなどに音報知機能を付加する工夫がなされている。騒音の大きな環境においては、着信音が聴き取り難いために、携帯電話に周囲環境の騒音センサを設け、周囲の騒音レベルに合わせて鳴動音量を制御することも行われている。音色やメロディは発呼者を認識するためにも使用されている。あらかじめ、発呼者の電話番号と着信音色またはメロディとを対応させて携帯電話に記憶しておき、その着信音色やメロディを聴くことによって発呼者が誰であるかを直ちに認識することができる。

　着信音が周囲の迷惑になるような環境では、例えば、携帯電話に設けたタッチセンサに触れることによって着信音を停止させる方法、照度センサにより着信鳴動している携帯電話を鞄などから取り出すと鳴動を直ちに停止させる方法や、会議中などでは音報知から振動報知に、プログラムにより自動的に切り替える方法などが使用される。

　携帯電話の電池の状態を報知する方法には、電池が所定の電圧レベルに低下すると、自機特有の音やメロディで報知する方法がある。また、着信報知における電池消耗を低減させるために、着信音を間欠的に鳴動させる方法や、発光表示と音による報知を交互に行う方法などの工夫がなされている。

　携帯電話を使って警報する方法は、時刻、通話時間、目的駅への到着、緊急連絡や置き忘れ防止、さらに車載用携帯電話アダプタへのセットし忘れ防止などに使用されている。例えば、電車の目的駅への到着を携帯電話で警報する方法としては、あらかじめ登録した目的駅のエリアコードと無線基地局から発せられる電波信号のエリアコードとが一致した場合に音などで報知する方法がある。

　携帯電話の可聴表示技術のセキュリティへの応用としては、携帯電話の置き忘れ・紛失・盗難防止がある。携帯電話本体（親機）に別体報知装置（子機）を設け、両者の距離が所定の距離以上になると親機からの信号を子機が受信できなくなって子機が鳴動する方法、携帯電話に所有者の音声を認識する機能を持たせておき、紛失した携帯電話が所有者の声を認識して鳴動する方法、あるいは所定の時間携帯電話の放置が継続すると携帯電話が鳴動する方法などがある。

　通信接続などの状態報知には、データ通信中の音による報知や、データ通信中の回線切

断防止のための警報や受信電界強度の低下を音で報知する方法がある。位置情報報知には、あらかじめ登録した基地局の識別情報や電界強度を検出した場合に、携帯電話を鳴動させる方法などがある。

　また、使用制限区域における携帯電話の制御には、該区域(例えば病院など)の入口に携帯電話からの信号を受信すると、警告音・音声を発生する報知装置を設ける方法などがある。

1.1.8 振動表示

　振動表示技術は、振動の強さ、振動回数、振動パターンなどによって各種情報を報知する技術である。振動表示は、ほかの表示技術と併用することが多く、特に可聴表示が禁止される場所の着信手段として採用される。

　振動表示技術は、携帯電話本体に内蔵された本体振動報知装置と本体から切り離された別体振動装置の２つに分けられる。

　表示内容は、着信認知と状態報知である。

　着信報知は、振動パターンにより発信元電話番号を報知したり、振動と鳴動を同時に駆動する方法などにより着信情報の認知性向上を図っている。また、充電中は着信報知を非振動手段に切り替えることにより、充電器と携帯電話との接続が不安定となるのを防止している。

　別体振動装置の例として、時計バンドや装身具に着信振動機能を持たせることにより認知性向上の出願がなされている。

　また状態報知は、振動回数により電池残量のレベルを報知したり、タッチセンサに触れて着信振動の選択や停止を行うことにより、使用状態・環境の報知を行う。

1.2 携帯電話表示技術の特許情報へのアクセス

携帯電話表示技術のアクセスツールを表1.2-1に示す。
　アクセスツールとしてFターム（下記表中FTで表記）を使用した。Fタームは、特許庁が作成した分類データである。これは、膨大な特許分類の中から必要なものを効率よく探し出す目的で開発された分類であり、審査官が技術に関する知識・審査の経験・ノウハウなどを生かし技術を多くの観点（目的・用途・構造・機能など）から細かく展開したものである。

表1.2-1 携帯電話表示技術のアクセスツール(1/2)

No 要素技術	対象技術	アクセス条件	概要
1. パネルの表示制御	パネルの制御Ⅰ	FT=(5K067BB02)*(5E501FA00)	メニューや画面構成など画面設定に係わる表示技術
	パネルの制御Ⅱ	FT=(5K067BB02)*(5K101NN01)*(5K101NN18)	キー、ダイヤル、音声などデータ入力に係わる表示技術
	パネルの制御Ⅲ	FT=(5K067BB02)*(5K067HH21)*(5K067FF23)	電話帳や受信履歴を用いた内部データ処理に係わる表示技術
	パネルの制御Ⅳ	FT=(5K027AA11)*(5K027FF22)*(5K027HH14+5K027HH21+5K027HH29)	サーバや相手携帯電話などを含むシステムの制御に係わる表示技術
2. パネルの状態表示	内部処理	FT=(5K067BB02)*(5K067FF18)*(5K067FF23)	電池残量など端末内部の状態を表示する技術
	外部情報の解析	FT=(5K067BB02)*(5K067FF16+5K067FF36)*(5K067FF23)	受信電波や回線状況など外部状態を表示する技術
3. パネルのサービス表示	位置・地図に係る情報の表示	FT=(5K067BB02)*((5K067FF02)*(5K067FF23)+(5H180FF22)*(5K180FF32)+(2F029AB07)*(2F029AC16))	GPSなどを利用した位置や地図に関するサービス情報を表示する技術
	データベース検索と表示	FT=(5K101KK16)*(5K101LL12)*(5K101NN18)+(5B089GA25)*(5B089JA21+5B089JB01+5B089JB03)	データベースからダウンロードした情報を表示する技術
	特定端末への情報表示	FT=(5K067BB02)*(5K101KK16)*(5K101PP03)	特定の携帯電話にサービス情報を表示する技術
	広告表示	FT=(5K024AA77)*(5K024CC11)	広告情報を表示する技術
	カメラ・センサーによる異常検出と表示	FT=(5K101KK13)*(5K101LL11)*(5K101NN06)	遠隔地情報などを表示する技術
4. パネルの発着信・メッセージ表示	発信・着信表示	FT=(5K067BB02)*(5K067FF23)*(5K067HH22)	発着信情報（電話番号、名前など）を表示する技術
	メッセージ表示	FT=(5K067BB02)*(5K067FF23)*(5K067HH23)	留守番電話応答メッセージや伝言メッセージなどを表示する技術
5. 発光表示	本体発光 LED・LCD	FT=(5K067BB02)*(5K023HH08+5K027MM15)	電池切れなどの情報を携帯電話本体に搭載されたLEDやLCD（点灯、点滅、発光色）で報知する技術
	発光機能付別体験報知装置	FT=(5K067BB02)*(5K027HH26)*(5K027MM15)	LEDやLCDが電話機本体から離れている報知技術
	発光アンテナ	FT=(5K027AA11)*(5K027FF22)*(5J046)	アンテナの先端部に取付けられたLEDによる報知技術

表 1.2-1 携帯電話表示技術のアクセスツール(2/2)

No 要素技術	対象技術	アクセス条件	概要
6.可聴表示	着信メロディ・音声	FT=(5K067BB02)*(5K027EE15+5K027FF03)	メロディや音声で着信などの情報を報知する技術
	本体報知音	FT=(5K067BB02)*(5K067FF25)	携帯電話本体に搭載されたブザーで着信情報を報知する技術
	別体報知・制御装置	FT=(5K067BB02)*(5K027HH26)*(5K027MM11)	ブザーが電話機本体から離れている報知技術
7.振動表示	本体振動報知装置	FT=(5K067BB02)*(5K067FF28)	着信情報を携帯電話本体に搭載されたバイブレータで振動報知する技術
	別体振動報知装置	FT=(5K067BB02)*(5K067FF28)*(5K027HH26)	バイブレータが電話機本体から離れている報知技術

注)ただし、この表より携帯電話表示技術の先行技術を漏れなく抽出できるわけではない。漏れなく行うためには、調査目的に応じて上記以外の分類も調査しなければならない。

1.3 技術開発活動の状況

1.3.1 携帯電話表示技術全体

　携帯電話表示技術全体は、1990年から99年の間に3,827件が出願されている。この期間の出願人数と出願件数の推移を図1.3.1-1に示す。90年以降出願人も出願件数ともに増加傾向を続けており、また出願人当たりの出願件数も一定となっている。

　この出願人と出願件数が全体として増加するという傾向は、1.3.2項以降に示す技術すべてに共通のものである。携帯電話表示技術の研究開発が一部の技術について1997年をピークに安定したものがあるものの、全体としては多くの技術要素においても活発であることを示している。99年の出願人数は200人を超え、出願件数も600件を超えた。

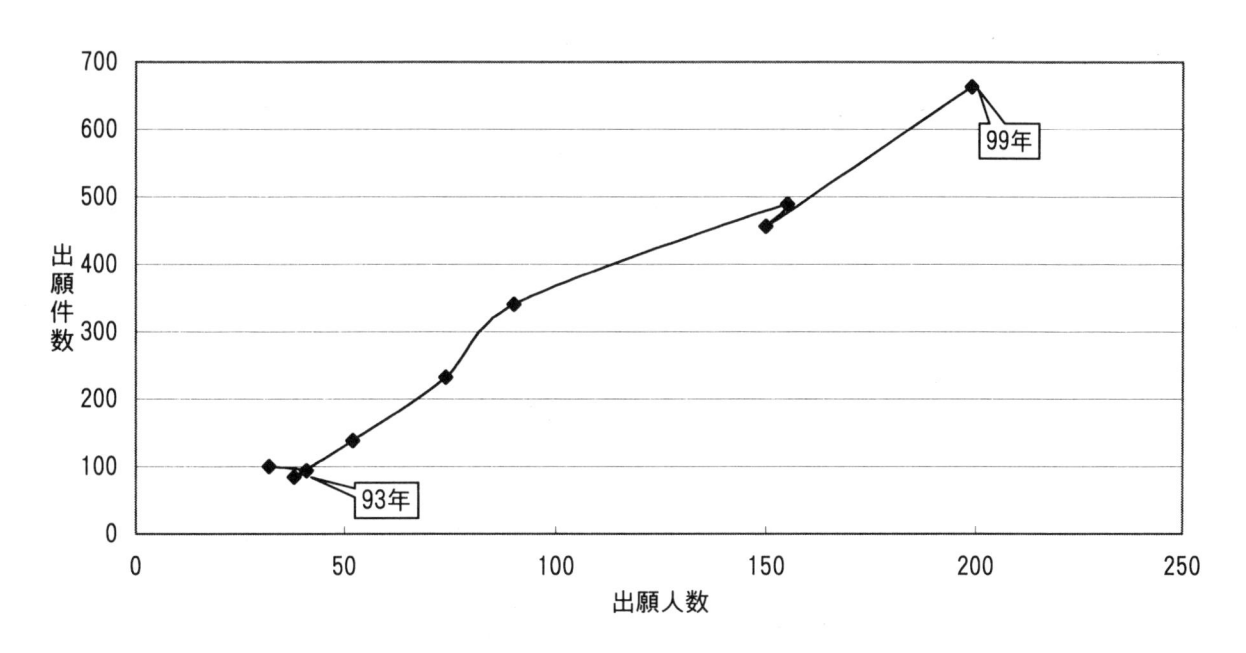

図1.3.1-1 携帯電話表示技術全体の出願人数と出願件数の推移

1991～2001年7月までに公開された出願

　携帯電話表示技術全体の出願人の状況を表1.3.1-1に示す。この技術分野の出願人の多くが1996年から97年頃に出願件数を急激に増やしていることが分かる。この時期は携帯電話がパーソナル化し始めた時期と一致する（96年以降年間加入者数が1,000万人を記録）。市場の成長が見込まれ、各社が研究開発に注力したものと思われる。特にケンウッドは同時期（1996年）に初出願を果たし、それ以降の出願も活発であるから、同技術の有望性を象徴的に表している。

表1.3.1-1 携帯電話表示技術全体の出願人状況

企業名/出願年	90	91	92	93	94	95	96	97	98	99	計
松下電器産業	7	31	6	13	15	9	13	36	36	59	225
日本電気	14	9	19	14	10	16	20	32	30	38	202
ソニー	1	9	7	2	21	27	19	38	27	7	158
東芝	5	6	6	6	7	7	10	29	20	38	134
日立国際電気	0	2	2	0	5	14	33	35	16	30	137
NECモバイリング	0	0	0	0	3	11	30	20	27	16	107
三洋電機	4	0	3	5	3	23	13	9	17	29	106
埼玉日本電気	1	0	3	1	0	7	16	18	24	32	102
京セラ	0	0	1	3	2	3	23	16	16	29	93
カシオ計算機	2	5	0	3	10	10	21	13	18	8	90
日立製作所	2	0	8	10	12	6	13	13	6	12	82
デンソー	0	0	0	1	0	1	3	5	10	47	67
三菱電機	1	4	1	1	4	5	18	11	11	10	66
シャープ	1	2	0	3	0	6	9	16	8	11	56
ケンウッド	0	0	0	0	0	0	5	11	11	29	56
キヤノン	1	0	3	1	3	8	1	6	9	4	36
富士通	2	1	7	1	2	6	1	4	3	6	33
日本電信電話	3	2	1	2	2	4	2	5	2	5	28
エヌ・ティ・ティ・ドコモ	1	0	2	0	1	2	3	1	1	13	24
ノキア モービル フォーンズ	2	0	1	1	0	0	4	5	3	6	22

1.3.2 パネルの表示制御

パネルの表示制御の出願人数と出願件数の推移を図1.3.2-1に示す。この技術の特許出願は、全体として出願人数、出願件数ともに安定した増加傾向を示している。なかでも1996年から97年にかけてと、98年から99年にかけての2回にわたり出願件数と出願人数の大幅な増加を示した。

1999年の増加は通話からデータ伝送利用への変化に伴う表示の多機能化などが影響しているものと思われる。

なおパネルの表示技術は、出願件数および出願人数が他の要素技術に比べ最も出願が多い。

図1.3.2-1 パネルの表示制御の出願人数と出願件数の推移

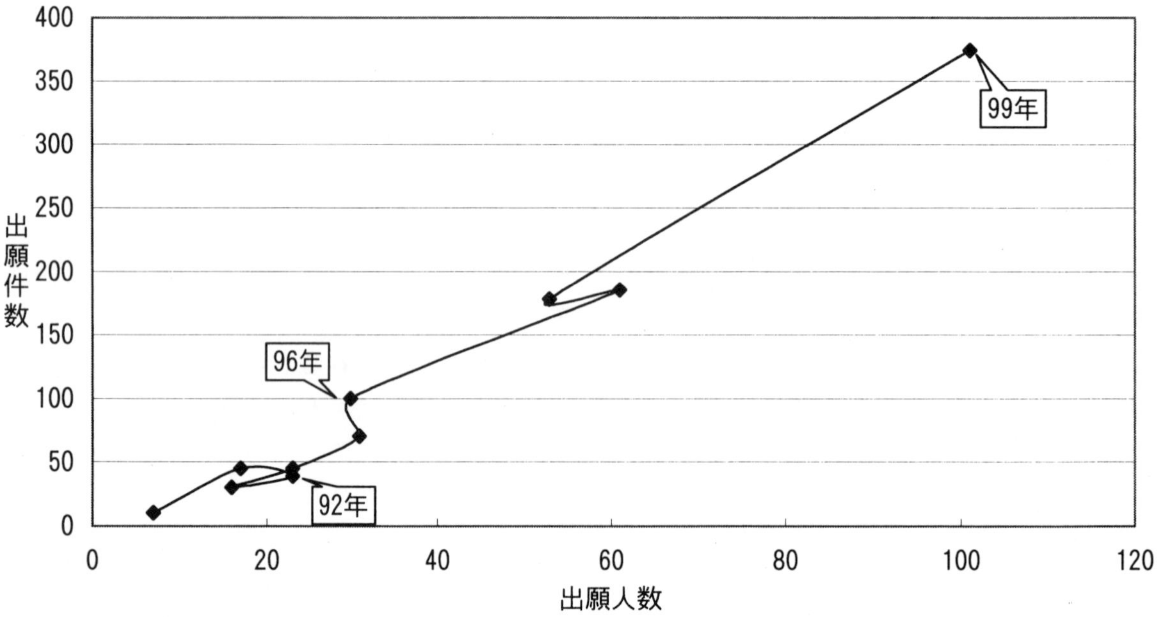

1991～2001年7月までに公開された出願

パネルの表示制御の出願状況を表1.3.2-1に示す。表示技術全体（表1.3.1-1参照）と比べると、出願人には差がないが、順位には多少の違いがある。また松下電器産業、日本電気が1997年以降出願を増しているのに対して、ソニーは97年をピークにこの分野では減少している。一方デンソー、ケンウッド、日本電信電話、ノキア モービル フォーンズなどは96年から出願が行われている。

表1.3.2-1 パネルの表示制御の出願状況

企業名/出願年	90	91	92	93	94	95	96	97	98	99	計
松下電器産業	1	21	1	8	2	2	5	8	18	39	105
ソニー	0	5	5	0	16	15	9	20	15	5	90
日本電気	3	4	8	7	0	1	3	14	16	22	78
東芝	1	1	2	1	1	3	2	21	8	29	69
日立国際電気	0	0	0	0	0	7	18	13	8	12	58
京セラ	0	0	1	0	1	1	6	10	7	22	48
埼玉日本電気	0	0	2	0	0	2	5	8	11	19	47
三洋電機	0	0	1	2	2	11	3	2	7	17	45
デンソー	0	0	0	0	0	0	1	2	6	29	38
ケンウッド	0	0	0	0	0	0	1	2	6	26	35
カシオ計算機	0	2	0	0	1	3	11	2	5	6	30
シャープ	0	1	0	0	0	2	6	7	4	10	30
日立製作所	1	0	2	2	4	0	4	5	0	9	27
NECモバイリング	0	0	0	0	1	1	4	8	6	5	25
三菱電機	0	1	1	1	1	1	2	8	5	5	25
キヤノン	0	0	3	0	0	0	0	5	7	3	18
富士通	0	1	2	0	1	0	0	1	2	3	10
エヌ・ティ・ティ・ドコモ	0	0	0	0	1	1	0	1	0	7	10
ノキア モービル フォーンズ	0	0	0	0	0	0	0	0	2	6	8
日本電信電話	0	0	0	0	0	0	0	2	0	1	3

1.3.3 パネルの状態表示

　パネルの状態表示の出願人数と出願件数の推移を図1.3.3-1に示す。全体としては1997年まで出願人数も出願件数もともに増加傾向を示したが、97年をピークに安定した状況にある。出願の伸びが顕著であった96年と97年は、それぞれ特徴をもっている。96年の伸びでは出願人の増加を伴わないものであるのに対して、97年の増加は出願人の増加と密接な関係をもつものである。

図1.3.3-1 パネルの状態表示の出願人数と出願件数の推移

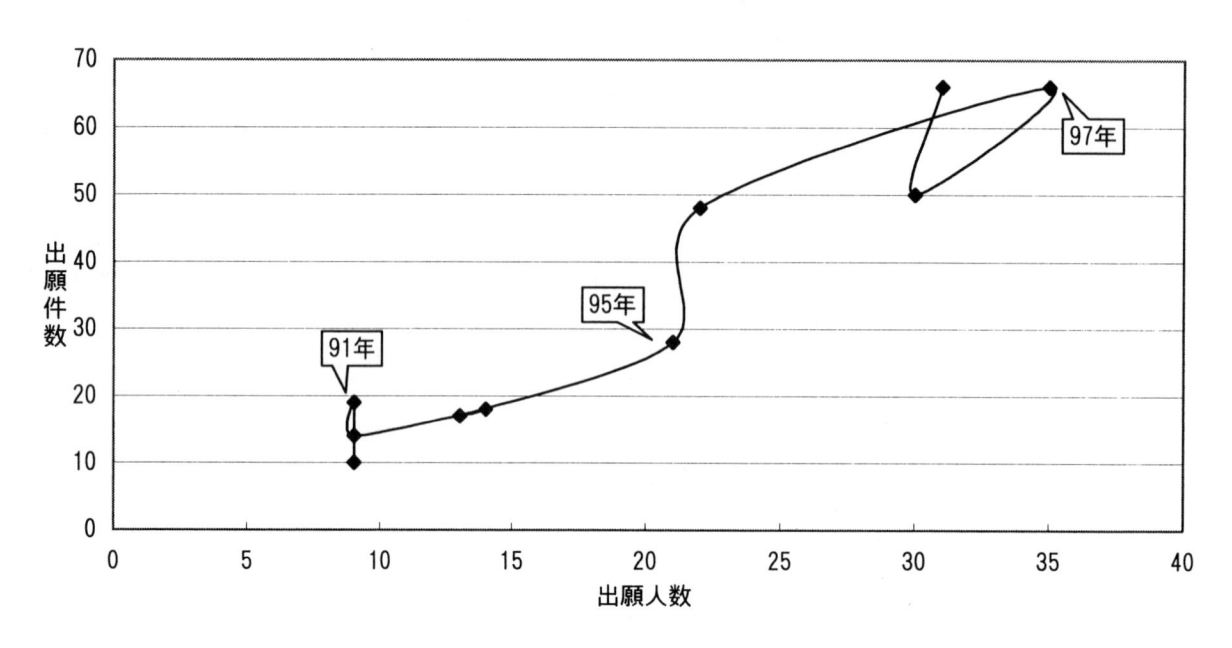

1991～2001年7月までに公開された出願

パネルの状態表示の出願状況を表1.3.3-1に示す。5件以上の出願が行われた時期を比較すると、松下電器産業が1991年に現れているのに対して、ほかの上位企業は95年以降に集中している。またソニーの出願件数が少ないことが分かる。

表1.3.3-1 パネルの状態表示の出願状況

企業名/出願年	90	91	92	93	94	95	96	97	98	99	計
松下電器産業	1	7	1	4	3	1	4	4	2	6	33
日本電気	1	0	4	1	2	2	3	5	3	9	30
東芝	1	2	1	3	2	1	4	3	6	3	26
NECモバイリング	0	0	0	0	1	1	5	7	6	1	21
日立国際電気	0	0	0	0	2	2	6	5	2	3	20
三洋電機	1	0	1	1	2	5	2	1	2	5	20
日立製作所	0	0	4	3	2	0	1	5	0	1	16
埼玉日本電気	0	0	0	0	0	1	3	2	4	4	14
ソニー	1	1	0	1	0	0	2	3	1	2	11
京セラ	0	0	0	2	1	0	0	1	2	4	10
シャープ	0	0	0	1	0	0	2	5	2	0	10
カシオ計算機	0	1	0	0	0	0	2	3	2	0	8
富士通	1	0	1	1	0	0	0	2	0	1	6
デンソー	0	0	0	0	0	1	0	0	0	4	5
日本電信電話	1	0	1	1	1	1	0	0	0	0	5
ケンウッド	0	0	0	0	0	0	0	2	0	2	4
キヤノン	0	0	0	0	1	1	0	1	0	1	4
エヌ・ティ・ティ・ドコモ	0	0	1	0	0	0	1	0	0	2	4
三菱電機	0	1	0	0	0	1	0	0	0	1	3
ノキア モービル フォーンズ	0	0	0	0	0	0	0	0	0	0	0

1.3.4 パネルのサービス情報表示

パネルのサービス情報表示の出願人数と出願件数の推移を図1.3.4-1に示す。1998年に出願人、出願件数とも大きな落ち込みがあったが、全体として増加傾向を示している。パネルのサービス情報表示はWebコンテンツなどの取得に係わる技術であり、99年のその開発が活発に行われていることを反映している。

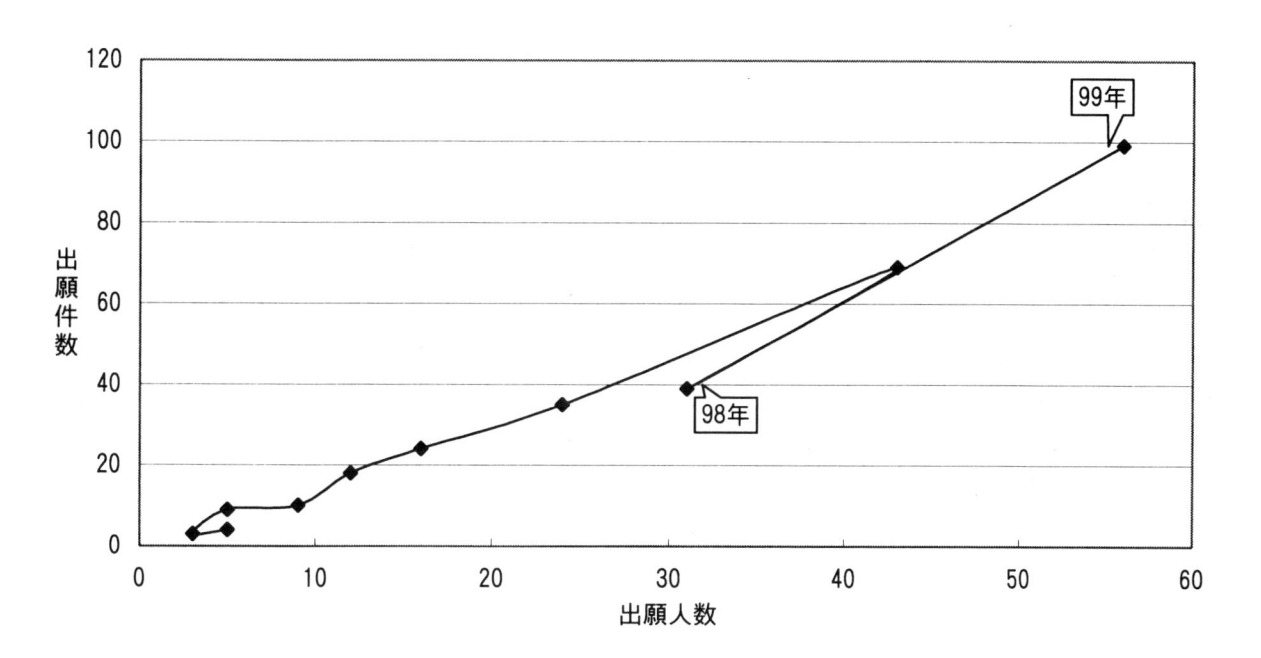

図1.3.4-1 パネルのサービス情報表示の出願人数と出願件数の推移

1991〜2001年7月までに公開された出願

パネルのサービス情報表示に関する出願人の状況を表1.3.4-1に示す。この技術では日本電気が最も多い。上位企業についてみると、日本電気、松下電器産業が古くから多くの出願しているのに対し、京セラ、デンソー、三菱電機、エヌ・ティ・ティ・ドコモが99年になり多くの出願を行っていることが特徴である。

表1.3.4-1 パネルのサービス情報表示の出願状況

企業名/出願年	90	91	92	93	94	95	96	97	98	99	計
日本電気	1	1	4	1	2	2	1	9	1	5	27
松下電器産業	0	0	2	0	5	1	1	5	5	7	26
ソニー	0	1	1	0	1	2	3	9	3	0	20
東芝	0	0	0	0	0	2	1	4	3	4	14
日立製作所	1	0	0	3	2	0	4	1	1	2	14
カシオ計算機	0	0	0	1	2	3	1	2	2	1	12
NECモバイリング	0	0	0	0	0	0	6	0	1	4	11
デンソー	0	0	0	0	0	0	0	0	1	9	10
日本電信電話	0	0	0	0	1	1	1	1	0	4	8
エヌ・ティ・ティ・ドコモ	0	0	0	0	0	1	0	0	0	7	8
日立国際電気	0	0	0	0	0	0	3	3	0	1	7
京セラ	0	0	0	0	0	1	0	1	0	5	7
三洋電機	0	0	0	0	0	3	2	0	0	1	6
三菱電機	0	0	0	0	0	0	0	1	0	5	6
キヤノン	0	0	0	0	1	2	1	2	0	0	6
富士通	0	0	1	0	0	0	0	1	1	2	5
シャープ	0	0	0	1	0	0	0	1	0	2	4
埼玉日本電気	1	0	0	0	0	0	0	0	1	1	3
ケンウッド	0	0	0	0	0	0	0	1	0	0	1
ノキア モービル フォーンズ	0	0	0	0	0	0	1	0	0	0	1

1.3.5 パネルの発着信・メッセージ表示

パネルの発着信・メッセージ表示の出願人数と出願件数の推移を図1.3.5-1に示す。全体として出願人、出願件数ともに増加傾向にある。特に注目されるのは1994年と99年の出願人の増加である。

図1.3.5-1 パネルの発着信・メッセージ表示の出願人数と出願件数の推移

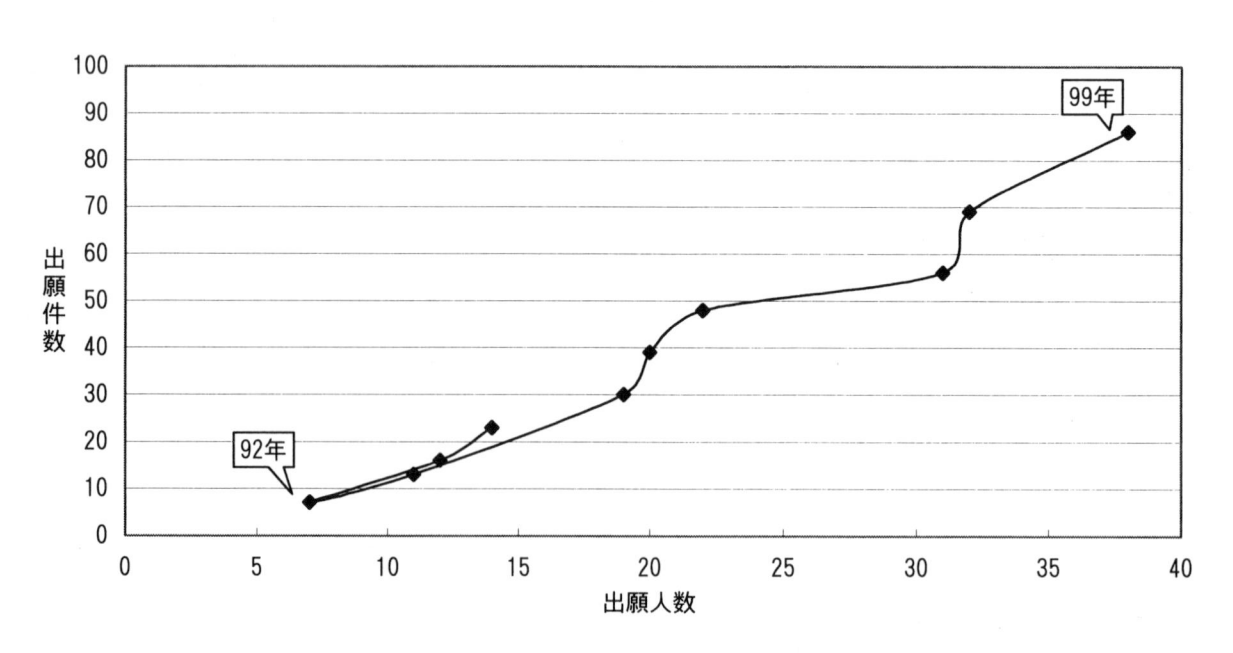

1991～2001年7月までに公開された出願

次にパネルの発着信・メッセージ表示の出願状況を表1.3.5-1に示す。この技術においては、日本電気が最も多く日立国際電気が続いている。またこの技術おいてカシオ計算機の出願件数が多いが1994年から97年に出願が集中している。デンソーは99年に出願を大き

く増加している。

表1.3.5-1 パネルの発着信・メッセージ表示の出願状況

企業名/出願年	90	91	92	93	94	95	96	97	98	99	計
日本電気	8	0	1	3	1	4	6	0	5	8	36
日立国際電気	0	1	0	0	3	2	6	3	4	8	27
松下電器産業	2	1	0	2	2	1	2	3	6	6	25
カシオ計算機	1	1	0	1	7	3	6	4	2	0	25
NECモバイリング	0	0	0	0	0	4	7	2	5	4	22
東芝	1	3	0	1	3	1	2	2	3	5	21
ソニー	0	0	0	0	1	3	2	6	7	0	19
日立製作所	0	0	1	0	2	4	1	3	2	2	15
三洋電機	2	0	1	1	0	3	1	1	2	3	14
ケンウッド	0	0	0	0	0	0	1	3	4	4	12
埼玉日本電気	0	0	0	0	0	0	1	1	2	7	11
デンソー	0	0	0	0	0	0	1	0	1	9	11
シャープ	1	1	0	0	0	3	0	3	1	2	11
京セラ	0	0	0	1	0	0	0	3	1	5	10
キヤノン	1	0	0	1	0	3	0	0	2	2	9
三菱電機	0	0	0	0	1	0	4	0	3	0	8
日本電信電話	0	0	0	0	0	2	0	3	0	0	5
富士通	1	0	1	0	0	1	0	0	0	1	4
エヌ・ティ・ティ・ドコモ	0	0	0	0	1	0	1	1	0	0	3
ノキア　モービル　フォーンズ	0	0	0	0	0	0	0	0	1	0	1

1.3.6 発光表示

発光表示の出願人数と出願件数の推移を図1.3.6-1に示す。この技術についても出願人、出願件数ともに増加傾向を示している。この中で1997年は前年に比べて出願人数と出願件数の伸びが大きいことが特徴である。

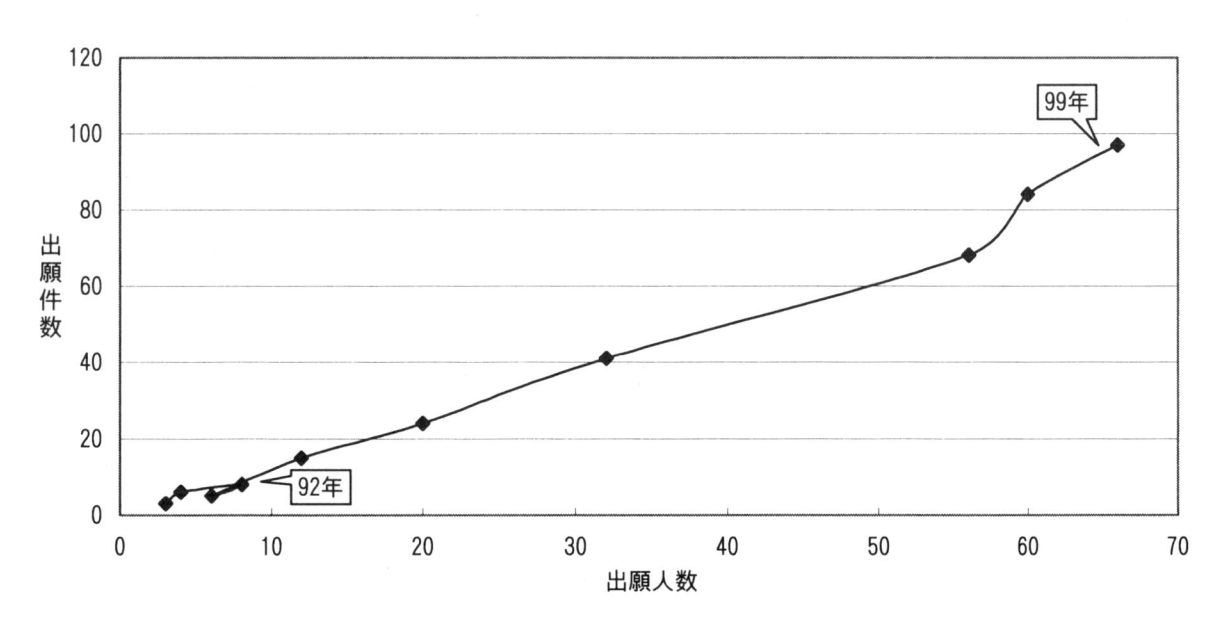

図1.3.6-1 発光表示の出願人数と出願件数の推移

1991～2001年7月までに公開された出願

発光表示の出願状況を表1.3.6-1に示す。表示技術全体（表1.3.1-1参照）と比べると、この要素技術においてNECモバイリングと埼玉日本電気の出願件数が多いことが分かる。ただし、NECモバイリングの出願は1996年をピークに減少している。

表1.3.6-1 発光表示の出願状況

企業名/出願年	90	91	92	93	94	95	96	97	98	99	計
NECモバイリング	0	0	0	0	1	3	8	4	4	1	21
埼玉日本電気	0	0	1	0	0	2	2	5	3	7	20
日立国際電気	0	0	0	0	1	3	2	3	0	8	17
日本電気	0	0	0	0	3	1	2	3	2	4	15
松下電器産業	0	2	0	0	0	1	0	3	5	3	14
ソニー	0	0	0	0	2	4	2	0	3	1	12
カシオ計算機	0	0	0	1	1	2	1	2	5	0	12
デンソー	0	0	0	1	0	0	0	0	1	6	8
東芝	1	0	1	0	0	0	0	0	4	1	7
京セラ	0	0	0	1	0	0	1	1	2	1	6
三洋電機	0	0	0	1	0	1	0	0	0	3	5
日立製作所	0	0	0	0	2	0	2	1	0	0	5
日本電信電話	2	0	0	0	0	0	1	0	0	1	4
三菱電機	0	0	0	0	0	0	0	0	3	0	3
富士通	0	0	1	0	0	1	0	0	0	1	3
シャープ	0	0	0	0	0	0	0	1	0	1	2
ケンウッド	0	0	0	0	0	0	0	0	1	1	2
キヤノン	0	0	0	0	1	0	0	1	0	0	2
エヌ・ティ・ティ・ドコモ	1	0	0	0	0	0	0	0	0	0	1
ノキア　モービル　フォーンズ	0	0	0	0	0	0	0	0	0	0	0

1.3.7 可聴表示

可聴表示の出願人数と出願件数の推移を図1.3.7-1に示す。出願人、出願件数ともに1997年まで増加傾向を示したが、97年以降は約60社の出願人と120件程度の出願で安定している。

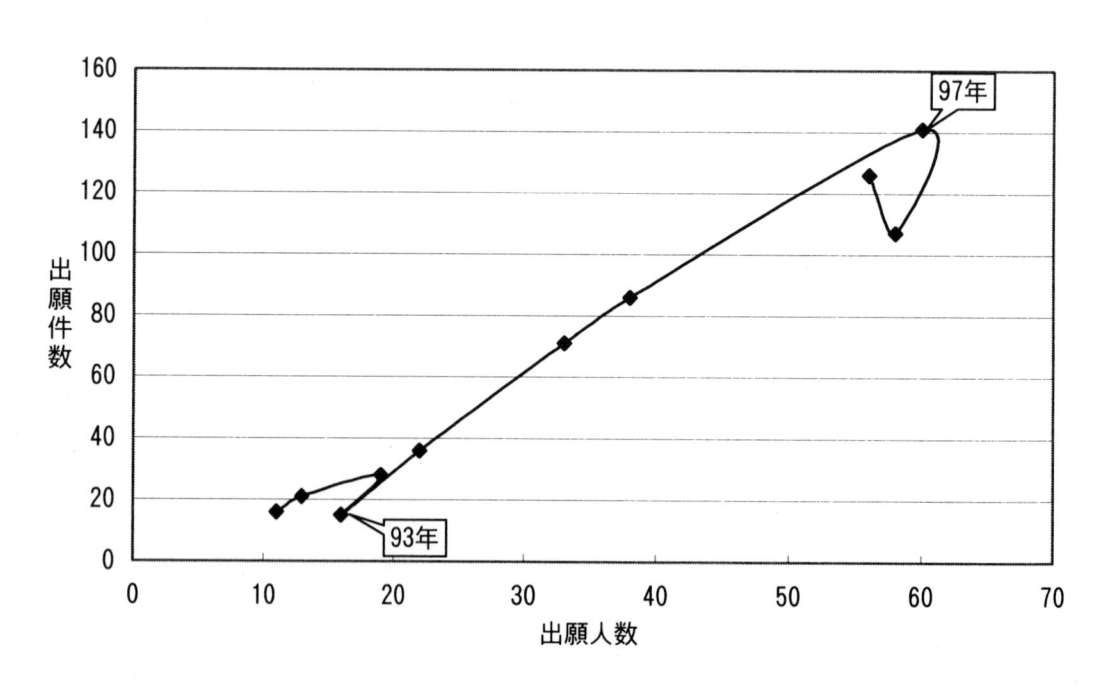

図1.3.7-1 可聴表示の出願人数と出願件数の推移

1991～2001年7月までに公開された出願

可聴表示の出願状況を表1.3.7-1に示す。この技術で最も出願が多いのは日本電気であるが、全体に比べこの分野において日立国際電気の出願件数が多いことが分かる。特に1996年以降出願が大幅に増加している。

表1.3.7-1 可聴表示の出願状況

企業名/出願年	90	91	92	93	94	95	96	97	98	99	計
日本電気	3	5	4	1	5	7	10	8	7	7	57
松下電器産業	2	5	2	2	3	3	2	17	5	8	48
日立国際電気	0	1	2	0	2	4	5	10	3	16	43
NECモバイリング	0	0	0	0	1	5	10	5	9	4	34
ソニー	0	1	3	1	3	7	6	6	4	1	32
東芝	3	1	3	2	2	0	3	8	1	6	29
埼玉日本電気	0	0	0	1	0	4	6	7	6	5	29
三洋電機	2	0	0	0	1	5	4	3	7	4	26
カシオ計算機	1	1	0	0	6	5	2	1	4	1	21
日立製作所	0	0	1	2	3	3	2	5	3	2	21
三菱電機	1	0	1	0	1	2	8	2	3	2	20
デンソー	0	0	0	0	0	1	1	3	2	9	16
富士通	0	0	2	0	0	4	1	2	1	4	14
ケンウッド	0	0	0	0	0	0	2	5	1	5	13
シャープ	0	0	0	1	0	1	1	5	3	1	12
京セラ	0	0	1	0	0	1	2	0	3	4	11
キヤノン	0	0	0	0	0	4	0	2	3	0	9
日本電信電話	2	2	0	2	0	0	0	1	1	0	8
エヌ・ティ・ティ・ドコモ	1	0	1	0	0	0	1	0	1	0	4
ノキア モービル フォーンズ	0	0	0	0	0	0	0	0	0	0	0

1.3.8 振動表示

振動表示の出願人数と出願件数の推移を図1.3.8-1に示す。全体としては出願人、出願件数ともに1997年まで増加傾向にあった。この中では94年から95年にかけての出願人の急増、95年から96年にかけてほぼ同じ出願人数での出願件数の増加が特徴である。ただし、97年をピークに出願件数、出願人数ともにほぼ安定した状態にある。

図1.3.8-1 振動表示の出願人数と出願件数の推移

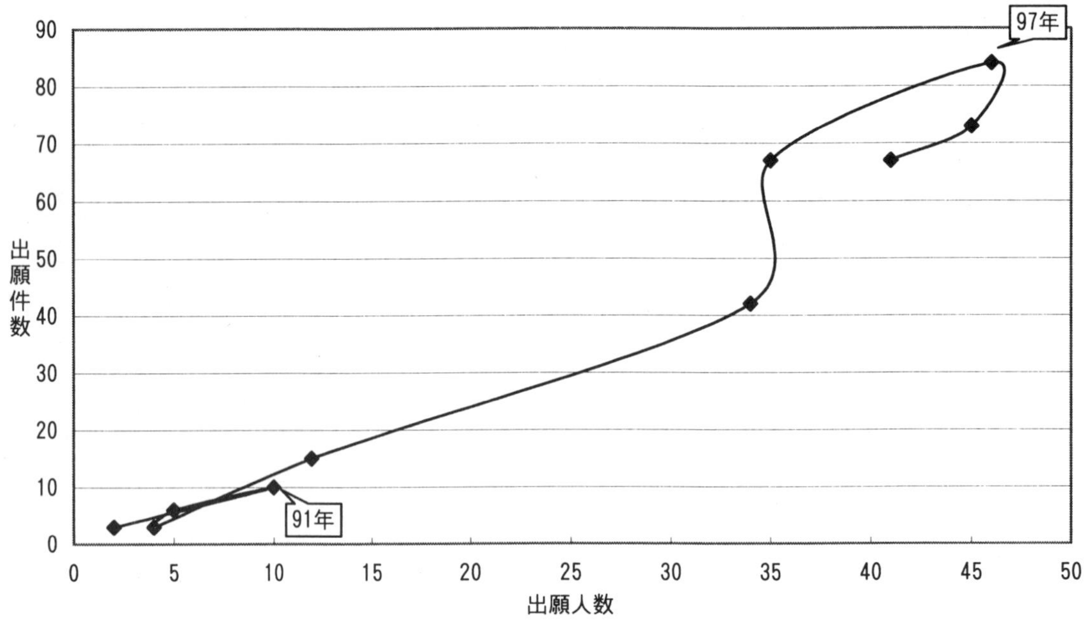

1991～2001年7月までに公開された出願

振動表示の出願人の状況を表1.3.8-1に示す。この分野では松下電器産業の出願が多いが、京セラの出願件数も多いことも特徴である。ただし、京セラの出願は1996年に集中したものである。

表1.3.8-1 振動表示の出願状況

企業名/出願年	90	91	92	93	94	95	96	97	98	99	計
松下電器産業	2	1	1	0	0	3	3	9	8	6	33
京セラ	0	0	0	0	0	1	15	2	4	1	23
日本電気	0	1	0	1	3	4	3	2	4	3	21
日立国際電気	0	0	0	0	1	0	5	5	1	7	19
埼玉日本電気	0	0	0	0	0	0	6	5	3	3	17
三洋電機	0	0	0	0	0	1	3	4	7	1	16
カシオ計算機	0	1	0	0	1	2	1	4	6	0	15
ソニー	0	1	0	0	1	2	2	3	2	2	13
日立製作所	0	0	2	0	1	1	3	2	1	1	11
三菱電機	1	0	0	0	2	2	3	1	2	0	11
東芝	0	0	0	0	0	0	0	3	2	4	9
NECモバイリング	0	0	0	0	0	3	1	2	3	0	9
ケンウッド	0	0	0	0	0	0	2	3	1	3	9
デンソー	0	0	0	0	0	0	3	1	2	2	8
シャープ	0	0	0	0	0	0	1	4	3	0	8
富士通	0	0	0	0	1	0	0	2	0	3	6
キヤノン	0	0	0	0	0	1	0	2	1	0	4
日本電信電話	0	1	0	0	0	0	0	0	1	0	2
エヌ・ティ・ティ・ドコモ	0	0	0	0	0	0	0	0	0	0	0
ノキア モービル フォーンズ	0	0	0	0	0	0	0	0	0	0	0

1.4 携帯電話表示技術開発の課題と解決手段

1.4.1 携帯電話表示技術

携帯電話表示技術に関する特許に示された具体的技術課題とその解決手段について、階層的に整理し各技術要素ごとに課題／解決手段マトリックスとして説明する。

1.4.2 パネルの表示制御

表1.4.2-1に、パネルの表示制御全体に関して、その技術開発課題と解決手段との関連で特許（出願）の保有状況を示す。

技術課題は多様であるが、視認性・画質改善、アミューズメント性、大容量データの表示、高速化からなる「表示機能・性能の向上」と、小型・軽量化、入力操作性、編集の容易化を含む「操作性・携帯性の改善」と、「電力低減」、「セキュリティ改善」、「静粛性の確保」、「使用制約の自動化」、「情報表示の正確性」、「条件に応じた制御」などがある。全体としての技術開発課題としては、入力操作性の改善、視認性・画質改善に係わるものが多いが、電力低減を図るものも多い。

一方、解決手段は多岐にわたるため、画面設定に関するパネル制御Ⅰに係わるもの、データ入力に関するパネル制御Ⅱに係わるもの、内部データ処理、入力操作情報による表示制御、リモート端末への表示、照明・発光駆動回路などの回路制御に関するパネル制御Ⅲに係わるもの、システム制御に関するパネル制御Ⅳに係わるものに分け、それぞれ説明する。

表1.4.2-1 パネルの表示制御全体の技術開発と解決手段の対応表

パネルの表示制御		パネル制御Ⅰ 画面設定	パネル制御Ⅱ データ入力	パネル制御Ⅲ 内部データ処理	パネル制御Ⅲ 入力操作情報による表示制御	パネル制御Ⅲ リモート端末への表示	パネル制御Ⅲ 照明・発光駆動回路などの回路制御	パネル制御Ⅳ システム制御
表示機能・性能の向上	視認性・画質改善	109	21	48	6	34	11	17
	アミューズメント性	13	5	9	1	0	0	3
	大容量のデータ表示	7	5	8	1	7	0	23
	高速化	0	1	10	1	0	0	1
操作性・携帯性の改善	小型・軽量化	10	42	9	0	7	0	10
	入力操作性	71	190	84	29	4	5	14
	編集の容易化	6	6	4	1	0	0	1
電力低減		8	23	9	11	0	65	14
セキュリティ改善		1	8	7	2	0	0	20
静粛性の確保		0	7	3	0	1	1	14
使用制約の自動化		1	6	0	0	1	0	24
情報表示の正確性		0	1	4	1	0	0	9
条件に応じた制御		10	17	20	2	2	1	39

(1) パネルの表示制御Ⅰ（画面設定）

表1.4.2-2に、パネルの表示制御Ⅰに関して課題と解決手段との関連で特許（出願）の保有状況を示す。

表1.4.2-2 パネルの表示制御Ⅰの技術開発と解決手段の対応表

課題	解決手段	画面設定				
^	^	メニュー設定	画面構成及び画面シーケンス制御	操作情報の表示	フォント・アイコンなどの設定	照明制御
表示機能・性能の向上	視認性・画質改善	全体件数 7件 ノキア モービルフォーンズ（フィンランド）2	全体件数 47件 松下電器産業 9 三洋電機 7 日本電気 4 国際電気 4 カシオ計算機 4	全体件数 2件	全体件数 44件 ソニー 7 国際電気 6 静岡日本電気 5 三洋電機 4 埼玉日本電気 4 ケンウッド 4	全体件数 9件 三菱電機 2 国際電気 2
^	アミューズメント性		全体件数 4件		全体件数 7件	全体件数 2件
^	大容量データの表示	全体件数 2件	全体件数 4件	全体件数 1件		
^	高速化					
操作性・携帯性の改善	小型・軽量化	全体件数 3件 ソニー 2 日立製作所 1	全体件数 7件			
^	入力操作性	全体件数 25件 ソニー 4 ノキア モービルフォーンズ（フィンランド）3 日本無線 2 NECモバイリング 2 松下電器産業 2 国際電気 2	全体件数 31件 ソニー 8 日本電気 3 ケンウッド 3 松下電器産業 2 ノキア モービルフォーンズ（フィンランド）2	全体件数 9件 ソニー 2	全体件数 6件 国際電気 3	
^	編集の容易化		全体件数 1件		全体件数 5件 ケンウッド 2	
電力低減化			全体件数 6件 松下電器産業 3			全体件数 2件
セキュリティ改善			全体件数 1件			
静粛性の確保						
使用制約の自動化			全体件数 1件			
情報表示の正確性						
条件に応じた制御		全体件数 2件	全体件数 5件 三洋電機 2		全体件数 1件	全体件数 2件

表示機能・性能向上の課題のなかで、視認性・画質改善に関する出願が最も多く、松下電器産業、三洋電機など多くの企業が、画面構成および画面シーケンス制御の解決手段を出願している。このことは、携帯電話の画面サイズが小さいという制約条件が厳しいことから、いかに視認性を向上するかがセールスポイントとなる重要技術であることを意味している。

同様に、視認性・画質改善に関して、フォント・アイコンなどの設定に関する解決手段もソニー、国際電気など各社から多数出願されている。また視認性・画質改善を図るために、パネルあるいは操作部に対して照明制御を行う技術が、三菱電機、国際電気などから出願されている。

また操作性・携帯性の改善のなかで、入力操作性に件数が集中している。これは、携帯電話の入力操作部の面積が小さいという制約からと考えられ、入力操作性を向上する

ことが他社との差別化に重要であることを物語っている。

具体的に説明すると、ソニーなどがメニュー設定の解決手段で、またソニー、日本電気などが画面構成および画面シーケンス制御の入力操作性を改善する方法をそれぞれ出願している。さらに、ソニーなどが操作情報の表示により、国際電気などがフォント・アイコンなどの設定により、入力操作性を改善する方法をそれぞれ出願している。

(2) パネルの表示制御II（データ入力）

表1.4.2-3に、パネルの表示制御IIに関して課題と解決手段との関連で特許（出願）の保有状況を示す。

表1.4.2-3 パネルの表示制御IIの技術開発と解決手段の対応表

課題	解決手段	キー入力	ダイヤル入力	タッチ方式などによる入力	カメラ・スキャナ・マイク・センサなどによる入力	記憶情報を用いた入力
表示機能・性能の向上	視認性・画質改善	全体件数 4件		全体件数 1件	全体件数 13件 東芝 3	全体件数 3件 東芝 2 シャープ 1
	アミューズメント性	全体件数 1件		全体件数 1件	全体件数 3件	
	大容量データの表示				全体件数 5件	
	高速化			全体件数 1件		
操作性・携帯性の改善	小型・軽量化	全体件数 5件 ソニー 2	全体件数 4件	全体件数 13件 松下電器産業 2 ソニー 2 シャープ 2	全体件数 19件 カシオ計算機 4 シャープ 3 松下電器産業 2 ソニー 2	全体件数 1件
	入力操作性	全体件数 60件 松下電器産業 8 東芝 6 日本電気 5 国際電気 5	全体件数 33件 松下電器産業 15 ソニー 8 ノキア モービル フォーンズ（フィンランド）3	全体件数 36件 ソニー 8 埼玉日本電気 3 ノキア モービル フォーンズ（フィンランド）3 三洋電機 2 三菱電機 2	全体件数 37件 松下電器産業 5 立石電機 3 日立製作所 3 日本電気 2 カシオ計算機 2	全体件数 24 松下電器産業 5
	編集の容易化	全体件数 1件			全体件数 4件 京セラ 2	全体件数 1件
電力低減化				全体件数 2件	全体件数 20件 日立製作所 2 松下電器産業 2 埼玉日本電気 2 京セラ 2	全体件数 1件
セキュリティ改善				全体件数 1件	全体件数 6件	全体件数 1件
静粛性の確保				全体件数 1件	全体件数 5件 京セラ 2	全体件数 1件
使用制約の自動化					全体件数 6件	
情報表示の正確性						全体件数 1件
条件に応じた制御		全体件数 2件			全体件数 14件 松下電器産業 3 キヤノン 3	全体件数 1件

パネルの表示制御IIでも、入力操作性の課題に件数が集中しており、具体的には松下電器産業、東芝など多数の企業からキー入力に関しての解決手段が、松下電器産業、ソニーなどからダイヤル入力に関しての解決手段が出願されている。

またソニーなどからタッチ方式などによる入力に関しての解決手段が、松下電器産業

などからカメラ・スキャナ・マイク・センサなどによる入力に関しての解決手段が、さらに松下電器産業などから記憶情報を用いた入力に関しての解決手段が、それぞれ出願されている。

　また、携帯電話の重要な技術課題である小型・軽量化については、松下電器産業、ソニー、シャープなどからタッチ方式などによる入力に関しての解決手段が、カシオ計算機などから、カメラ・スキャナ・マイク・センサなどによる入力に関しての解決手段が出願されている。

(3) パネルの表示制御Ⅲ（内部データ処理など）

　表1.4.2-4に、パネルの表示制御Ⅲに関して課題と解決手段との関連で特許（出願）の保有状況を示す。

表1.4.2-4 パネルの表示制御Ⅲの技術開発と解決手段の対応表

課題 \ 解決手段	内部データ処理：電話帳・履歴情報などを用いたデータ処理	内部データ処理：音声・画像処理	内部データ処理：動作状態および内部データの監視・検索	入力操作情報による表示制御	リモート端末への表示	照明・発光駆動回路などの回路制御
表示機能・性能の向上：視認性・画質改善	全体件数 22件 東芝 3 埼玉日本電気 3 ケンウッド 3	全体件数 16件 東芝 4 ソニー 3 京セラ 2	全体件数 10件 東芝 2 埼玉日本電気 2 ケンウッド 2	全体件数 6件 キヤノン 2	全体件数 34件 東芝 5	全体件数 11件 日本電気 3 デンソー 2 カシオ計算機 2
表示機能・性能の向上：アミューズメント性	全体件数 1件	全体件数 6件	全体件数 2件	全体件数 1件		
表示機能・性能の向上：大容量データの表示		全体件数 8件 松下電器産業 2		全体数 1件	全体件数 7件 松下電器産業 2	
表示機能・性能の向上：高速化	全体件数 2件 三菱電機 2	全体件数 6件 京セラ 3	全体件数 2件	全体件数 1件		
操作性・携帯性の改善：小型・軽量化	全体件数 2件	全体件数 6件 松下電器産業 2	全体件数 1件		全体件数 7件 松下電器産業 2	
操作性・携帯性の改善：入力操作性	全体件数 62件 国際電気 10 東芝 7 日立製作所 4 デンソー 4 京セラ 4	全体件数 6件	全体件数 16件 デンソー 2 埼玉日本電気 2 ケンウッド 2	全体件数 29件 ソニー 4 デンソー 3 ノキア モバイル フォーンズ（フィンランド）3 ケンウッド 3	全体件数 4件	全体件数 5件 日本電気 2
操作性・携帯性の改善：編集の容易化	全体件数 4件			全体件数 1件		
電力低減化	全体件数 1件	全体件数 1件	全体件数 7件 デンソー 2 国際電気 2	全体件数 11件 埼玉日本電気 2		全体件数 65件 日本電気 10 松下電器産業 6 埼玉日本電気 6 デンソー 5 東芝 5 NECモバイリング 4 国際電気 4
セキュリティ改善	全体件数 4件	全体件数 2件	全体件数 1件	全体件数 2件		
静粛性の確保		全体件数 2件	全体件数 1件		全体件数 1件	全体件数 1件
使用制約の自動化				全体件数 1件		
情報表示の正確性	全体件数 2件	全体件数 1件	全体件数 1件	全体件数 1件		
条件に応じた制御	全体件数 7件 デンソー 2 松下電器産業 2	全体件数 2件	全体件数 11件 日本電気 3	全体件数 2件	全体件数 2件	全体件数 1件

　パネルの表示制御Ⅲでは、電話帳・履歴情報などを用いたデータ処理の手段により、入力操作性を改善する内容のものが、国際電気、東芝など各社から62件と多数出願されている。

また、入力操作情報による表示制御の手段を用いて、入力操作性を改善する内容のものが、ソニーなど各社から多数出願されている。
　携帯電話の構造的制約からパソコンと同様のキー配列を実装することは困難であり、文字入力するのに何回もボタン操作が必要となる。このため、電話帳・履歴情報などを用いたデータ処理の手段、入力操作情報による表示制御の手段を用いて、入力操作回数を少なくするさまざまな技術思想が出願されている。
　表示機能・性能向上のうち視認性・画質改善の技術課題に対して、種々の解決手段が出願されているが、特に多いのは、電話帳・履歴情報などを用いたデータ処理の解決手段と、リモート端末への表示の解決手段である。電話帳・履歴情報などを用いたデータ処理の解決手段は、入力操作性とも密接な関連がある。すなわち、視認性・画質改善を改善することにより、入力操作性も改善するという関係にある。
　またリモート端末への表示は、携帯電話本体の表示パネルに情報を表示するのではなく、離れた表示装置に表示するものであり、携帯電話の画面を見ることができない状況や、表示データ量が多い場合などに有効である。
　電力低減化の課題に対しては、日本電気など各社から、照明・発光駆動回路などの回路制御の解決手段が出願されている。表示不要な場合、照明・発光駆動回路などの回路の電源供給を停止するなどして電力低減化を図るものであり、広範囲な技術思想が出願されている。

(4) パネルの表示制御Ⅳ（システム制御）

　表1.4.2-5に、パネルの表示制御Ⅳに関して課題と解決手段との関連で特許（出願）の保有状況を示す。

表1.4.2-5　パネルの表示制御Ⅳの技術開発と解決手段の対応表(1/2)

課題 \ 解決手段		表示内容の制限・使用者の認証と表示	規制・環境条件などによる内部制御	表示手段の選択	受信・送信の識別情報による制御	データ形式の変換・分割	端末からの特定要求による外部装置での処理
表示機能・性能向上の	視認性・画質改善	全体件数 5件		全体件数 8件	全体件数 1件	全体件数 1件	全体件数 2件
	アミューズメント性		全体件数 2件		全体件数 1件		
	大容量データの表示	全体件数 1件		全体件数 3件		全体件数 12件 エヌ・ティ・ティ・データ 2	全体件数 7件 東芝 2 電通 2
	高速化	全体件数 1件					
操作性・携帯性の改善	小型・軽量化			全体件数 5件 モトローラ 2			全体件数 5件 カシオ計算機 4 ソニー 1
	入力操作性	全体件数 1件	全体件数 5件 NECモバイリング 2 シャープ 2 ソニー 1	全体件数 3件	全体件数 2件		全体件数 3件
	編集の容易化						全体件数 1件
電力低減化		全体件数 1件	全体件数 9件 松下電器産業 2 三洋電機 2	全体件数 4件			
セキュリティ改善		全体件数 15件 日本電気 2 京セラ 2 ソニー 2	全体件数 1件	全体件数 1件	全体件数 2件		全体件数 1件

表1.4.2-5 パネルの表示制御Ⅳの技術開発と解決手段の対応表(2/2)

解決手段 課題	システム制御					
	表示内容の制限・使用者の認証と表示	規制・環境条件などによる内部制御	表示手段の選択	受信・送信の識別情報による制御	データ形式の変換・分割	端末からの特定要求による外部装置での処理
静粛性の確保		全体件数 9件 松下電器産業 3 三洋電機 2	全体件数 5件 松下電器産業 2			
使用制約の自動化	全体件数 1件	全体件数 22件 日本電気 4 東芝 4 松下電器産業 3 ソニー インターン ヨーロッパ（ドイツ) 3	全体件数 1件			
情報表示の正確性		全体件数 7件 日本電気 3 松下電器産業 2		全体件数 1件		全体件数 1件
条件に応じた制御		全体件数 13件 日本電気 5	全体件数 17件 日本電気 2 東芝 2 埼玉日本電気 2 ケンウッド 2	全体件数 5件		全体件数 4件

　表示機能・性能向上のうち視認性・画質改善の技術課題に対して、表示手段の選択による解決手段が各社から出願されている。携帯電話は種々の環境および状況において使用され、使用環境および使用状況に適した表示手段の選択が行われる。

　また大容量データの表示の課題については、エヌ・ティ・ティ・データなどが、データ形式の変換・分割の解決手段を出願している。携帯電話の性能は飛躍的に向上したが、画像データなどの大容量データの表示については、パソコンと同様の技術で実現するのは現時点では困難であり、携帯電話で処理できるデータにしてから携帯電話に取り込むという内容のものである。

　可聴表示を行うことができない条件下における静粛性の確保の課題は、松下電器産業、三洋電機などから規制・環境条件などによる内部制御の解決手段が出願されている。

　また条件に応じた制御の課題は、日本電気などから規制・環境条件などによる内部制御の解決手段が出願されている。

1.4.3 パネルの状態表示

　表1.4.3-1に、携帯電話の内部状態および外部状態に関して課題と解決手段との関連で特許（出願）の保有状況を示す。

表1.4.3-1 パネルの状態表示の技術開発と解決手段の対応表(1/2)

解決手段 課題		内部処理		外部情報の解析			通信相手の状態表示
		バッテリー残量予測	文字・アイコン・キャラクタなどを用いた表示	センサなどからの入力情報解析	受信電波の解析	回線情報の解析	
バッテリ状態表示	動作状態に応じた正確で、認識容易な表示	全体件数 34件 東芝 5 NECモバイリング 4 日本電気 4 三洋電機 4	全体件数 13件 東芝 3 三洋電機 2 国際電気 2 ソニー 2	全体件数 3件	全体件数 3件		全体件数 1件
	警告表示	全体件数 10件 日本電気 3	全体件数 3件	全体件数 1件	全体件数 2件	全体件数 2件	全体件数 1件
	使用可能時間および機能の表示	全体件数 13件 三洋電機 3 日立製作所 2 松下電器産業 2	全体件数 2件				

表1.4.3-1 パネルの状態表示の技術開発と解決手段の対応表(2/2)

課題		内部処理		外部情報の解析			通信相手の状態表示
	解決手段	バッテリー残量予測	文字・アイコン・キャラクタなどを用いた表示	センサなどからの入力情報解析	受信電波の解析	回線情報の解析	
通信状態表示	電波状態の表示		全体件数 9件 三洋電機 3	全体件数 3件	全体件数 56件 松下電器産業 9 三洋電機 6 東芝 5 日立製作所 3 ソニー 3	全体件数 7件 三洋電機 2	全体件数 1件
	回線状態の表示		全体件数 7件 日本電気 2			全体件数 24件 日本電気 3 日立製作所 2 日本電気通信システム 2 NECモバイリング 2 東芝 2 ソニー 2	全体件数 1件
使用環境の表示	使用動作状態の表示	全体件数 1件	全体件数 20件 松下電器産業 3 NECモバイリング 2 日本電気 2 東芝 2 三洋電機 2 ソニー 2	全体件数 9件	全体件数 7件 東芝 2	全体件数 5件	全体件数 6件
	外部機器接続状態の表示		全体件数 1件	全体件数 6件	全体件数 1件		全体件数 1件

　この技術の技術開発課題としては、動作状態に応じた正確で、認識容易な表示、警告表示、使用可能時間および機能の表示からなる「バッテリー状態表示」、電波状態の表示、回線状態の表示からなる「通信状態表示」とし、使用動作状態の表示、外部機器接続状態の表示からなる「使用環境の表示」がある。

　この中ではバッテリー状態表示の「動作状態に応じた正確で、認識容易な表示」に多数の出願が集中している。

　この課題に対して、東芝、NECモバイリング、日本電気、三洋電機などが、バッテリー残量を予測する解決手段を出願している。これは、以前のバッテリーはマンガン電池が主体でありバッテリー容量が小さく、かつ回路の消費電力も大きかったために正確にバッテリー残量を表示することが重要な課題であったことによるものであろう。

　また電波状態の表示に対しても多数出願がされており、これに対して、松下電器産業、三洋電機、東芝などが、受信電波の解析を行う発明を出願している。これは、従来基地局が少なくサービスエリアが限定されていたこと、また通信方式がアナログ方式であり通信品質が現在よりも悪かったことに起因して、電波状態の表示が重要であったと考えることができる。

　さらに回線状態の表示に対しては、日本電気、日立製作所などが回線情報の解析手段を出願している。

　また動作状態の表示については、松下電器産業、NECモバイリング、日本電気、東芝などが文字・アイコン・キャラクタなどを用いた表示技術を出願している。

1.4.4 パネルのサービス情報表示
　表1.4.4-1に、サービス情報表示に関して情報の対象と技術手段との関連で特許（出

願)の保有状況を示す。パネルのサービス情報表示は、利用者がどのような情報を必要としているのかを情報の対象として分類し、情報のニーズに対してどのような技術手段で解決するのかを技術手段として分類している。

表1.4.4-1 パネルのサービス情報表示の「情報の対象」と技術手段の対応表

技術手段 情報の対象	位置・地図に係わる情報の表示	データベース検索と表示	特定端末への情報表示	広告表示	アニメーション・キャラクタ・画像の表示	カメラ・センサによる異常検出と表示	その他
ビジネス情報		全体件数 10件	全体件数 1件	全体件数 1件	全体件数 1件		全体件数 2件
生活・娯楽情報	全体件数 1件	全体件数 8件	全体件数 2件	全体件数 1件	全体件数 6件 ソニー 2	全体件数 1件	全体件数 5件
ガイド情報	全体件数 104件 日本電気 11 松下電器産業 11 日立製作所 9 ソニー 5 日本電信電話 4 NECモバイリング 4 カシオ計算機 4		全体件数 4件	全体件数 1件			全体件数 5件 富士通 2
取引・契約情報		全体件数 7件					全体件数 2件
通知・警告情報	全体件数 11件 松下電器産業 2件	全体件数 4件	全体件数 8件	全体件数 1件		全体件数 11件 堀場製作所 3	全体件数 13件 NECモバイリング 3 タカハシワークス 3
地域情報	全体件数 2件	全体件数 1件	全体件数 15件 ソニー 4 日本電気エンジニアリング 2 エヌ・ティ・ティ・ドコモ 2	全体件数 1件			全体件数 1件
送受信情報	全体件数 2件	全体件数 7件 日本電気 2	全体件数 3件 東芝 2 NECモバイリング 1		全体件数 1件		全体件数 6件
サービス料金低減化				全体件数 7件 ソニー・コンピュータエンタテインメント 2			全体件数 1件

　情報の対象は、ビジネス情報、生活・娯楽情報、ガイド情報、取引・契約情報、通知・警告情報、地域情報、送受信情報、サービス料金低減化として大別される。

　ビジネス情報と生活・娯楽情報は、「データベース検索と表示」が用いられることが多いが、主要20社に含まれない出願人からのものが多い。

　ガイド情報は出願件数が最も多く、日本電気、松下電器産業など主要20社以外の多数の企業も、位置・地図に係わる情報の表示技術に基づいた技術手段を出願している。位置情報に関連した内容は、各社がサービス情報のコア技術として重要視していることの現れと考えられる。

　通知・警告情報は、松下電器産業などが位置・地図に係わる情報の表示技術に基づいた技術手段を出願し、堀場製作所などがカメラ・センサによる異常検出と表示の技術に基づいた技術手段を出願している。携帯電話の携帯性と位置的・時間的に常時使用できることの有利性を活用した内容といえる。

　さらに、地域情報については、ソニーなどが特定端末への情報表示の技術に基づいた

技術手段を出願している。

またサービス料金低減化は今後重要な課題と考えられるが、この課題に対してソニー・コンピュータエンタテインメントなどが広告表示の技術手段を出願している。

1.4.5 パネルの発着信・メッセージ表示

表1.4.5-1に、パネルの発着信・メッセージ表示に関して、その技術開発課題と解決手段との関連で特許（出願）の保有状況を示す。

表1.4.5-1 パネルの発着信・メッセージ表示の技術開発と解決手段の対応表

課題 \ 解決手段		発信・着信表示			メッセージ表示	
		発呼者・被呼者識別データ表示	着呼報知	着信履歴・着信回数表示	メッセージ内容・画像表示	操作ガイダンス表示
表示情報の認識容易化・アミューズメント性向上	着信情報	全体件数 45件 日本電気 8 松下電器産業 5 国際電気 4 ソニー 3 静岡日本電気 3 NECモバイリング 3	全体件数 21件 東芝 3	全体件数 13件	全体件数 20件 国際電気 4 東芝 4	全体件数 3件
	発信情報	全体件数 19件 カシオ計算機 3		全体件数 1件	全体件数 3件	全体件数 8件
	通話情報	全体件数 5件		全体件数 4件	全体件数 2件	全体件数 21件
	メッセージ	全体件数 5件	全体件数 2件	全体件数 1件	全体件数 56件 カシオ計算機 7 ソニー 5 日立製作所 5 東芝 3 デンソー 3	全体件数 10件 ソニー 3
	留守番電話・ボイスメール	全体件数 12件 日本電気 4 ケンウッド 3		全体件数 4件	全体件数 13件	全体件数 5件
	Eメール	全体件数 5件	全体件数 1件	全体件数 1件	全体件数 6件	

この技術の技術開発課題には、発信情報、着信情報、通話情報、メッセージ、留守番電話・ボイスメール、Eメールに分類される。

特に、着信情報とメッセージの認識容易化・アミューズメント性向上の各課題に集中して出願している企業が多い。メッセージの課題は、メッセージの内容をテキスト、静止画像、動画像として表示する技術で、カシオ計算機、ソニー、日立製作所など多くの企業が出願しており、また、発呼者・被呼者の識別データ（電話番号、氏名、略称など）の解決手段に対しては、日本電気、松下電器産業、国際電気、ソニーなどからの出願のほか、主要20社以外からの出願も多い。

1.4.6 発光表示

表1.4.6-1に、発光表示に関して、その技術開発課題と解決手段との関連で特許（出願）の保有状況を示す。

表1.4.6-1 発光表示の技術開発と解決手段の対応表(1/2)

課題		本体発光LED・LCD				発光機能付別体報知装置				発光アンテナ	
	解決手段	発光強度	点灯点滅	2面発光	発光色	固定型	装身具	鞄装着	ストラップ等	太陽電池	無電源
着信認知	視認性	全件数1件 国際電気1	全件数17件 埼玉日本電気4 松下電器産業2 日本電気2 日立製作所1 京セラ1 デンソー1	全件数3件 埼玉日本電気2 三洋電機1	全件数6件 松下電器産業1 埼玉日本電気1 京セラ1 沖通信システム1	全件数34件 電興社3 日本電気2 山形カシオ2 谷川商事2 日立製作所1 デンソー1	全件数15件 ソニー2 山形カシオ2 京セラ1 電興社1	全件数16件 エムアンドケイヨコヤ2 リーベックス2	全件数39件 電興社3 林電子工業2 日立製作所2 国際電気2 山形カシオ1 金子製作所1		全件数37件 木村電子工業2 シンエイ産業2 リーベックス2 モスト2
	環境対応		全件数15件 ソニー2 静岡日本電気1 松下電器産業1 日本電気1 国際電気1			全件数3件 日本電気1 リーベックス1 平電機1	全件数3件 坂本文具1 ウッディ1		全件数1件		
	通話中		全件数1件 NECモバイリング1			全件数1件 トコムス1					
	充電中		全件数3件 国際電気1 シャープ1 畠山製作所1								
	発呼先制御		全件数2件 キヤノン1 シャープ1								
	発呼先確認		全件数3件 松下電器産業1 静岡日本電気1 国際電気1		全件数4件 日本電気2 ケンウッド1 日本ビクター1						
	情報種別		全件数4件 京セラ1 デンソー1 三洋電機1 ケンウッド1								
	誤作動防止					全件数3件 ティーディーケイ1 カシムラ1	全件数2件 ルアスレクナ1				全件数1件 大雄1
	ゲーム		全件数2件 ジュンプランニング1								
着信応答	自動応答		全件数2件 神有機材1 インターメディア1								
	特定応答		全件数3件 ソニー1 国際電気1 静岡日本電気1								
電池状態表示・電池消耗防止	電池状態	全件数1 ソニー1	全件数4 NECモバイリング2 松下電器産業1 岩崎通信1		全件数1件 富士通						
	電池切防止									全件数1件 ワールドテクノ1	
	電池消耗防止		全件数16件 国際電気3 三洋電機2 ルーセント2 松下電器産業1 日立製作所1								

表1.4.6-1 発光表示の技術開発と解決手段の対応表(2/2)

課題	解決手段	本体発光LED・LCD 発光強度	点灯点滅	2面発光	発光色	発光機能付別体報知装置 固定型	装身具	鞄装着	ストラップ等	発光アンテナ 太陽電池	無電源
状態確認	動作状態		全体件数 6件 東芝 2 国際電気 1 松下電器産業 1		全体件数 2件 埼玉日本電気 2						
	電界強度	全体件数 3件 日本電気 1 ソニー 1 デンソー 1									全体件数 1件 ソニー 1
	通信接続				全体件数 1 ソニー 1						
	回線使用		全体件数 2件 デンソー 1 田村電機 1								
キー操作など			全体件数 3件 埼玉日本電気 2 デンソー 1	全体件数 1件 日本電気 1							
使用制限区域			全体件数 2件 京セラ 1 モビルテクノス 1			全体件数 2件 日本電気 1 松下電器産業 1					
圏内・圏外表示			全体件数 8件 埼玉日本電気 3 東芝 1 三菱電機 1								
盗難・忘れ物防止						全体件数 1件 松下電工 1			全体件数 2件		
その他	設置忘れ防止		全体件数 2件 松下電器産業 1								
	目的地到達		全体件数 1件 日本無線 1								
	通話時間				全体件数 2件 デンソー 1 カシオ計算機 1						

　技術課題は、着信認知、着信応答、電池状態表示・電池消耗防止、状態確認、キー操作など、使用制限区域、圏内・圏外表示、盗難・忘れ物防止、その他に分類される。また着信認知は、視認性、環境対応などに細分類され、電池状態表示・電池消耗防止は、電池状態、電池切れ防止、電池消耗防止に細分類される。

　着信認知のうち視認性を高める課題に多数の出願が集中しており、埼玉日本電気などが点灯点滅の解決手段を出願している。同様に、発光機能付別体報知装置を用いて視認性を高めるための多様な解決手段が出願されており、電興社などが固定型およびストラップなどの別体報知装置を用いた解決手段を出願している。また駆動回路が受信電波を整流して発光素子を電流駆動し、この駆動回路がアンテナに実装された無電源方式を用いる解決手段は、木村電子工業などから多数出願されている。

　静粛性を確保するための環境対応の課題に対しては、ソニーなどから点灯点滅の解決手段が出願されている。さらに、点灯点滅のパターンを変更して発光素子の駆動電力を実効的に小さくし電池の消耗防止を図る解決手段が、国際電気などから出願されている。

1.4.7 可聴表示

　表1.4.7-1に、可聴表示に関して、その技術開発課題と解決手段との関連で特許（出願）の保有状況を示す。

表1.4.7-1 可聴表示の技術開発と解決手段の対応表(1/2)

課題	解決手段	着信メロディ・音声	本体報知音 一般鳴動	本体報知音 音色・音量	別体報知・制御装置 固定・携帯型	別体報知・制御装置 装身具他
着信認知	着信認知性	全体件数 42件 松下電器産業 5 ヤマハ 5 国際電気 3 ソニー 2 東芝 2 日本電気 2 日立製作所 2 三菱電機 2 NECモバイリング 2 デンソー 2	全体件数 21件 松下電器産業 3 国際電気 2 日立製作所 2 三菱電機 2 日本電気 1 ソニー 1	全体件数 17件 松下電器産業 3 三洋電機 3 ソニー 2 埼玉日本電気 1 日本電気 1	全体件数 22件 国際電気 2 キヤノン 2 ゴー プロモーションズ 2 日本電気 1 日立製作所 1	全体件数 12件 谷川商事 2 山形カシオ 1 カシオ計算機 1 バンダイ 1
着信認知	発呼者確認	全体件数 4件 京セラ 1 埼玉日本電気 1 東芝 1 日立製作所 1	全体件数 7件 日本電気 3 NECモバイリング 1 三洋電機 1 ケンウッド 1	全体件数 7件 国際電気 2 ソニー 1 京セラ 1 静岡日本電気 1 ケンウッド 1		
着信認知	環境対応		全体件数 47件 国際電気 5 日本電気 4 松下電器産業 3 埼玉日本電気 3 NECモバイリング 3 ソニー 2 三菱電機 2 田村電機 2 カシオ計算機 2 デンソー 2	全体件数 25件 松下電器産業 4 NECモバイリング 3 ソニー 2 日立製作所 2 シャープ 2		
着信認知	誤作動防止		全体件数 2件 松下電器産業 1 ティーディーケイ 1		全体件数 8件 電興社 1 セイコーエプソン 1 アルプス電気 1	
着信認知	移動中			全体件数 2件 NECモバイリング 1 田村電機 1	全体件数 6件 松下電器産業 2 日本電信電話 1 国際電気 1 トーキン 1	全体件数 1件 トコムス 1
着信認知	充電中		全体件数 5件 埼玉日本電気 2 松下電器産業 1 東芝 1 シャープ 1		全体件数 4件 日本電気 1 埼玉日本電気 1 三菱電機 1 三洋電機 1	
着信認知	鞄保管中		全体件数 1件 アイワ 1		全体件数 6 日本電気 3 船井電機研究所 2	
着信認知	情報種別	全体件数 5件 キヤノン 1 ケンウッド 1 三星電子 1		全体件数 2件 松下電器産業 1 ソニー 1	全体件数 1件 デンソー 1	
警報	電話故障		全体件数 1件 デンソー 1	全体件数 3件 キヤノン 1 日立製作所 1 松下電器産業 1		
警報	目的地到達		全体件数 10件 松下電器産業 1 日本信電話 1 日立製作所 1 カシオ計算機 1 富士通 1			
警報	緊急連絡		全体件数 6件 松下電器産業 1 ＮＥＣモバイリング 1 デンソー 1			
警報	時刻	全体件数 1件 ソニー 1	全体件数 5件 国際電気 1 ソニー 1 東芝 1 ヤマハ 1			
警報	携帯電話アダプタへのセットし忘れ防止				全体件数 2件 ハーネス総合技術研究所2	

表1.4.7-1 可聴表示の技術開発と解決手段の対応表(2/2)

課題		解決手段 着信メロディ・音声	本体報知音 一般鳴動	本体報知音 音色・音量	別体報知・制御装置 固定・携帯型	別体報知・制御装置 装身具他
警報	防犯			全体件数 2件 京セラ 1 ナビック 1		
警報	通信通話料金		全体件数 4件 埼玉日本電気 1 国際電気 1 三菱電機 1 デンソー 1			
通信接続状態	データ通信中	全体件数 1件 日本電気 1				
通信接続状態	データ通信回線切断防止	全体件数 3件 三洋電機 2 埼玉日本電気 1				
通信接続状態	回線品質	全体件数 1件 松下電器産業 1	全体件数 11件 ソニー 3 国際電気 2 埼玉日本電気 1 富士通 1 三菱電機 1 東芝 1			
セキュリティ	紛失防止		全体件数 1件 渡辺組 1		全体件数 9件 日本電気 1 国際電気 1 東芝 1 三菱電機 1	
セキュリティ	返却忘れ防止	全体件数 1件 富士通 1				
電池状態表示・電池消耗防止	電池状態		全体件数 10件 日本電気 3 国際電気 1 東芝 1 NECモバイリング 1 静岡日本電気 1	全体件数 2件 埼玉日本電気 1 ソニー 1		
電池状態表示・電池消耗防止	電池消耗防止	全体件数 2件 日本電気エンジニアリング 1 カシオ計算機 1	全体件数 4 国際電気 1 東芝 1 田村電機 1 三洋電機 1			
使用制限区域					全体件数 13件 日本電気 2 東芝 2 沖電気 1 田村電機 1 シャープ 1 NECモバイリング 1	
操作性	電話帳検索	全体件数 2件 国際電気 1 ケンウッド 1				
操作性	キー操作	全体件数 3件 埼玉日本電気 1 第二電電 1				
圏内圏外			全体件数 12件 日本電気 2 三洋電機 2 埼玉日本電気 2 ケンウッド 2 松下電器産業 1 国際電気 1			

　技術課題は、着信認知、警報、電池状態表示・電池消耗防止、セキュリティ、操作性、使用制限区域、通信接続状態、圏内圏外に分類される。また着信認知は、着信認知性、環境対応などに細分類される。

　着信認知のうち着信認知性を高める課題と環境対応の課題とに多数の出願が集中しており、着信認知性を高める課題に対しては、松下電器産業、ヤマハなどが着信メロディ・音声の解決手段を出願している。同様にこの課題に対して、松下電器産業、国際電気などが通常の報知方法である一般鳴動の解決手段を出願し、国際電気、キヤノンなどが固定ま

たは携帯型の別体報知・制御装置を用いる解決手段を出願している。

また静粛性を確保するなどの環境対応の課題に対しても、多くの企業から多数出願されており、国際電気、日本電気などが一般鳴動の解決手段を出願し、松下電器産業、NECモバイリングなどが音量を環境に合わせて、適宜低下させるなどの音色・音量の解決手段を出願している。

1.4.8 振動表示

表1.4.8-1に、振動表示に関して、その技術開発課題と解決手段との関連で特許（出願）の保有状況を示す。

表1.4.8-1 振動表示の技術開発と解決手段の対応表(1/2)

課題		本体振動報知装置			別体振動報知装置			
	解決手段	振動強度	振動回数	振動パターン	固定型	装身具	鞄装着型	ストラップ等
着信認知	着信認知性	全体件数 3件 三洋電機 1 松下電器産業 1 日本電気 1	全体件数 9件 松下電器産業 1 三洋電機 1 日本電気 1 国際電気 1 富士通 1	全体件数 22件 京セラ 4 松下電器産業 3 三洋電機 2 国際電気 2 デンソー 2 三菱電機 2 埼玉日本電気 1 ソニー 1	全体件数 42件 京セラ 10 山形カシオ 3 日立製作所 3 ソニー 2 日本電気 2 カシオ計算機 2 松下電器産業 2	全体件数 15件 松下電器産業 3 京セラ 1 山形カシオ 1 セイコー電子 1 日本ハイテック 1	全体件数 2件 ソニー 1 坂本文具 1	全体件数 13件 松下電器産業 3 埼玉日本電気 1 ソニー 1 国際電気 1 日立製作所 1 京セラ 1
	環境対応	全体件数 1件 松下電器産業 1	全体件数 34件 日本電気 4 三洋電機 3 カシオ計算機 3 埼玉日本電気 2 ソニー 2 シャープ 2 デンソー 2		全体件数 1件		全体件数 1件	
	運転中		全体件数 1件 松下電器産業 1		全体件数 2件 国際電気 1 矢崎総業 1			
	充電中		全体件数 4件 埼玉日本電気 2 三洋電機 1 日本電気 1					
	発呼者			全体件数 15件 松下電器産業 2 静岡日本電気 2 ケンウッド 2 東芝 2 三洋電機 1 シャープ 1				
	情報種別			全体件数 2件 デンソー 1 ケンウッド 1				
	誤作動防止				全体件数 11件 松下電器産業 1 埼玉日本電気 1 カシオ計算機 1 アツデン 1			
	かばん保管中						全体件数 7件 日本電気 2 田村電機 1 アイワ 1 服部 1	

表1.4.8-1 振動表示の技術開発と解決手段の対応表(2/2)

課題		本体振動報知装置			別体振動報知装置			
	解決手段	振動強度	振動回数	振動パターン	固定型	装身具	鞄装着型	ストラップ等
電池状態表示・電池消耗防止	電池状態	全体件数 2件 松下電器産業 1 デンソー 1	全体件数 1件 東芝 1					
	電池消耗防止		全体件数 8件 埼玉日本電気 1 国際電気 1 田村電機 1 ソニー 1 ケンウッド 1 京セラ 1 東芝 1					
状態確認	電界強度		全体件数 2件 日本電気テレコムシステム 1 ソニー 1					
	回線	全体件数 1件 国際電気 1						
使用制限区域			全体件数 4件 日本電気 1 田村電機 1 東芝 1 京セラ 1					
圏内圏外			全体件数 4件 松下電器産業 1 日立製作所 1 埼玉日本電気 1 ケンウッド 1					
警報	緊急		全体件数 1件 NECモバイリング 1					
	目的地到達		全体件数 2件 田村電機 1 日本電気エンジニアリング 1					
	時刻		全体件数 1件 山岸 良一 1					
盗難・紛失防止		全体件数 1件 田中 保 1	全体件数 1件 渡辺組 1		全体件数 1件 世業嘉科技股ふん 1			全体件数 1件 望月食品 1

　技術課題は、着信認知、電池状態表示・電池消耗防止、状態確認、使用制限区域、圏内圏外、警報、盗難・紛失防止に分類される。また着信認知は、着信認知性、環境対応などに細分類される。

　着信認知のうち着信認知性を高める課題と環境対応の課題とに多数の出願が集中しており、京セラ、松下電器産業などが振動パターンの解決手段を出願している。同様にこの課題に対して京セラなどが、机上などに固定的に置いた固定型の別体振動報知装置の解決手段を出願している。

　また静粛性を確保するなどの環境対応の課題に対しても、多くの企業から多数出願されており、日本電気などが振動回数を制御する振動回数の解決手段を出願している。さらに、発呼者の認知性を高める課題に対しては、松下電器産業などが振動パターンを制御する解決手段を出願している。

2. 主要企業等の特許活動

2.1 松下電器産業
2.2 日本電気
2.3 ソニー
2.4 東芝
2.5 日立国際電気
2.6 NEC モバイリング
2.7 三洋電機
2.8 埼玉日本電気
2.9 京セラ
2.10 カシオ計算機
2.11 日立製作所
2.12 デンソー
2.13 三菱電機
2.14 シャープ
2.15 ケンウッド
2.16 キヤノン
2.17 富士通
2.18 日本電信電話
2.19 エヌ・ティ・ティ・ドコモ
2.20 ノキア モービル フォーンズ

> 特許流通
> 支援チャート
>
> ## 2．主要企業等の特許活動
>
> 通話からデータ伝送への利用変化に伴い、多様化する表示
> ニーズに対応する企業の開発姿勢がうかがえる。

　携帯電話・表示技術をリードする主要企業20社について、企業ごとの企業概要、製品例、技術開発拠点、研究者人数、保有特許などの分析を行う。

　なお、ここで取上げた主要企業20社は、1991年以降に公開された特許・実用新案の件数が多い出願人である。ただしエヌ・ティ・ティ・ドコモとノキア モービル フォーンズの2社に関してはランキングが20位外であるが、前者はキャリヤの代表企業であり、後者は海外の代表メーカであることから主要企業とした。

　また保有特許の中で携帯電話の機能を理解する上において役に立つと思われる内容のものには概要の説明を加えた。

　なお、本章で掲載した特許（出願）は、各々、各企業から出願されたものであり、各企業の事業戦略などによっては、ライセンスされるとは限らない。

2.1 松下電器産業

　松下電器産業は、小型軽量化技術において他社をリードし"世界最軽量"をうたった機種を多く提供してきた。この世界最軽量が市場で受け入れられ、常にトップシェアを維持してきた。

　同社は表示技術の出願ランキングが第1位であり、保有特許もすべての要素技術に及んでいる。この分野の技術開発も活発であることが分かる。特に1997年以降の出願件数および発明者数の増加が急激である。表1.4.2-3に示すようにデータ入力の操作性を改善するために、「キー入力」や「ダイヤル入力」に関する出願が多い。特に後者は、33件中15件が同社による出願である。

2.1.1 企業の概要

表2.1.1-1 松下電器産業の企業の概要

1)	商号	松下電器産業株式会社
2)	設立年月日	1935（昭和10）年12月15日
3)	資本金	2,109億9,400万円
4)	従業員	44,951名（2001年3月現在）
5)	事業内容	映像・音響機器の開発・製造・販売・サービス 家庭電化・住宅設備機器の開発・製造・販売・サービス 情報・通信機器の開発・製造・販売・サービス 産業機器の開発・製造・販売・サービス デバイスの開発・製造・販売・サービス
6)	技術・資本提携関係	―
7)	事業所	（本社）大阪　（支社）東京　（支店）横浜、名古屋
8)	関連会社	（国内）松下工業、日本ビクター、九州松下電器、松下電子部品、松下通信工業など （海外）アメリカ松下電器、ヨーロッパ松下電器、アジア松下電器、イギリス松下通信工業など
9)	業績推移	（売上高）　　（経常利益）　　単位：百万円 1997年3月　　4,797,706　　143,312 1998年3月　　4,874,526　　156,350 1999年3月　　4,597,561　　122,746 2000年3月　　4,553,223　　113,536 2001年3月　　4,831,866　　115,494
10)	主要製品	携帯電話機（NTTドコモ向け、au向け、ツーカー向け、J-フォン向け） PHS（NTTドコモ向け、DDIポケット向け、アステル向け）
11)	主な取引先	（仕入）新日鉄、川崎製鉄、住友金属工業
12)	技術移転窓口	IPRオペレーションカンパニー 大阪府大阪市中央区城見1-3-7　松下IMPビル19F　TEL06-6949-4525

2.1.2 製品例

表2.1.2-1 松下電器産業の製品例

要素技術	製品	製品名	発売時期	出典
・パネルの表示制御	PHS	AP-32	———	日経モバイル、1999年12月号
	携帯	P207	———	日経モバイル、1999年2月号
・パネルの表示制御 ・パネルのサービス表示	携帯	P503i	———	日経モバイル、2001年4月号
・パネルの状態表示	携帯／PHS	P811	———	日経モバイル、1999年12月号
・パネルのサービス表示	PHS	623P	———	日経モバイル、2000年7月号
・発光表示	PHS	AP-33	———	日経モバイル、2000年5月号
・可聴表示	携帯	ムーバP2、EB-P70	———	モバイルメディアマガジン、1994年11月号
・振動表示	携帯	EB-PD360S	1997年1月	リリース情報、[新製品情報]NO.97-27、199701

2.1.3 技術開発拠点と研究者

大阪府：本社（特許公報記載の発明者住所による）

図2.1.3-1 松下電器産業の発明者数と出願件数推移

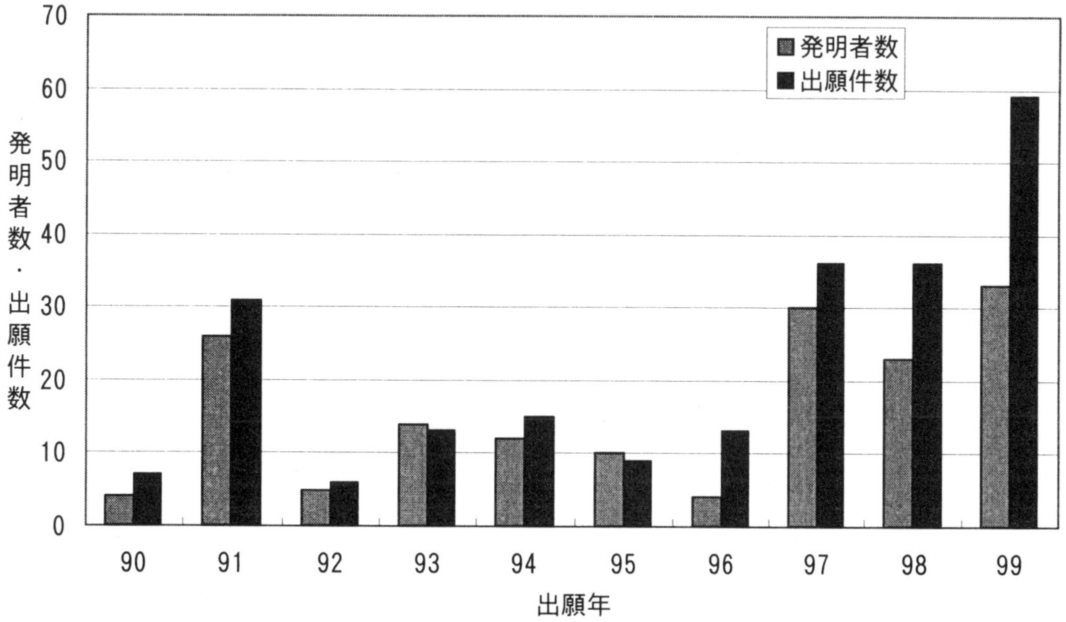

図2.1.3-2 松下電器産業の発明者人数と出願件数

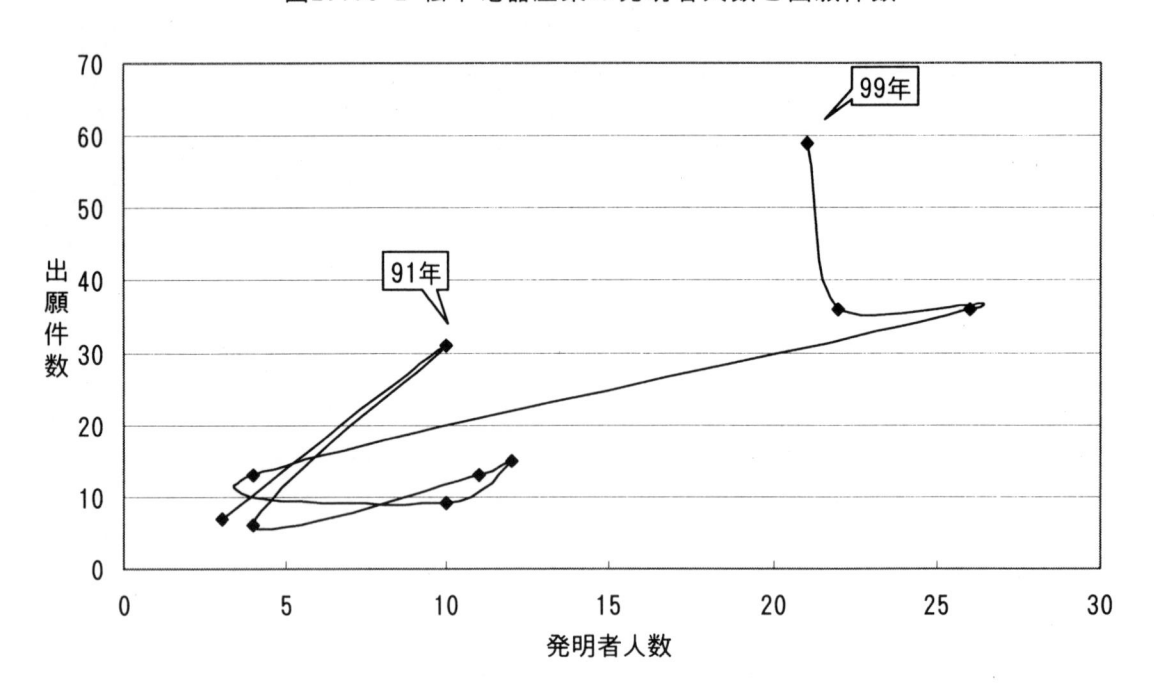

1991～2001年7月までに公開された出願

2.1.4 技術開発課題対応保有特許の概要

表 2.1.4-1 松下電器産業の技術開発課題対応保有特許の概要(1/7)

技術要素／課題	特許no	特許分類	概要（解決手段要旨）
1) パネルの表示制御			
視認性・画質改善	特開平11-205422	H04M 1/00; H04M 1/00; G09F 9/00 336; G09F 9/00 337; H04Q 7/38; H04M 1/02	表示手段のバックライト発光手段が、少なくとも2つ以上の波長の照射光を出力するように構成し、各種の情報をユーザに瞬時に伝える。
視認性・画質改善	特開2000-52810	B60K 35/00; B60R 11/02; H04Q 7/38; H04Q 7/38; H04M 1/11	運転者の目線の移動を最小にするために、フロントガラスから目線をはずさない位置にヘッドアップディスプレイを設け、着信情報などを表示する。
視認性・画質改善	特開2001-28619	H04M 1/00; G06F 3/14 310; G06F 13/00 550; H04Q 7/38; H04Q 7/38; H04M 11/00 302; H04N 7/173 630	サーバからダウンロードした画像を、画面に適合するようにサイズ変換して、背景画像として表示する。
視認性・画質改善	特開平11-353283;特開2000-196711;特開2001-24760;特開2001-27981;特開2001-54084;特開2001-136248;特開2001-136251;特開2001-189783;特開2001-231065;特許3204262;特許3204263;特許3204264		
アミューズメント性	特開2000-278371;特開2001-136250		
大容量データの表示	特開平10-336746;特開2000-236375;特開2000-298461;特開2001-61036		
高速化	特開平10-155163	H04N 11/10 ; H04Q 7/38	有音検出器およびフレーム状態検出器で、時分割処理された音声デジタル信号を音声認識して文字データに変換し、この文字データをメモリに記憶し、液晶表示部に表示させる。
小型・軽量化	特開平10-126514;特開平11-146042;特開平11-146438;特開2000-209648;特開2001-45145;特開2001-111686		
入力操作性	特開平5-183619	H04M 1/27; H04B 7/26 109; H04M 1/00; H04M 1/274; H04M 1/56	特定の番号を所定時間以上押すと、登録された電話番号を呼び出してワンタッチ・ダイヤルを行う。
入力操作性	特開平10-13887	H04Q 7/14	メッセージに含まれる数字列を抽出し、この数字列に対応する電話番号を電話帳メモリから検索し表示する。
入力操作性	特開平11-215218	H04M 1/02; H04B 1/38; H04Q 7/32; H04M 1/00; H04M 1/23	折り畳み式の携帯電話において、表示面を裏返して閉じることができる。この状態でディスプレイに表示された情報を閲覧したり、スクロールキーで操作できるので、非通信時に情報を素早く閲覧することができる。

表 2.1.4-1 松下電器産業の技術開発課題対応保有特許の概要(2/7)

技術要素／課題	特許no	特許分類	概要（解決手段要旨）
入力操作性	特開平11-225351	H04Q 7/14	受信メッセージを時系列的に表示し、指定したメッセージより過去のメッセージを一括してすべて消去する。
入力操作性	特開平11-261687	H04M 1/274; H04Q 7/38	誤って市外局番の入力を忘れた場合、補間ボタンを押すと、登録されている電話番号を検索し、市外局番を除いた電話番号を表示する。
入力操作性	特開平11-284700	H04M 1/00; H04Q 7/32; H04Q 7/38; H04M 1/274	蓋の開閉に応じて自動的に表示方向を切り替えて、操作性の悪化を防止する。
入力操作性	特開2000-165532	H04M 11/00 302; G06F 3/02 320; G06F 3/033 380; G09G 5/00 510; G09G 5/08; H04M 1/00; H04M 1/02; H04M 1/02; H04M 1/23	イメージデータを編集する際に、ダイヤルボタン「5」を中心として、上下、左右、斜め方向の8方向のカーソル移動をダイヤルボタンを用いて行う。
入力操作性	特開2001-16312	H04M 1/23; G06F 3/033 310; H04M 1/02; H04M 1/247	複数のローラ部を回転することにより、表示画面上での選択を行う。
入力操作性	特開2001-45047	H04L 12/54; H04L 12/58; G06F 13/00 351; H04Q 7/38; H04L 12/66	会議出席依頼などの電子メールに対し、出席するか否かなどをワンタッチキーにより選択して返信する。
入力操作性	特開2001-127869	H04M 1/274; H04Q 7/38	ワンタッチキーを押している時間が設定時間よりも長い場合は、押されたワンタッチキーに登録してある電話番号を表示する。その後さらに一定時間押し続けると、表示した電話番号に発呼する。
入力操作性	特開2001-189790	H04M 1/21; H04M 1/02; H04M 1/247	表示部の上下左右に配置した4つの操作キーにより、その方向におけるカーソル移動方向または画面スクロール方向を制御する。
入力操作性	特許3011195	H04M 1/00; H04M 1/02; H04M 1/23; H04Q 7/32; H04Q 7/38	ダイヤルの回転量に応じて機能名を表示し、ダイヤルが押し下げられると、表示された機能名に対応する制御が行われる。
入力操作性	特許3147937	H04M 11/00 302; H04B 7/26	手書き入力された情報を文字認識し、電話番号情報と用件情報とに判別分離して記憶する。
入力操作性	特開平9-36935;特開平11-8684;特開平11-8686;特開平11-215557;特開2000-163180;特開2000-196784;特開2000-349889;特開2001-24774;特開2001-69223;特開2001-77901;特開2001-92583;特開2001-109451;特開2001-160848;特開2001-168973;特許2917994;特許2924899;特許3011186;特許3011187;特許3011188;特許3011189;特許3011190;特許3011191;特許3011192;特許3011193;特許3011194		

表 2.1.4-1 松下電器産業の技術開発課題対応保有特許の概要(3/7)

技術要素／課題	特許no	特許分類	概要（解決手段要旨）
電力低減化	特開2000-10539	G09G 5/00 510; G09G 5/00 520; G09G 5/00 550; G09G 3/20 611; G09G 3/20 633; G09G 3/20 650; G09G 3/20 680; H04Q 7/14; H04Q 7/38; H04N 5/66	カナ文字や画像データなどの表示データの種類に応じて、表示装置を選択する。
電力低減化	特開平7-231290;特開平7-336417;特開平8-65744;特開平9-130320;特開2000-13487;特開2000-105573;特開2001-45146;特開2001-77914;特開2001-196995;特開2001-202053		
セキュリティ改善	特開2001-203795;特開2001-217923		
静粛性の確保	特開平10-23112	H04M 1/00; H04Q 7/38; H04M 1/66; H04Q 7/38	音声による呼出が禁止されているエリア内に移動したときは、自動的に音声による呼出を禁止し、禁止エリアの外に出た場合は、自動的に音声による呼出禁止を解除する。
静粛性の確保	特許2944260	H04M 1/66; H04M 1/00; H04M 1/02; H04M 1/72	設定された時間帯では、自動的に着信鳴動音を出力しない。
使用制約の自動化	特開平11-306495	G08G 1/0969; B60R 11/02; G01C 21/00; G08G 1/09; H04Q 7/38	パーキングブレーキの作動状態を検出し、自動車走行中の場合は通話不能とする。
使用制約の自動化	特開平10-190557;特開2000-4479;特開2001-36610		
情報表示の正確性	特開2001-28788	H04Q 7/38; G06F 3/14 310; G06F 13/00 351	文字化けを生じた場合、複数の文字コードを切り替えて、正しいテキストを表示する。
条件に応じた制御	特開2000-22786;特開2001-77890;特許3134861;特許3204265		

2) パネルの状態表示			
動作状態に応じた正確で、認識容易な表示	特開平7-131856;特開2001-86556;特許3057860		
警告情報	特開平11-127478		
使用可能時間および機能の表示	特開2001-196995		
電波状態の表示	特開平9-233551	H04Q 7/38; H04B 7/26; H04M 1/00	通話状態に最も適した受信電界強度判定値テーブルを選択し、このテーブルを用いて通話品質を表示する。
電波状態の表示	特開平7-131856;特開平7-177570;特開平7-327270;特開平8-237186;特開平11-4180;特開平11-136769;特開平11-186956;特開平11-285050;特開2000-156885		
回線状態の表示	特開平8-163634		
使用動作状態の表示	特開2000-201381;特開2000-201382;特開2001-45571;特開2001-197175		

表2.1.4-1 松下電器産業の技術開発課題対応保有特許の概要(4/7)

技術要素／課題	特許no	特許分類	概要（解決手段要旨）
3) パネルのサービス情報表示			
生活・娯楽情報	特開2001-189968	H04Q 7/38; H04Q 7/38; G04G 1/00 307; G04G 1/00 317; G04G 9/00 305; G04G 11/00; H04M 1/00; H04M 3/493; H04M 11/00 302	データベースから時計画面に関する種々のデータをダウンロードし、このデータを用いて表示する時計画面を自由に設定する。
ガイド情報	特開平9-287964	G01C 21/00; G01C 21/00; G01S 5/02; G08G 1/0969; G09B 29/00; H04B 7/26; H04M 11/08	携帯端末から目的地の公衆回線電話を基地局に送信すると、基地局は位置情報データベースから目的地位置データを返す。このデータを基にして、携帯端末上に現在位置の周辺地図や目的地までの経路地図を表示する。
ガイド情報	特開平6-311093;特開平7-288594;特開平8-9452;特開平8-65413;特開平8-251056;特開平10-224291;特開平10-290479		
通知・警告情報	特開2000-270125	H04M 11/04; G08B 25/10; G08G 1/09; H04Q 7/38; H04M 1/274; H04M 1/72	携帯端末から緊急信号と現在地の位置情報をセンタに送信すると、センタは、緊急車両の現在地から到着予測時間を予想し、携帯端末にそれらの情報を送信する。
通知・警告情報	特開2000-270354	H04Q 7/14; G06F 17/60; H04M 3/42	利用者が、待ち行列管理呼出制御装置に呼出時刻と電話番号を登録すると、待ち行列管理呼出制御装置が登録時刻に発呼する。
通知・警告情報	特開平11-127480;特開2000-197145		
地域情報	特開平11-18159		
送受信情報	特開平10-210548		
サービス料金低減化	特開2000-228704	H04M 11/08; H04Q 7/38; H04M 1/00; H04M 11/00 303; H04Q 7/38	発呼時に広告情報を所定時間表示して回線接続し、通話料金を広告情報の閲覧に応じて低減する。
4) パネルの発着信・メッセージ情報表示			
着信時の表示	特開平11-27388;特開2000-13492;特開2001-177631;特開2001-203795;特開2001-211478;特開平11-205432;特開2001-36610		
発信時の表示	特開平8-172670;特開平10-233827		
通話情報の表示	特開2001-86204	H04M 1/02; H04Q 7/32; H04M 1/00; H04M 11/00 303	表示部の一部の表示領域を透視できる視認窓を開閉蓋に備え、表示領域に発着信の概要を表示させ、開閉蓋が閉じられた状態においても視認窓を通して表示領域に表示された発着信の概要を透視することができるようにして電話およびデータ発着信情報の概要を視認する。
通話情報の表示	特開2001-77903		
メッセージの表示	特開平10-13887	H04Q 7/14	受信したページャメッセージの中から数字列を切り出し、電話帳メモリからその数字を含む電話番号を検索し、見つかった電話番号を表示部に表示することで、完全な電話番号を知ることができる。
メッセージの表示	特開平11-225351	H04Q 7/14	ページャ機能を備える無線通信装置のメッセージ消去方法であって、時系列的に受信したメッセージをLCD表示する段階と、表示を見て使用者が消去位置を指定する段階と、指定したメッセージ以前に受信したメッセージをすべて消去する段階と、を含む。これにより、使用者が複数の不必要なメッセージを一度に容易に消去できる。
メッセージの表示	特開平9-172680;特開平11-196166;特開平11-355404;特開2000-49975;特開2001-136247		

表 2.1.4-1 松下電器産業の技術開発課題対応保有特許の概要(5/7)

技術要素／課題	特許no	特許分類	概要（解決手段要旨）
5) 発光表示			
着信認知	特開平8-321860	H04M 1/00; H04M 1/00; H04M 1/00; H04Q 7/38; H04B 10/105; H04B 10/10; H04B 10/22	移動機に着信があると発光する装置を設け、振動装置にはこの光を受光する装置を設け振動を制御するようにした。
着信認知	特開平11-205432	H04M 1/57; H04Q 7/14; H04Q 7/38	着信を報知するための鳴音パターンなどを他の携帯端末装置側で個々に設定してもらい、受信側においては相手側が設定した鳴音パターンなどをあらかじめ知っておくことにより、その設定された鳴音パターンが鳴動した場合には、その相手先を直ちに特定することができる。
着信認知	特開2001-94638	H04M 1/00; H04M 1/00; H04Q 7/38; H04M 1/02; H04M 1/02	携帯電話機本体ケースに、複数のLEDを配列して設け、制御部で、着信時に各LEDを点灯または点滅させる。
着信認知	特開平11-168532		
着信応答	特開平11-355404		
電池状態表示・電池消耗防止	特開2000-36861	H04M 1/22; H04B 1/38; H04B 7/26; H04Q 7/38; H04M 1/00	表示手段または入力手段に近接配置されこれらの視認性を高める発光手段と、装置の周辺の光量が所定の値より少ない場合にのみ前記発光手段を発光させる発光制御手段と、前記発光手段を含む前記装置全体に電力を供給する電源手段を具備する携帯端末装置。
電池状態表示・電池消耗防止	特開平11-127478		
状態確認	特開2001-119454	H04M 1/00 ; H04M 1/00 ; H04Q 7/38 ; H04M 1/02 ; H04M 1/02 ; H04M 1/2745	本体筐体の操作面側に対して背面側に通話中点滅する通話状態表示部を設ける。通話中は一定時間間隔で、緩やかに輝度を上げて点滅させ、緩やかに輝度を下げて点滅させ、あたかも蛍のような点滅動作をさせる。
6) 可聴表示			
着信認知	特開平8-163209	H04M 1/00; H04B 1/40; H04Q 7/38; H04Q 7/38	周囲のノイズレベルを測定し、その結果に応じて出力部からの着信音の出力を制御できる携帯無線装置。
着信認知	特開平10-42005	H04M 1/00; H04Q 7/14; H04Q 7/38	呼び出し音の音量、音質を周囲のノイズに合わせて自動調整することができる呼び出し音自動調整装置。
着信認知	特開平10-190557	H04B 7/26; H04Q 7/38	受信波のフェージング速度を検出し、それにより無線機の移動速度を段階的に判定する。移動速度検出結果が"高速"の場合は、警告メッセージ、発呼規制、文字および数字メッセージ自動発信、並びに固定メッセージ自動発信の内の1つ、または複数を動作させる。警告は振動、表示、音のいずれかで行う。
着信認知	特開平10-210183	H04M 11/02; H04Q 7/14; H04Q 7/38; H04M 3/42	情報端末機に切り替え可能な着信音部を設け、情報端末機に接続する内線または外線といった経路での判別、またはデータベースからの判別信号を情報端末機で判別し、音声通話とデータ通信の着信とで異なる着信音を鳴動させる。

表 2.1.4-1 松下電器産業の技術開発課題対応保有特許の概要(6/7)

技術要素／課題	特許no	特許分類	概要（解決手段要旨）
着信認知	特開平10-308980	H04Q 7/38; H04M 1/00; H04M 1/00; H04M 1/00	携帯電話装置が使用者の身体と接するとセンサからの信号を解析処理しバイブレータを振動させて着信を自動的に報知する。また、携帯電話装置が使用者の身体から離れると信号処理手段の判定結果によりリンガーを選択し、着信時にリンガーを鳴動させて着信を自動的に報知する。
着信認知	特開平10-341464	H04Q 7/14	周囲の騒音の音圧をマイクを用いて検出し、あらかじめ設定されている周囲環境の音圧サンプルデータと比較し、この比較結果に基づいて着信通知手段判定手段はスピーカかバイブレータのいずれかで報知する。スピーカの着信音量を周囲環境の音圧データのレベルに応じて制御する。
着信認知	特開平11-187091	H04M 1/00; H04M 1/00; H04Q 7/38; H04Q 7/38	移動速度測定部により携帯端末装置の移動速度を測定し、移動速度情報を着信通知モード決定部に入力し、移動速度情報の値を用いて高速移動中であるかどうかを判定する。判定結果に従って、着信通知モードを音にするか携帯端末装置の筐体振動にするかを決定する。
着信認知	特開平11-205432	H04M 1/57; H04Q 7/14; H04Q 7/38	着信を報知するための鳴音パターンなどを他の携帯端末装置側で個々に設定してもらい、受信側においては相手側が設定した鳴音パターンなどをあらかじめ知っておくことにより、その設定された鳴音パターンが鳴動した場合には、その相手先を直ちに特定することができる。
着信認知	特開2000-295318	H04M 1/00; H04Q 7/38	着信時に周囲の音をモニタするマイク部と、マイク部でモニタした音のレベル変化量を計算することによりユーザが鞄の中などから取り出したときの音を検知するレベル検知部と、レベル検知部の出力結果により着信音量を下げる着信音制御部とを設ける。これにより、鞄の中などから取り出そうとしたときに発生する音（ガサガサという音）を検知して、着信音量をユーザの認知前後で変えることができる。
着信認知	特許2742922	H04M 1/00; H04M 1/00; H04Q 7/38	受信部が固定機からの着信を受信したときには発音体に第1の報知を行わせると共に、受信部が無線電話機の基地局からの着信を受信したときには発音体に第1の報知とは異なる第2の報知を行わせるようにした。
着信認知	特開平9-172680;特開平10-247963;特開平10-262100;特開平11-17782;特開平11-27344;特開平11-88211;特開平11-88479;特開平11-154993;特開平11-168532;特開2000-69127;特開2000-261531;特開2001-94635;特開2001-94638;特開2001-197164		
警報	特開平11-164057;特開2001-24774;特開2001-197175		
着信応答	特開平8-79367;特開平11-331425;特開2000-287261		
通信接続状態	特開平11-186956;特開2000-307690		
電池状態表示・電池消耗防止	特開平9-130320;特開2000-106693		

表 2.1.4-1 松下電器産業の技術開発課題対応保有特許の概要(7/7)

技術要素／課題	特許no	特許分類	概要（解決手段要旨）
7) 振動表示			
着信認知	特開平9-162957	H04M 1/00; H04Q 7/38; H04M 1/21	携帯型電話機に取外し可能に装着され、上記携帯型電話機の着信ランプの光に反応して振動するように構成された携帯型電話機用着信感知器。
着信認知	特開平10-308980	H04Q 7/38; H04M 1/00; H04M 1/00; H04M 1/00	携帯電話装置が使用者の身体と接するとセンサからの信号を解析処理し、バイブレータを振動させて着信を自動的に報知する。また、携帯電話装置が使用者の身体から離れると信号処理手段の判定結果によりリンガーを選択し、着信時にリンガーを鳴動させて着信を自動的に報知する。
着信認知	特開平11-177663	H04M 1/02; H04Q 7/32; H04M 1/05; H04M 1/19	腕バンド型電話通信装置において、装置本体にバイブレータを設けることによって小さな振動でも腕の皮膚で感知できる。
着信認知	特開2000-69127	H04M 1/00; H03G 3/32; H04B 1/10; H04B 1/40; H04Q 7/14; H04M 1/19	周囲雑音を検出するための音響センサをスピーカとは設置面を異にして設ける。マイクに入力する音声やスピーカから出力される音声の影響を減らして、周囲雑音を検出することができ、この周囲雑音に基づいて、受話音や呼出音の音量または周波数帯域を調整する。
着信認知	特開2000-69129	H04M 1/00; H04M 1/00; H04Q 7/32; H04Q 7/38; H04M 1/02	底部および背面が物体に接触しているか否かを検出し、側部における物体の接触の可否により手に持っているか否かを検出することにより、携帯電話機が置かれている状態を検出してそれに対応し鳴動装置による鳴動、振動装置による振動、鳴動および振動の停止を制御するようにした携帯電話機の着信制御方法。
着信認知	特開2000-196709	H04M 1/00; H04Q 7/38	発信元電話番号に応じたバイブレータの振動パターンを設定し、着信時にその振動パターンで振動させてその発信元電話番号からの着信であることを知らせる。
着信認知	特開平8-321860;特開平9-153927;特開平10-51528;特開平10-56496;特開平10-200953;特開平11-17782;特開平11-187091;特開平11-205432;特開2000-42491;特開2000-261531;特開2001-197164;特許2621675		
電池状態表示・電池消耗防止	特開2000-106693		

59

2.2 日本電気

　日本電気は、唯一折り畳み型携帯電話を主力製品として開発を行ってきた。最近コンテンツ情報サービスへのニーズが高まり、大画面液晶を搭載できる折畳み型が注目されている。

　同社は、表示技術の出願ランキングが第2位である。表示技術の出願推移を見ると、出願件数および発明者数ともに、1995年以降着実に伸ばしている。また保有特許も7つの技術要素すべてに及んでいる。表1.4.2-4に示すように消費電力の低減やデータ入力の操作性改善のために、「照明・発行駆動回路などの回路制御」に関する出願が多い。

2.2.1 企業の概要

表2.2.1-1 日本電気の企業の概要

1)	商号	日本電気株式会社
2)	設立年月日	1899（明治32）年7月17日
3)	資本金	2,447億1,700万円
4)	従業員	34,878名（2001年3月現在）
5)	事業内容	インターネットソリューションに関する開発・製造・販売サービス ネットワークに関する開発・製造・販売サービス デバイスに関する開発・製造・販売サービス
6)	技術・資本 提携関係	－
7)	事業所	（本社）東京 （工場）川崎、府中、相模原、横浜、我孫子、その他
8)	関連会社	（国内）埼玉日本電気、静岡日本電気、NECモバイリングなど （海外）NEC USA社、NECテクノロジーズ社、武漢NEC中原移動通信など
9)	業績推移	（売上高）　　　（経常利益）　　単位：百万円 1997年3月　　　4,029,841　　　108,049 1998年3月　　　4,075,656　　　 80,901 1999年3月　　　3,686,444　　　 1,151 2000年3月　　　3,784,519　　　 65,855 2001年3月　　　4,099,323　　　 63,917
10)	主要製品	携帯電話機（NTTドコモ向け、J-フォン向け） PHS（NTTドコモ向け）
11)	主な取引先	（仕入）住友商事 （販売）NTT、防衛庁、総務省、KDDI、JR各社、9電力会社、NHK
12)	技術移転窓口	－

2.2.2 製品例

表2.2.2-1 日本電気の製品例(1/2)

要素技術	製品	製品名	発売時期	出典
・パネルの表示制御	携帯	N206S	1998年4月（リリース情報）	日経モバイル、リリース情報、1998年6月号
・パネルの状態表示	携帯／PHS	N811	―――	日経モバイル、1999年12月号
・パネルのサービス表示	PHS	623N	―――	日経モバイル、2000年7月号

表2.2.2-2 日本電気の製品例(2/2)

要素技術	製品	製品名	発売時期	出典
・発光表示	携帯	N208S	———	日経モバイル、2000年5月号
・可聴表示	携帯	DP-113	———	モバイルメディアマガジン、1997年5月号

2.2.3 技術開発拠点と研究者

東京都：本社（特許公報記載の発明者住所による）

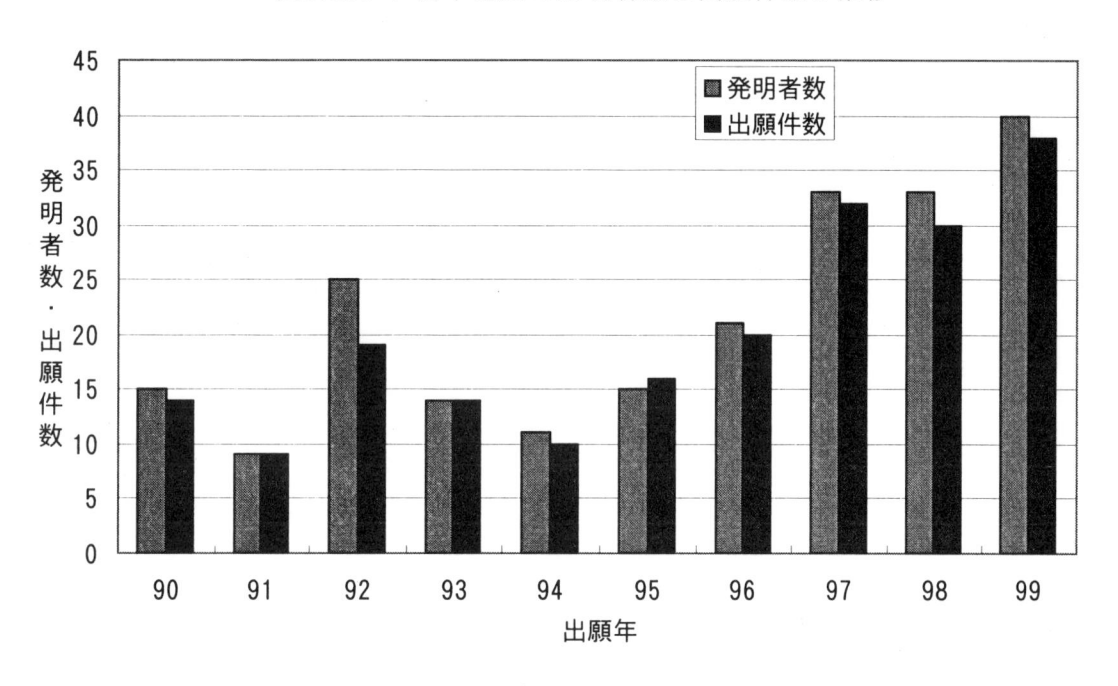

図2.2.3-1 日本電気の発明者数と出願件数の推移

図2.2.3-2 日本電気の発明者人数と出願件数

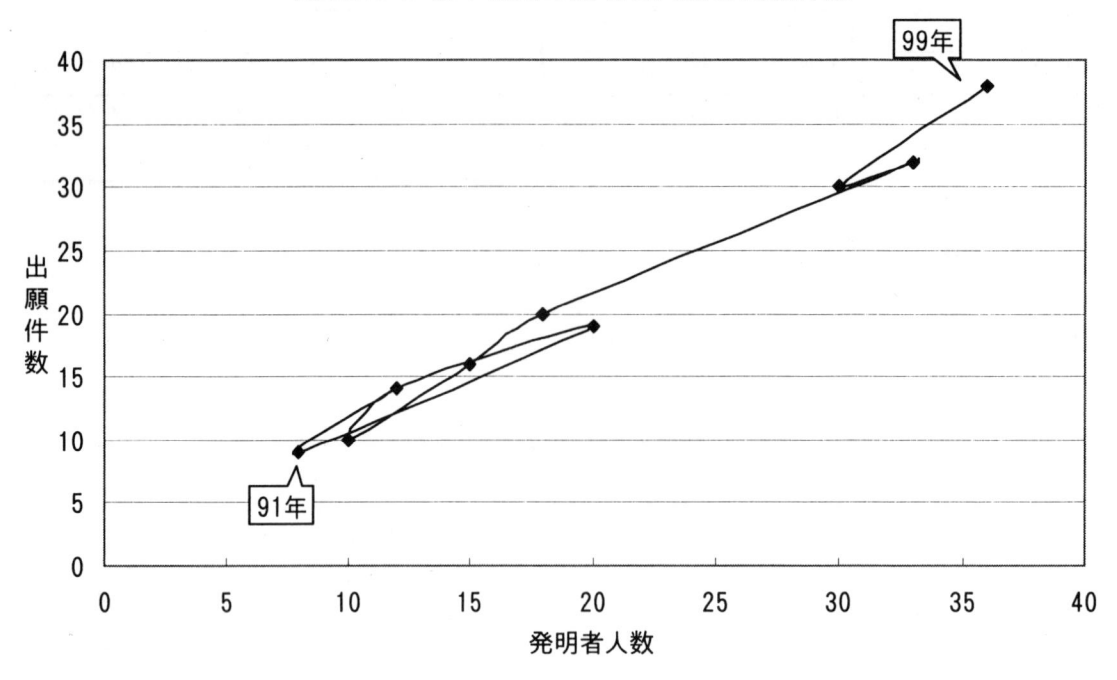

1991～2001年7月までに公開された出願

2.2.4 技術開発課題対応保有特許の概要

表 2.2.4-1 日本電気の技術開発課題対応保有特許の概要(1/5)

技術要素／課題	特許no	特許分類	概要（解決手段要旨）
1) パネルの表示制御			
視認性・画質改善	特開2000-148338	G06F 3/00 656; G06F 17/21; H04M 1/00; H04Q 7/38	表示データを上位階層のデータと下位階層のデータとに分け、初期状態では表示データ量を小さくするために上位階層のデータのみを表示し、必要に応じて下位階層のデータを表示する。
視認性・画質改善	特開2000-152301	H04Q 7/14; G09G 5/00 510; H04B 1/16; H04M 11/00 302	イラストを作成する際、コマサイズ、フォーマットサイズを入力すると、これに適したイラスト作成用の画面が表示される。
視認性・画質改善	特許2993222	H04M 1/00; H04M 1/00; H04M 1/57; H04M 1/72; H04Q 7/38	着信時に、発着信情報を表示手段に表示するとともに、表示手段をバックライトにより照明する。
視認性・画質改善	特許3074944	H04Q 7/32; H04M 1/02	折り畳み型携帯電話で、開いたときは内側の表示器に、閉じたときは外側の表示器に表示データを供給する。
視認性・画質改善	特開2000-89879;特開2000-196735;特開2000-200137;特開2000-232502;特開2001-86046;特開2001-136280;特許2541452;特許2792207		
アミューズメント性	特開2001-45112	H04M 1/00; H04M 1/00; H04Q 7/38	着信時に、メロディに連動してイラストを表示する。
アミューズメント性	特開2001-144884;特開2001-186225		
大容量データの表示	特開2000-188786;特開2001-218270		
小型・軽量化	特許2731779	H04Q 7/32 ; H04M 1/00 ; H04M 11/00 302; H04Q 7/38	回転ダイヤルにより音量調整を行うとともに、漢字変換の操作を行うときは、変換候補の漢字を順次表示する。
小型・軽量化	特許2976936		
入力操作性	特開2000-101705	H04M 1/27; H04Q 7/38; H04M 11/00 303	音声ユニットに格納された複数の言語から所望の言語を選択することにより、多くの異なる言語に対して音声認識により正確に入力する。
入力操作性	特許2776614	H04Q 7/32	スクロールボタンを操作して複数の入力を同時に表示させ、確定ボタンを押すことにより、表示されている処理を実行する。

表 2.2.4-1 日本電気の技術開発課題対応保有特許の概要(2/5)

技術要素／課題	特許no	特許分類	概要（解決手段要旨）
入力操作性	特許2906609	H04M 1/27; H04M 1/00; H04M 1/02; H04Q 7/32	切り替えキーを用いて、大文字などの第1群の入力文字と、小文字などの第2群の入力文字との入力を切り替える。
入力操作性	特許2933058	H04M 1/274; H04Q 7/38	名前情報から頭文字情報を抽出して電話番号と名前情報とを対応させて記憶する。表示部には記憶された頭文字情報を複数表示し、使用者が所望の頭文字情報を選択した際に、対応する電話番号および名前情報が読み出されて表示される。発信操作がなされた場合、選択された名前の電話番号にダイアルする。
入力操作性	特開2000-78266;特開2000-209662;特開2001-136259;特許2792207;特許3085268;特許3120779;特許3123490;特許3123601;特許3173479;特公平7-44727		
電力低減化	特開2000-69158;特開2000-106598;特開2000-151767;特開2000-151768;特開2000-232502;特開2001-28564;特開2001-111442;特許2580957;特許2669404;特許2943765		
セキュリティ改善	特開2000-188783;特開2001-134413		
静粛性の確保	特許2731711	H04Q 7/38	通話中に呼出しを受けたときには鳴音させず、通話完了後に鳴音呼出しとメッセージ表示とを行う。
使用制約の自動化	特許2930104	H04Q 7/22; H04Q 7/28; H04Q 7/38	携帯電話の使用禁止地域の内部または入口に小型基地局を設置し、携帯電話の電波を監視する。携帯電話の進入を感知すると、既存の基地局に一斉呼出しチャネルの送信停止を要求し、その後該当携帯電話を呼出し、使用禁止であることを文字メッセージで送信・表示させた後、移動局の電源を強制的に切る。
使用制約の自動化	特許2933063	H04Q 7/38; H04Q 7/38; A61N 1/36; G08B 25/10	身障者の存在を知らせる電波送信手段からの電波の受信に基づいて、携帯電話の振動、音、液晶パネルへの表示などによって携帯電話の使用者に知らせる機能を有する。
使用制約の自動化	特開2000-244972;特許2965007		
情報表示の正確性	特許2858501;特許3005266;特許3047663		
条件に応じた制御	特開2000-188630	H04M 1/00; H04Q 7/14; H04M 11/10	受信したメッセージに時刻情報が含まれている場合、時刻情報に基づいた時刻が到来したことを、再度メッセージで表示する。
条件に応じた制御	特開2001-189774	H04M 1/00; G06F 17/60; H04Q 7/38	利用者のスケジュールに対応し、自動的に鳴音、振動、発光、パネル表示などによる着信動作を切り替える。
条件に応じた制御	特開2001-215921	G09G 3/20 680; H04Q 7/38; H04M 1/00; H04M 1/725; G06F 3/14 310	表示データとこのデータに対しての処理を指示する付加データとからなる情報パッケージデータを用い、情報パッケージデータを指定するコマンド番号を指定して表示処理を行う。
条件に応じた制御	特許2927094	H04M 1/00; H04M 1/00; H04M 1/02; H04Q 7/38	使用中の電話番号から国コードまたは地域コードを抽出し、これらのコードに対応する言語表示に切り替える。
条件に応じた制御	特開2000-278387;特許2773676;特許2937163;特許3050285		

表 2.2.4-1 日本電気の技術開発課題対応保有特許の概要(3/5)

技術要素／課題	特許no	特許分類	概要（解決手段要旨）
2)パネルの状態表示			
動作状態に応じた正確で、認識容易な表示	特開2000-349873;特開2001-211480;特許3070559		
警告情報	特許2976946		
電波状態の表示	特開平5-344060;特開2001-136581		
回線状態の表示	特許3039436	H04Q 7/36; H04Q 7/38	交換機が無線通話チャネルの捕捉ができないとき、移動体端末をチャネル捕捉待ち状態として登録するとともに、この時点のチャネル捕捉待ち順情報およびエリアごとのチャネル捕捉待ち登録情報を移動体端末に送信して表示にする。
回線状態の表示	特開2000-261852;特開2000-295664;特許2653005		
使用動作状態の表示	特許2518512	H04Q 7/38; H04B 7/26; H04Q 7/34	基地局は、端末から送信された障害情報に自基地局または他の端末の障害情報を加えて元の端末に送信する。端末は、障害の原因を判別して表示する。
使用動作状態の表示	特許3136781	H04Q 7/38; H04Q 7/38; H04M 1/725	電話機の状態に合わせて、主表示パネル用のバックライトの光源色を使い分ける。
使用動作状態の表示	特開平11-252006;特開2001-157263;特許3048043		

3)パネルのサービス情報表示			
ガイド情報	特開2001-197564	H04Q 7/38; G06F 13/00 354; G06F 17/30	PHSなどの携帯端末が、施設情報が逐次更新されているセンターのデータベースから、自機の移動地点の周囲にある施設情報を所得し表示する。
ガイド情報	特許第3057913	H04Q 7/34; H04Q 7/38	基地局から周期的に送信される基地局固有の地域番号に対応した所在地名を表示する。
ガイド情報	特開平11-275640;特開2001-109710;特許2586347;特許2629629;特許2861913		
通知・警告情報	特許2518512	H04Q 7/38 ; H04B 7/26 ; H04Q 7/34	基地局は、端末から送信された障害情報に自基地局または他の端末の障害情報を加えて元の端末に送信する。端末は、障害の原因を判別して表示する。
通知・警告情報	特許3134843	H04Q 7/38 ; H04B 7/26	特定番号からなる特殊コードを車掌室の通報装置に送信することにより、発生事件の種別や通話者との通話可否を通知する。
通知・警告情報	特開2001-211476		
送受信情報	特開2000-253153	H04M 3/42; H04M 3/42; H04Q 7/38; H04Q 7/38	交換機は、携帯端末の要求を受けて必要な情報をデータベースで検索し、検索結果を携帯端末に送信する。

表 2.2.4-1 日本電気の技術開発課題対応保有特許の概要(4/5)

技術要素／課題	特許no	特許分類	概要（解決手段要旨）
4) パネルの発着信・メッセージ表示			
着信時の表示	特開平11-215214	H04M 1/00; H04Q 7/38; H04M 1/27; H04M 1/57; H04M 1/72	電話番号とこの電話番号にかかる相手先の名称などの文字列が記憶されている場合には、記憶されている相手先の名称などの文字列を表示器に表示する。記憶手段に記憶されていない場合には、自動的に終話動作を行う。
着信時の表示	特開2000-201375	H04Q 7/38; H04M 1/274	使用者の氏名、住所などの個人情報をあらかじめ携帯電話機に登録しておき、発着呼処理時および通話時に送受信し、その個人情報を着信時に表示部に表示したり、メモリダイアルに自動的に登録する。
着信時の表示	特開平11-243445	H04M 1/66; H04Q 7/38; H04M 1/00; H04M 1/57	発呼者電話番号をメモリ部に記憶しておき、着信した発呼者番号がメモリ部に記憶された番号に一致しない場合に、着信拒否信号を送出する。
着信時の表示	特開2001-45112	H04M 1/00; H04Q 7/38	着信時にメロディを鳴動し、イラストを表示する携帯電話機のイラスト表示システムに、着信時のメロディを構成する音階を記憶し、音階に対応する1組のイラストを記憶する記憶部と、音階を鳴動させ、鳴動される音階に連動してイラストを表示させる制御を行う制御部とを備える。
着信時の表示	特開平4-120922；特開平7-30636；特開平8-186622；特開平8-336181；特開2000-278749；特開2000-196735；特開2001-156906；特開2000-278368；特開2000-332885		
発信時の表示	特開平3-7431；特開平8-307933		
通話情報の表示	特開平4-49746；特開2000-236373		
メッセージの表示	特開平10-108265		
留守番電話・ボイスメールの表示	特開平4-123646；特開平6-326656；特開平7-235978；特開平10-32880		
Eメールの表示	特開2000-174931		
5) 発光表示			
着信認知	特開2001-157254	H04Q 7/38	複数のLEDの点滅の組み合わせによる報知パターンのデータを外部から設定できるようにした。
着信認知	特許2689954	H04Q 7/06; H04Q 7/08; H04Q 7/12; H04Q 7/38; H04Q 7/38	通話機能を削減した着信専用携帯電話機において、発呼を検出し着信を行なう着信検出装置。着信者が話し中のとき発呼者のメッセージを記憶し、呼を携帯電話本機へ転送する機能を有す。着信は音、光、振動で報知できる。
着信認知	特開平11-317791；特開2000-59861；特開2000-278368；特開2000-332885；特開2001-189774；特開2001-189775；特開2001-218269		
電池状態表示・電池消耗防止	特開平10-341273		
状態確認	特開平11-340900	H04B 7/26 ; H04M 1/00	CPUは、アンテナを介して受信した無線信号の強度と、送受信部における通信回線の使用の有無とを判定し、無線信号の強度が通信可能な強度には達していない場合、または、通信回線が使用されている場合には、発光ダイオードを点灯させる。

表 2.2.4-1 日本電気の技術開発課題対応保有特許の概要(5/5)

技術要素／課題	特許no	特許分類	概要（解決手段要旨）
6) 可聴表示			
着信認知	特開2000-59861	H04Q 7/38; H04M 1/00; H04M 1/72	送信される信号を、着信通報装置が受信し、その受信信号中に含まれるデータ列をメモリにあらかじめ記憶されたデータ列と比較し、両者が所定の関係となったときに着信を通報する。
着信認知	特開2001-189774	H04M 1/00; G06F 17/60; H04Q 7/38	利用者のスケジュールに対応し、自動的に携帯電話機などの着信動作を切り替えるスケジュール管理装置。
着信認知	特許2616462	H04M 1/02; H04M 1/00; H04Q 7/32	ケーブルを内蔵したハンドストラップの一端には着呼を報知するための報知器が接続され装置本体を鞄などに入れた状態で、報知器だけを外に出しておくことができるので、音や光による着呼をより確実に行うことができる。
着信認知	特許2850794	H04M 1/00; H04M 1/02; H04Q 7/32; H04Q 7/38	折り畳み可能な本体が開かれたことを検出する開閉検出手段を備え、本体が開かれたことが検出されたときに、着信音を停止させあるいは音量を低下させる。また、送信、設定、その他各種制御を行うために備えられる複数のキーの操作によって着信音の停止、音量の低下を行い得るよう構成することもできる。
着信認知	特許2853596	H04M 1/00; H04M 1/00; H04Q 7/14	自動選択のモードの場合に、周囲騒音を検出する検出手段と、この検出手段で検出した周囲騒音があらかじめ設定した第1の基準レベルより大きい場合または第2の基準レベルより小さい場合に振動報知を行う。
着信認知	特許3039535	H04M 1/00; H04M 1/57; H04M 1/663; H04Q 7/38; H04Q 7/38	相手先電話番号が記憶されている場合には、着信時に相手先名を画面表示すると同時にオフフック信号を相手先に自動送信し、相手先電話番号が記憶されていない場合には、自動的に終話動作する。
着信認知	特開平11-317791;特開2000-347678;特開2001-7902;特開2001-45112;特開2001-189775;特許2626610;特許2653001;特許3186643		
警報	特許2848143	H04Q 7/38; H04B 7/26	回線品質検出回路を設け、無線回線品質の劣化を警告音として出力するか、または通話中に回線品質劣化に伴い、ユーザに回線断（無音）状態になる可能性があることを警告音で事前に知らせる。
着信応答	特開平11-243445;特許2689954;特許2839016;特許2962212		
電池状態表示・電池消耗防止	特開2001-211480	H04Q 7/38; G01R 31/36; H02J 7/02; H04B 7/26;	電池パックを備える移動通信端末装置において、電池パックの充電時に、電池パックの充電状態を段階的に表示する表示手段を有する移動通信端末装置。充電完了を示す音声または告知音を鳴動する。
電池状態表示・電池消耗防止	特開平11-252006;特開2000-349873		
使用制限区域	特許2933063;特許2965007		
7) 振動表示			
着信認知	特開2000-270049	H04M 1/00; H04Q 7/38	着信時動作モードにバイブレータを選ぶ期間を定めるバイブレータ設定開始時刻と、バイブレータ設定解除時刻とをあらかじめメモリに設定しておき、この設定時刻になると、着信時動作モードとして自動的にバイブレータが設定され解除されるようにした。
着信認知	特開2001-189774	H04M 1/00; G06F 17/60; H04Q 7/38	利用者のスケジュールに対応し、自動的に携帯電話機などの着信動作を切り替えるスケジュール管理装置。
着信認知	特許3186643	H04M 1/00; H04M 1/72	充電中着信があると、あらかじめ設定した着信報知手段により着信を報知する。振動着信報知設定の場合には、充電器に設けられたスピーカから呼び出し音を報知する。携帯無線機を充電器から取り外すと、呼び出し音は停止する。
着信認知	特開平11-317791;特開2000-59861;特開2001-189775;特許2853596;特許2897729		

2.3 ソニー

ソニーは、表示技術の出願ランキングが第3位である。同技術の特許出願は、1994年から98年の期間出願件数および発明者数ともに活発であるが、99年は少ない。表1.4.2-3に示すようにデータの入力の操作性を改善するために、「ダイヤル入力」や「タッチ方式などによる入力」に関する出願が多い。

2.3.1 企業の概要

表2.3.1-1 ソニーの企業の概要

1)	商号	ソニー株式会社
2)	設立年月日	1946(昭和21)年5月7日
3)	資本金	4,720億100万円
4)	従業員	18,845名(2001年3月現在)
5)	事業内容	エレクトロニクス事業に関する製品の製造・販売 ゲーム事業に関する製品の製造・販売 音楽事業に関する製品の製造・販売 映像事業に関する製品の企画・製作・配給 保険事業 その他の事業
6)	技術・資本提携関係	―
7)	事業所	(本社)東京　(テクノロジーセンター)東京、神奈川、宮城
8)	関連会社	(国内)ソニーイーエムシーエス、アイワ (海外)ソニーエレクトロニクスインク、ソニーユナイテッドキングダムリミテッド、ソニーフランスエスエー
9)	業績推移	(売上高)　　　(経常利益)　　単位：百万円 1997年3月　　2,169,885　　　85,727 1998年3月　　2,406,423　　　118,816 1999年3月　　2,432,690　　　46,222 2000年3月　　2,592,962　　　30,237 2001年3月　　3,007,584　　　81,502
10)	主要製品	携帯電話機(NTTドコモ向け、au向け、ツーカー向け、J-フォン向け)
11)	主な取引先	(仕入)ソニーイーエムシーエス、ソニーテクノロジーマレーシア (販売)ソニーマーケティング、ソニーエレクトロニクスインク、ソニーヨーロッパビーブィ
12)	技術移転窓口	―

2.3.2 製品例

表2.3.2-1 ソニーの製品例

要素技術	製品	製品名	発売時期	出典
・パネルの表示制御 ・パネルのサービス表示	携帯	C305S	―	日経モバイル、2000年9月号
・パネルの表示制御 ・可聴表示	携帯	C413S	―	日経モバイル、2001年7月号

2.3.3 技術開発拠点と研究者

東京都：本社（特許公報記載の発明者住所による）

図2.3.3-1 ソニーの発明者数と出願件数の推移

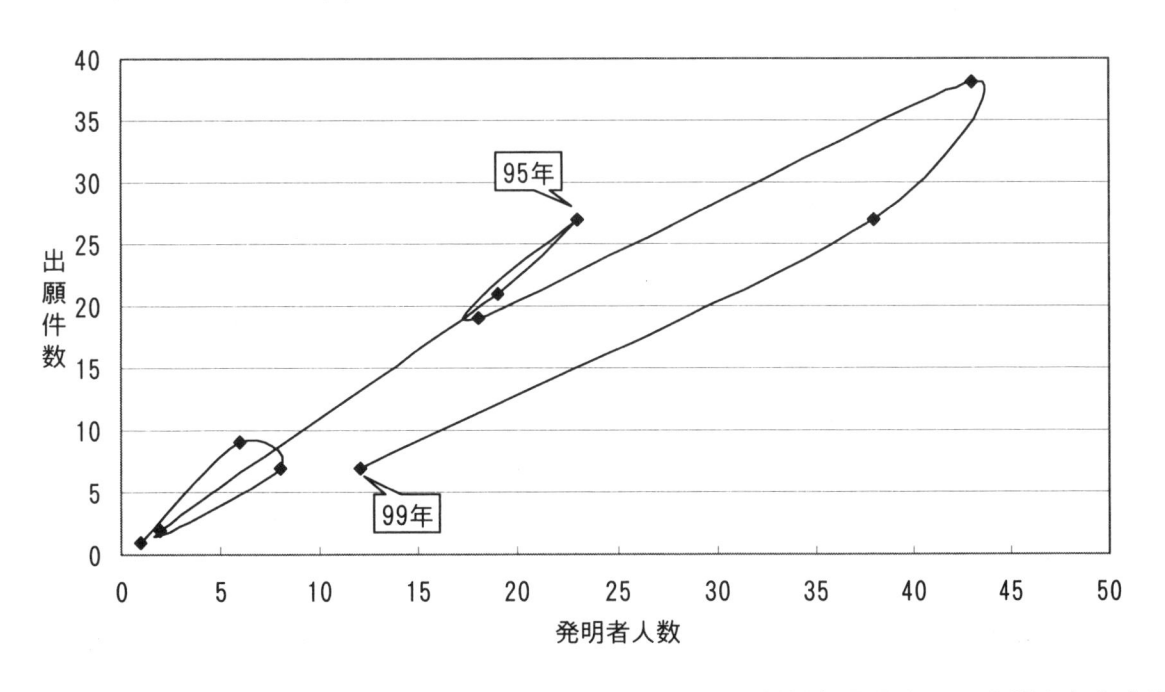

図2.3.3-2 ソニーの発明者人数と出願件数

1991～2001年7月までに公開された出願

2.3.4 技術開発課題対応保有特許の概要

表 2.3.4-1 ソニーの技術開発課題対応保有特許の概要(1/5)

技術要素/課題	特許no	特許分類	概要（解決手段要旨）
1) パネルの表示制御			
視認性・画質改善	特開平8-79364	H04M 1/56; H04Q 7/32; H04Q 7/38; H04M 1/274	最初に小さなフォントでメッセージが表示されており、入力するときは大きいフォントで表示され、一定文字数を超えると再び小さなフォントで表示される。
視認性・画質改善	特開平9-6508	G06F 3/02 380; G06F 1/26; G09G 5/00 550; H04B 7/26; H04Q 7/38; H04M 1/00	操作キーの押し下げ開始からの時間経過に応じて画像を変化させ操作キーの操作状態をわかりやすく表示する。
視認性・画質改善	特開平11-41339	H04M 1/274; H04Q 7/38; H04Q 7/38; H04M 1/00; H04M 1/56	電話帳機能の発信先電話番号や発信先氏名などとともに、画像情報の人物像や建物像などを併せて表示装置に表示し、発信先の特定を容易に行い、迅速に発信動作を行えるようにする。
視認性・画質改善	特開平11-136323	H04M 1/02; H04M 1/00; H04M 1/00; H04M 15/30; H04Q 7/14	通信端末装置の表示画面を、アイコンの種類によって表示エリアを分割することにより、複数のアイコンを一度に表示する。
視認性・画質改善	特開2000-92184	H04M 1/274; H04Q 7/38; H04Q 7/38	電話帳に、相手先の名前および電話番号の他に、相手先に関連する画像情報を付加する。
視認性・画質改善	特開平9-18931;特開平9-36934;特開平9-37348;特開平9-114416;特開平9-114417;特開平9-237145;特開平11-18145;特開平11-32379;特開平11-298582;特開2000-322093;特開2001-228857		
大容量データの表示	特開平10-32637;特開平11-234642;特開平11-249596		
小型・軽量化	特開平11-275657	H04Q 7/38; G06F 3/02 360; G06F 3/023 340; H04B 1/38; H04M 1/00	ジョグダイヤルを押下げ数字を入力した後に、ジョグダイヤルを操作して演算記号を表示するとともに、表示した演算記号を選択して演算を行う。
小型・軽量化	実用新案登録2580460;特開平6-77877;特開平7-219695;特開平10-233826;特開平11-46383;特開平11-96113;特開2001-197196		
入力操作性	特開平8-125603	H04B 7/26; H04Q 7/38; H04M 1/00; H04M 11/00 302; G06F 17/22	登録された単語を選択して入力することにより、入力操作性を改善する。
入力操作性	特開平8-335971	H04M 1/274; H04Q 7/38; H04M 1/56	電話番号、名前に加えてグループ情報を登録することにより、グループ情報に基づいて電話番号および名前を検索し表示する。
入力操作性	特開平11-249785	G06F 3/00 656; H04Q 7/38	タッチパネルに表示されたメニューをペンなどによりタッチし選択すると、ペンを移動させずタッチ回数によりメニューの表示内容が変更される。

表 2.3.4-1 ソニーの技術開発課題対応保有特許の概要(2/5)

技術要素／課題	特許no	特許分類	概要（解決手段要旨）
入力操作性	特許2996393	H04M 1/274; H04M 1/00; H04M 1/02; H04M 1/02; H04Q 7/32; H04Q 7/38	入力文字数が所定数までは表示文字が第1の大きさで表示され、所定数を超えると小さい第2の大きさで表示される。
入力操作性	特許3013973	H04M 1/247; G06F 3/00 654; G06F 3/023; H03M 11/04; H04M 1/274; H04Q 7/32; H04Q 7/38; H04Q 7/38	カーソルが画面の最上位の項目にあるときにカーソルを上方に移動する操作を行うと、前画面の最上位の項目にカーソルがジャンプする。
入力操作性	特許3067006	H04M 1/274; H04M 1/00; H04M 1/02; H04Q 7/32; H04Q 7/32; H04Q 7/38; H04Q 7/38	ジョグダイヤルを回転することにより項目を選択し、押し込むことにより項目に関する情報を表示する。
入力操作性	特許3067007	H04M 1/274; H04M 1/00; H04M 1/02; H04Q 7/32; H04Q 7/32; H04Q 7/38; H04Q 7/38	ジョグダイヤルを一定時間押し下げ続けると、表示された通信先に発呼する。
入力操作性	特許3186637	H04M 1/23; H04M 1/23; H04M 1/02; H04M 1/26	本体側部に設けられた操作手段（回転ローラなど）を操作し、表示手段に電話番号に対応した情報を第1の順位および第2の順位で表示する。操作手段の更なる操作によって表示手段に表示された特定の情報を入力する。
入力操作性	特開平7-322358;特開平8-154120;特開平9-18374;特開平9-18931;特開平9-34620;特開平9-34621;特開平9-233161;特開平9-233171;特開平9-261759;特開平10-164121;特開平10-304460;特開平10-340178;特開平11-55389;特開平11-68918;特開平11-136336;特開平11-161402;特開平11-184600;特開平11-184601;特開平11-187438;特開平11-187442;特開平11-187443;特開平11-242675;特開平11-298970;特開平11-308320;特開2001-42998;特許2748929;特許3013987;特許3045368;特許3067017;特許3067018;特許3120847		
電力低減化	特開平8-79340	H04M 1/00; H04B 7/26; H04Q 7/32; H04Q 7/38; H04M 1/274; H04M 19/08	一定期間キー操作がない場合、電源を自動的に切断する。
セキュリティ改善	特開平11-298600	H04M 1/66; H04Q 7/38; H04Q 7/38; H04M 1/00; H04M 1/64 103	携帯電話を紛失した場合、記憶した暗証番号と受信した暗証番号とが一致したときに、電話帳・発着信履歴などの表示を禁止するとともに、連絡先を表示する。
セキュリティ改善	特開平9-8881;特開平10-262279;特開2000-286995;特開2001-197196		
静粛性の確保	特開平10-28170		
情報表示の正確性	特開平9-327074;特開平11-243583		
条件に応じた制御	特開平7-303134;特開2000-13863;特開2000-278659		

表 2.3.4-1 ソニーの技術開発課題対応保有特許の概要(3/5)

技術要素／課題	特許no	特許分類	概要（解決手段要旨）
2) パネルの状態表示			
動作状態に応じた正確で、認識容易な表示	特開平9-55983；特開2000-324705		
警告情報	特許2903747	H04Q 7/38	残存電力容量は、通話可能時間およびポケットベルモードにおける待機可能時間に換算されて表示される。
電波状態の表示	特許2937207	H04Q 7/38；H04M 1/00	複数の表示部により受信レベルを段階的に表示するとともに、圏内か圏外かを表示する。
電波状態の表示	特開平11-262066		
回線状態の表示	特開平10-200956	H04Q 7/38	基地局における通信回線の設定状態の情報を所得し、この情報により回線が混雑していることを検知したとき、回線の混雑状態を表示する。
回線状態の表示	特開平8-223387；特開平9-261758		
使用動作状態の表示	特開平10-271559	H04Q 7/38	電子機器の少なくとも2つの状態を、それぞれ異なる部分の顔の表情の変化で表した図形で表示するようにし、表示される図形で示される顔の表情により、その機器の複数の状態を容易に判別できるようにする。
3) パネルのサービス情報表示			
ビジネス情報	特開平11-88521		
生活・娯楽情報	特開平10-309376；特開平11-298656；特開平11-313366		
ガイド情報	特開平5-37462	H04B 7/26 109	基地局に対応する地図データを受信し、現在地における地図を表示する。
ガイド情報	特開平9-163441；特開平9-312883；特開平9-327064；特開平11-122657		
通知・警告情報	特開平10-117379；特開平10-262125		
地域情報	特開平9-84086；特開平10-307993；特開平11-168772；特開2000-134671		
サービス料金低減化	特開平8-163637		
4) パネルの発着信・メッセージ情報表示			
着信時の表示	特開平8-298684	H04Q 7/38	受信部での受信状態を解析する受信状態検出部と、この受信状態検出部での解析状態によりメッセージの表示を行う表示部とを備えて、通信回線の接続または維持に失敗したことを検出したとき、表示部で所定のメッセージを表示する。
着信時の表示	特開2001-223783	H04M 1/57；G06F 13/00 351；H04Q 7/38；H04M 1/2745；	電話機への着信の発信者番号を情報処理装置に送信し、当該着信の発信者に関する情報を記憶手段から読み出して表示するようにしたことにより、当該着信に対して応答する以前に、当該発信者に関する様々な情報をユーザに提供することができる。
着信時の表示	特開平9-102819；特開平11-41339；特開平10-285256		
発信時の表示	特開2000-32169		
通話情報の表示	特開平11-298966；特開平11-313170		
メッセージの表示	特開平11-308315	H04M 1/27；H04Q 7/38	音声による電話番号案内との通話中、もしくは、録音した音声の再生中に、所定の機能キーを操作することにより、音声認識回路による、電話番号の各数字のデータを抽出する処理をおこない、液晶表示装置には音声認識された電話番号が表示されるとともにこの電話番号は、そのまま、発呼に利用することができる。
メッセージの表示	特開平10-28170；特開平10-32637；特開平10-285258；特開平11-331378；特開平11-355458；特開平11-184607；特開平11-275657		
Eメールの表示	特開平10-289177		

表 2.3.4-1 ソニーの技術開発課題対応保有特許の概要(4/5)

技術要素／課題	特許no	特許分類	概要（解決手段要旨）
5）発光表示			
着信認知	特開平9-224074	H04M 1/00; H04Q 7/38	腕の密着電極に微小電流を流して着信の告知する。表示手段に着信サイン、電池残量、時計を表示する。着信信号は例えば赤色のLEDを用いてこれを点滅させたり、アラームを併用してより明確に告知することもできる。（時計型着信指示装置）
着信認知	特開平10-51520	H04M 1/00; H04M 1/22	眼鏡のサイドフレームに取り付けて使用する着信報知装置でリンガー音に換えて着信光（呼び出し光）によって着信を知らせる。これにより、使用者は視覚によって着信を確実に認識できる。
着信認知	特開平11-331327	H04M 1/00; H04M 1/00; H04M 1/00; H04Q 7/38; H04Q 7/38; H04M 1/23	携帯電話機の本体側面にタッチセンサを取り付け、タッチセンサに人の手などが接触し携帯電話機が着信中であればリンガー音またはバイブレータを停止する。また携帯電話機が待ち受け状態の場合は表示部のLCDのバックライトおよびキー操作部のキーLEDを点灯する。
着信認知	特開平7-303134；特開平9-181797		
着信応答	特開平11-317792	H04M 1/00; H04M 1/00; H04M 1/00; H04Q 7/38; H04M 1/23; G10K 9/12	携帯端末の本体に、所定範囲内の人の動きを非接触で検出する人感知センサを設け、感知センサが人の動きを検出したときに、通話状態にする。例えば車の運転中に着信が有ったときに、運転しながら着呼ボタンを探して押し下げるなどの危険な動作を行わなくてよい。
電池状態表示・電池消耗防止	特開平8-308117	H02J 7/00; H04B 1/38; H04B 7/26; H04Q 7/38; H04M 1/00	携帯電話機本体に発光素子と受光素子を配設し、バッテリーパックにも対応して受光素子と発光素子とを設け、バッテリーの電圧、残量などの情報を携帯電話機本体の受光素子で受光し、相互間の情報の授受をする。
状態確認	特開平7-111682	H04Q 7/38; H04Q 7/32	筐体に取り付けられたアンテナ部材に状態に応じて点灯する発光素子を取り付け、通話中に電界強度の低下やバッテリー残量を視覚的に警告する。
状態確認	特開平11-262066；特開2001-24540		
6）可聴表示			
着信認知	特開平7-303134	H04M 1/02; H04Q 7/38	複数の機能を設定できるようにした携帯電話機において、複数の機能の組合せを、一つの操作で設定できるようにした携帯電話機（ROMに制御プログラム）。
着信認知	特開平9-55779	H04M 1/00; H04M 1/00; H04M 1/57	着信時に着信電話番号を受信したか否かを判別する第1の判別手段と、第1の判別手段によって、着信電話番号を受信したと判別したとき、着信電話番号が特定の電話番号であるか否かを判別する第2の判別手段と、第1および第2の判別手段の判別結果に基づいて、着信電話番号が特定電話番号であったときと、その他のときとで、着信音を変える。
着信認知	特開平9-224074	H04M 1/00; H04Q 7/38	着信指示装置を腕に取り付けるようにする。着信指示装置の腕に密着した面に電極やバイブレータなどの指示部を設け、着信時にこれを駆動して使用者に着信を知らせる。着信指示装置の表面には表示部が設けられ、表示部には着信表示や電池残量表示および時計表示を行うようにする。

表 2.3.4-1 ソニーの技術開発課題対応保有特許の概要(5/5)

技術要素／課題	特許no	特許分類	概要（解決手段要旨）
着信認知	特開平11-331327	H04M 1/00; H04M 1/00; H04M 1/00; H04Q 7/38; H04Q 7/38; H04M 1/23	携帯電話機の本体側面にタッチセンサを取り付け、タッチセンサに人の手などが接触し携帯電話機が着信中であればリンガー音またはバイブレータを停止する。また携帯電話機が待ち受け状態の場合は表示部のLCDのバックライトおよびキー操作部のキーLEDを点灯する。
着信認知	特許2956076	H04Q 7/38; H04Q 7/38	着呼は第1のリンガ音、ショートメッセージの着信は第2のリンガ音とパネル表示で報知する。
着信認知	特開平8-125720;特開平9-65403;特開平9-149102;特開平9-200302;特開平10-42370;特開平10-75485;特開平10-322419;特開平11-32105;特開平11-184607;特開2001-228872		
警報	特開平9-149101;特開平10-117379		
着信応答	特開平5-336264	H04M 11/10; H04B 7/26 109; H04M 1/65; H04M 1/65	受信したデジタル圧縮データを音声としてスピーカから再生するとともに、この再生と同時に受信デジタル圧縮データを圧縮されたままメモリに記憶し、メモリに記憶されたデータをスピーカから所定時に音声として再生する。
通話時間	特開平10-136459;特開平11-122197;特開平11-262066		
電池状態表示・電池消耗防止	特開2000-324705	H02J 7/00; G01R 31/36; H04B 1/08; H04B 7/26; H04Q 7/38	表示部に電池の電力残量についての段階的表示を行い、電池の電力残量の表示段階の変化が生じるとき、表示段階の変化についての聴覚的報知が行われる。

7) 振動表示

技術要素／課題	特許no	特許分類	概要（解決手段要旨）
着信認知	特開平8-149183	H04M 1/00; H04Q 7/38	本体機器と、振動機とが別体に形成され、本体機器からの告知が要求されたときは、本体機器からの無線信号にて振動機を起動して、振動を発生する振動呼び出し装置。
着信認知	特開平9-37324	H04Q 7/14; H04B 7/26	充電可能な電源と、呼出し時には振動して入力信号の着信を知らせるとともに、呼出しの待ち受け時には外部からの振動を与えることにより発電するための振動発生器と、呼出し時には振動発生器に対して電源を接続して振動発生器を駆動して振動を起こし、呼出しの待ち受け時には振動発生器で発電された電力を電源に充電する。
着信認知	特開平9-224074	H04M 1/00; H04Q 7/38	着信指示装置を腕に取り付けるようにする。着信指示装置の腕に密着した面に電極やバイブレータなどの指示部を設け、着信時にこれを駆動して使用者に着信を知らせる。着信指示装置の表面には表示部が設けられ、表示部には着信表示や電池残量表示および時計表示を行うようにする。
着信認知	特開平11-331327	H04M 1/00; H04M 1/00; H04M 1/00; H04Q 7/38; H04Q 7/38; H04M 1/23	携帯電話機の本体側面にタッチセンサを取り付け、タッチセンサに人の手などが接触し携帯電話機が着信中であればリンガー音またはバイブレータを停止する。また携帯電話機が待ち受け状態の場合は表示部のLCDのバックライトおよびキー操作部のキーLEDを点灯する。
着信認知	特開平9-149102;特開平10-210114;特開2001-228872		
状態確認	特開2001-24540		

2.4 東芝

東芝は、表示技術の出願ランキングが第4位である。1997年以降、出願件数および発明者数が2～3倍に増え、7つの技術要素のうちパネルの表示制御の出願に集中している。表1.4.2-4に示すようにデータ入力の操作性や視認性を改善するために、「電話帳・履歴情報などを用いたデータ処理」に関する出願が多い。

2.4.1 企業の概要

表2.4.1-1 東芝の企業の概要

1)	商号	株式会社東芝
2)	設立年月日	1904（明治37）年6月25日
3)	資本金	2,749億2,176万円
4)	従業員	53,202名（2001年3月現在）
5)	事業内容	情報通信・社会システム デジタルメディア 重電システム 電子デバイス 家庭機器 その他
6)	技術・資本提携関係	―
7)	事業所	（本社）東京　（支社）大阪 （工場）東京、神奈川、埼玉、栃木、大阪、愛知、三重、兵庫、福岡、大分
8)	関連会社	（国内）東芝メディア機器、東芝情報機器、 （海外）大連東芝テレビジョン社、東芝アメリカ家電社
9)	業績推移	（売上高）　　（経常利益）　単位：百万円 1997年3月　　3,821,676　　96,801 1998年3月　　3,699,968　　38,601 1999年3月　　3,407,611　　4,920 2000年3月　　3,505,338　　16,280 2001年3月　　3,678,977　　95,327
10)	主要製品	携帯電話機（NTTドコモ向け、au向け、ツーカー向け、J-フォン向け） PHS（NTTドコモ向け、DDIポケット向け、アステル向け）
11)	主な取引先	（仕入）東芝プラント建設、東芝エンジニアリング、東芝メディア機器 （販売）東芝キャピタルアジア社、東芝キャピタル・アジア社、東京電力
12)	技術移転窓口	知的財産部企画担当　東京都港区芝浦1-1-1　TEL03-3457-2501

2.4.2 製品例

表2.4.2-1 東芝の製品例

要素技術	製品	製品名	発売時期	出典
・パネルの表示制御	携帯	C301T	―――	日経モバイル、2000年5月号
・パネルの表示制御 ・パネルの状態表示	携帯	J-T04	―――	日経モバイル、2000年9月号
・パネルの表示制御 ・可聴表示	PHS	DL-S22PL	1995年11月（リリース情報）	モバイルメディアマガジン、1995年9月号
・パネルのサービス表示	携帯	TH391	―――	日経モバイル、1999年8月号

2.4.3 技術開発拠点と研究者

東京都：本社（特許公報記載の発明者住所による）

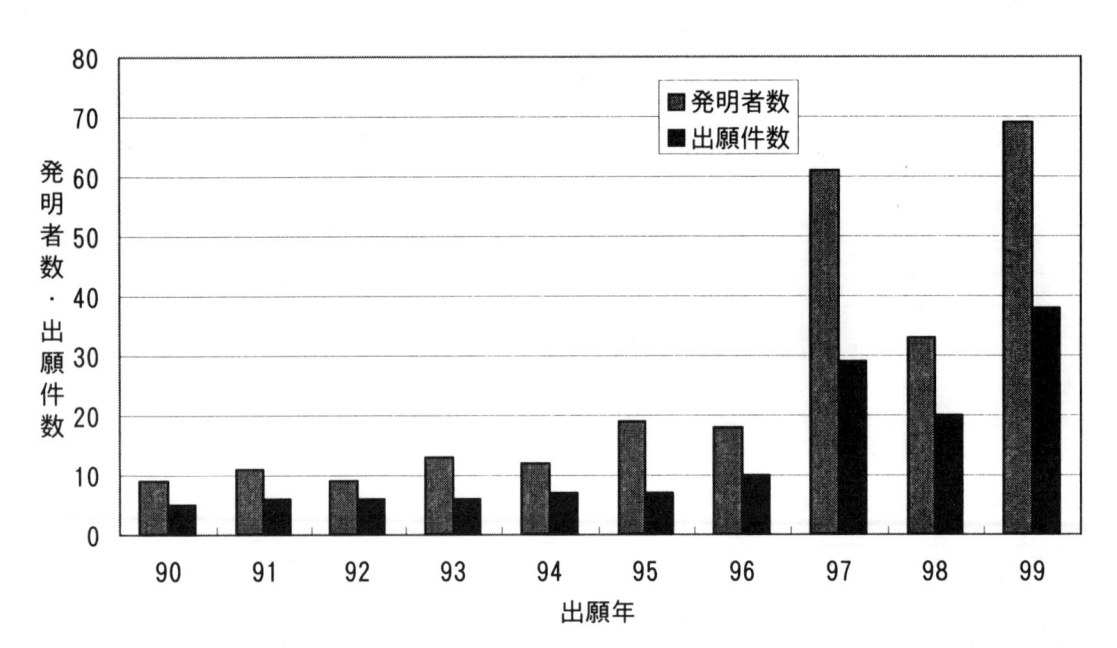

図2.4.3-1 東芝の発明者数と出願件数の推移

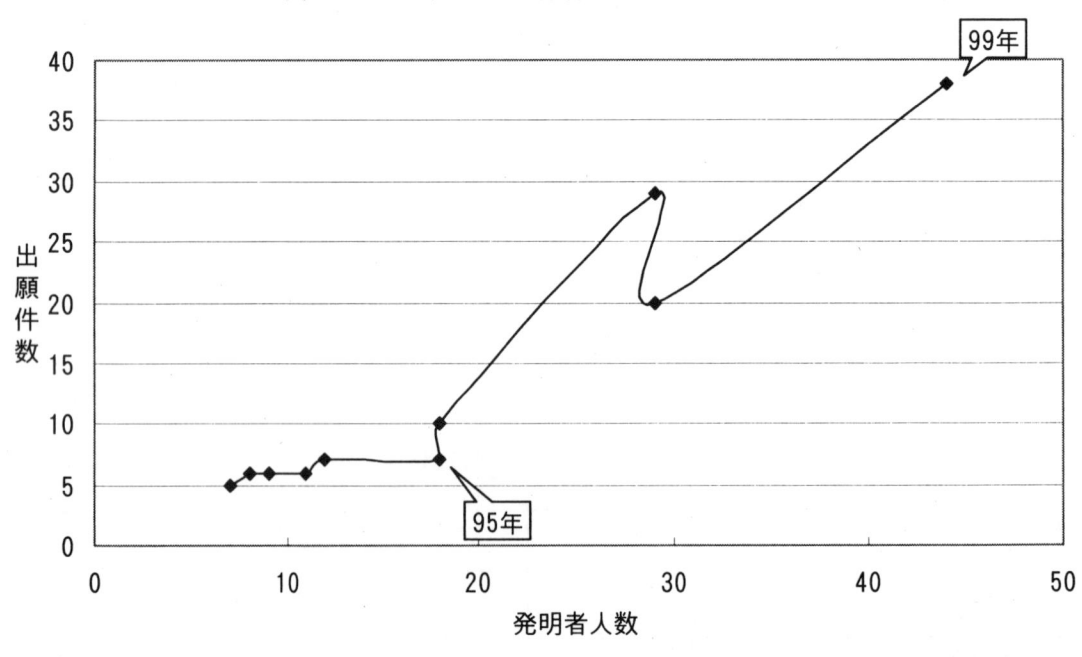

図2.4.3-2 東芝の発明者数と出願件数の推移

1991～2001年7月までに公開された出願

2.4.4 技術開発課題対応保有特許の概要

表 2.4.4-1 東芝の技術開発課題対応保有特許の概要(1/5)

技術要素／課題	特許no	特許分類	概要（解決手段要旨）
1) パネルの表示制御			
視認性・画質改善	特開平8-223317	H04M 11/04; H04Q 7/38; H04N 7/18; H04Q 3/58 101; H04Q 7/34; G08B 5/22	移動端末からの撮像要求を受けるとエリア内にある撮像装置を選択し、この撮像装置からの映像を表示センタに表示する。
視認性・画質改善	特開2000-174896	H04M 1/72; H04M 1/02; H04M 1/22	基地局からの特定メッセージを受信すると自動的に表示パネルを点灯するので、暗闇でも受信メッセージを読むことができる。
視認性・画質改善	特開2000-232543	H04N 1/00; G09G 5/00 510; G09G 5/00 530; G09G 5/00 550; H04Q 7/38; H04M 11/00 302; H04N 1/387	画面サイズを超える大きな画像が送られてきた場合、元画像の解像度を落とすことなく、元画像を分割して表示する。
視認性・画質改善	特開2000-253373	H04N 7/14; H04Q 7/38; H04M 1/27; H04M 11/00 303	登録してある電話番号と、対応する顔画像とを1件ごとに呼び出して表示する。
視認性・画質改善	特開2001-177668	H04M 11/00 303; G06F 13/00 351; H04Q 7/14; H04Q 7/38; H04Q 7/38; H04M 1/00	受信した文字メッセージに含まれる文字列に応じて、着信メロディの鳴動、バイブレータ動作およびバックライト動作を制御する。
視認性・画質改善	特開平10-23538;特開平11-41664;特開平11-55709;特開平11-136764;特開2000-69562;特開2000-115843;特開2000-172245;特開2000-287260;特開2001-16314;特開2001-76273;特開2001-103568;特開2001-145159;特開2001-186279;特開2001-186488		
大容量データの表示	特開平11-41640;特開平11-41662;特開2000-253137		
小型・軽量化	特開平8-251266	H04M 1/27; H04B 1/06; H04B 1/38; H04Q 7/32	複数の入力部の空間的配置に対応した各入力部の機能を表示部に表示させることにより、入力部に割り当てられる機能を増やせるので入力キー数が削減できる。
小型・軽量化	特開平2000-253455		
入力操作性	特開平8-251266	H04M 1/27; H04B 1/06; H04B 1/38; H04Q 7/32	複数の入力部の空間的配置に対応した各入力部の機能を表示部に表示させることにより、入力キーに割り当てられた各機能を確認しながら入力できる。
入力操作性	特開平11-136338	H04M 1/274; H04Q 7/38	電話帳メモリに、各名称ごとにそれに対応する複数の電話番号のひとつを代表番号に設定しておき、上記名称が発信宛先として選択指定された場合に上記代表電話番号を読み出して発信する。かつ電話帳メモリに、各電話番号に対応する属性情報を登録しておき、受信した発番号に対応する名称および属性を表示する。
入力操作性	特開2001-112058	H04Q 7/38; G06F 3/02 370; G06F 13/00 351; H04M 11/00 303	メール送信およびメール受信が行われるごとにそのヘッダから送信メールアドレスおよび受信メールアドレスを抽出し、それぞれを履歴情報として記憶する。操作キーを押し下げると、メール送信履歴またはメール受信履歴を選択的に表示する。
入力操作性	特開平7-143223;特開平8-314920;特開平11-55388;特開平11-110407;特開平11-136339;特開平11-136340;特開平11-136761;特開平11-136765;特開平11-196451;特開2000-41276;特開2000-278374;特開2000-332882;特開2001-175401		

表 2.4.4-1 東芝の技術開発課題対応保有特許の概要(2/5)

技術要素／課題	特許no	特許分類	概要（解決手段要旨）
電力低減化	特許2994413	H04M 1/23; H01H 13/02; H04Q 7/38	キー入力を行うと間欠照明から連続照明に切り替え、キー入力を容易にするとともに電力を低減する。
電力低減化	特開2000-69134;特開2000-276268;特開2000-307686;特開2001-186250;特許2944180		
セキュリティ改善	特開平10-111727	G06F 1/00 370; H04Q 7/38; H04Q 7/38; H04L 9/32; H04M 3/42; H04M 11/00 303	メールデータに付加されたパスワードとメモリに格納されたパスワードとを比較し一致した場合に、表示画面のロック、持ち主名表示などのセキュリティ処理を実行する。
セキュリティ改善	特開平11-113062		
使用制約の自動化	特開平2000-152217	H04N 7/18 ; H04Q 7/38 ; H04B 10/105 ; H04B 10/10 ; H04B 10/22 ; H04M 11/00 302; H04N 5/225 ; H04N 7/14	撮影禁止信号送信装置からの信号を受信すると、カメラ付き携帯電話の撮像動作が自動的に禁止される。
使用制約の自動化	特開平10-243434;特開平10-243454;特開2000-295656;		
条件に応じた制御	特開平9-218766;特開平10-117378;特開平11-113065;特開2001-57688		

2) パネルの状態表示			
動作状態に応じた正確で、認識容易な表示	特許3078286	G01R 31/36	電流が設定値以上流れたときは、電流が流れる以前に検知されたバッテリ残容量を、正しいバッテリ残容量として表示する。
動作状態に応じた正確で、認識容易な表示	特開平6-224844;特開平11-205217;特開2001-69207		
警告情報	特開2000-78250		
電波状態の表示	特開平10-243460	H04Q 7/38; H04M 11/00 302	携帯端末装置に記憶された共通端末識別番号に一致する無鳴動着信信号を受信し、この無鳴動着信信号に含まれるメッセージ情報を抽出し、LCDに表示す。これにより位置登録の有無にかかわらず携帯端末装置の使用者が私設通信網のサービスエリアに入ったことを知ることができる。
電波状態の表示	特開2001-145162	H04Q 7/38; H04Q 7/34	表示部に圏外表示が点灯している場合、任意の操作を行うとサーチ動作を開始する。基地局からの電波を受信した場合、直ちに圏内であることを表示する。
電波状態の表示	特許2740009	H04B 7/26; H04B 1/16	受信信号の伝達経路に応じた受信電界強度の補正データに基づき、受信電界強度を補正して表示する。

表 2.4.4-1 東芝の技術開発課題対応保有特許の概要(3/5)

技術要素／課題	特許no	特許分類	概要（解決手段要旨）
電波状態の表示	特許2740025	H04B 7/26; H04B 1/16	受信特性のばらつきを補償するように、受信電界強度を表示するための基準値を設定する。
電波状態の表示	実用新案登録2124997;特開平6-284064		
回線状態の表示	特開2000-4481;特開2001-25069		
使用動作状態の表示	特開平11-113060	H04Q 7/38; H04M 1/00	圏内状態では1～2秒間隔で、また圏外状態では10秒間隔でランモードとなるように間欠動作を行う。ランモードに入るごとに1回、そのときが圏内状態および圏外状態のいずれであるかに応じて、その状態に応じたキャラクタデータに対応する画像を表示部に表示する。
使用動作状態の表示	特開平11-252651	H04Q 7/38; H04M 1/00; H04M 1/00; H04M 11/00 303	呼出しに応答しにくい場合の応答遅延モードが設定されると、着呼が発生した場合、1回目の着信報知に続いて一定時間後、2回目の着信報知がなされる。
使用動作状態の表示	特開平7-283776;特開平10-84312;特許3197741		
外部機器接続状態の表示	特開平10-312334		

3) パネルのサービス情報表示			
ビジネス情報	特開2000-308259		
生活・娯楽情報	特開2000-286966		
ガイド情報	特許3056869	H04Q 7/38; H04Q 7/38	端末が存在するエリアが、ホームエリアか否かを正確に判定し表示する。
ガイド情報	特開平9-80144;特開2000-146611		
送受信情報	特開平10-276475	H04Q 7/38; H04Q 7/34; H04Q 7/34	移動無線端末が、病院などの所定の無線基地局の無線エリア内に位置したとき、基地局管理テーブルに基づき規制用の表示メッセージを作成し、移動無線端末に送出する。
送受信情報	特開平9-163457;特開平11-41662;特開2001-28645		

4) パネルの発着信・メッセージ情報表示			
着信時の表示	特開2000-115304	H04M 1/00; G06F 3/00 652; G06F 13/00 354; H04Q 7/14; H04Q 7/38; H04M 11/00 303	ROMにメッセージ着信発生に対応する複数コマ送り表示のアニメーション画像データがあらかじめ記憶されており、主制御部は、メッセージ着信が発生した際に、このメッセージ着信発生に対応したアニメーション画像データを読み出してRAMに転送して書き込み、そして、RAMに書き込まれたアニメーション画像データをLCDに1コマづつ転送して表示する。
着信時の表示	特開2000-253111	H04M 1/00; G06F 3/00 651; G09G 5/00 510; H04M 1/72; H04M 11/00 303	画像メモリには、たとえばカメラで撮影された画像や、アンテナ、送受信切換部、受信部および復調部を介して取り込まれた画像が記憶される。そして、着呼があると、制御部が、復調部の出力を読み取って発呼側の電話番号などを取得し、この取得した電話番号などに対応する画像を画像メモリから読み出して表示部に表示させる。
着信時の表示	実開平4-59648；特開平6-232962；特開平8-46716；特開2001-186279；特開2001-186566		
発信時の表示	特開平4-273640；特開平8-79830		
通話情報の表示	特開平11-252219	H04M 1/00; H04M 12/74	呼回数テーブルに書き込まれたカウント値に基づき、発呼と着呼の回数のいずれが多いかを示すバロメータ図形を表示する。

表 2.4.4-1 東芝の技術開発課題対応保有特許の概要(4/5)

技術要素／課題	特許no	特許分類	概要（解決手段要旨）
通話情報の表示	特開平9-153019		
メッセージの表示	特開2000-69562	H04Q 7/38; G06F 3/00 654; H04Q 7/14; H04M 11/00 302	送信する文字メッセージを入力するための入力手段と、情報を表示するための表示手段と、上記入力手段から入力された文字メッセージが所定数量を超えたか否か検出する検出手段と、この検出手段が所定文字数量を超えたことを検出した場合に、超過分を特殊表示して入力文字メッセージを前記表示手段に表示する表示制御手段とを具備する。
メッセージの表示	特開平10-107919；特開2000-216877		
留守番電話・ボイスメールの表示	特開平5-48711；特開平11-98569		
Eメールの表示	特開平11-41662；特開2001-177668		

5) 発光表示			
電池状態表示・電池消耗防止	特開2000-295343	H04M 1/72; H04B 7/26; H04Q 7/38; H04M 1/00; H04M 1/00	着信を報知する充電LED、バックライトLED、サウンダ、バイブレータの少なくとも2つの着信報知手段を報知する期間に重なりが生じないようした。
状態確認	特開平11-341120	H04M 1/00; H04M 1/00; H04Q 7/38	PHS移動端末の制御部には、動作状態認識手段と発光表示駆動制御手段が設けられる。これらの認識結果を発光表示駆動制御手段によってLEDを点灯または点滅駆動して表示させる。
状態確認	特開2000-36985		

6) 可聴表示			
着信認知	特開平6-152702	H04M 1/00	着信信号を検出すると、着信遅延部が着信側のスピーカによるベル鳴動開始を所定時間遅延し、この所定時間内に、発信側からベル鳴動の動作設定に関する制御情報を受信した場合は、この制御情報に基づいてベル鳴動の動作を行う。また、終話信号を検出した場合は、変更されたベル鳴動の動作設定を元の動作設定に復旧する。
着信認知	特開平8-125723	H04M 1/00; H04M 1/00; H04M 1/00	電話機能の他に、放送電波を選局受信して少なくとも放送音声を出力する出力部を有するチューナ機能を加え、このチューナ機能が動作中に、電話機能が呼び出し信号を受信したことを検出すると、着信音をチューナ側の出力部から出力する。
着信認知	特開平11-55150	H04B 1/40; H04Q 7/38	アラーム動作中に着信した場合、アラーム動作を一時停止して着信を優先させる。そして、通話終了後、再度、アラーム動作を実行する。
着信認知	特開平11-55358	H04M 1/00; G10K 15/04 304; H04B 1/40; H04Q 7/38	メロディ出力があった場合、出力指示のあったメロディの周波数に適した補正値を音圧補正値テーブルから選択し、メロディの音圧補正を行う。
着信認知	特開2001-53839	H04M 1/00; H04M 1/00; H04Q 7/38; H04Q 7/38; H04M 1/725	発呼者の電話番号ごとに、メロディデータを対応づけて記憶しておき、発呼者に応じたメロディ音を着信を報知する。再生されるメロディ音に応じた発光パターンで、着信報知を行う。
着信認知	実用新案登録2525477；特開平10-178468；特開平10-190789；特開2001-94634		
警報	特開平11-113065		
着信応答	特開平6-232962；特開平10-191450；特開平11-252651；特開2001-86562		
通信接続状態	特許2954115		

表 2.4.4-1 東芝の技術開発課題対応保有特許の概要(5/5)

技術要素／課題	特許no	特許分類	概要（解決手段要旨）
電池状態表示・電池消耗防止	特開2000-295343	H04M 1/72; H04B 7/26; H04Q 7/38; H04M 1/00; H04M 1/00	着信あるいは電池状態を報知する充電LED、バックライトLED、サウンダ、バイブレータの少なくとも2つの着信報知手段を報知する期間に重なりが生じないようにした。所定期間サウンダのみ駆動させ、消費電力を低減させる。
電池状態表示・電池消耗防止	特開2001-69207		
使用制限区域	特開平10-243454;特開平10-276475;特開2000-295656		

7) 振動表示

技術要素／課題	特許no	特許分類	概要（解決手段要旨）
着信認知	特開平11-187087	H04M 1/00; H04M 1/00; H04M 1/57	着信信号を検出した際、着信信号に含まれる電話番号の情報と、記憶されている電話番号の情報とを比較し、一致した電話番号に対応してあらかじめ設定された振動態様で、バイブレータを動作する。
着信認知	特開平11-300277		
電池状態表示・電池消耗防止	特開2000-295343	H04M 1/72; H04B 7/26; H04Q 7/38; H04M 1/00; H04M 1/00	着信あるいは電池状態を報知する充電LED、バックライトLED、サウンダ、バイブレータの少なくとも2つの着信報知手段を報知する期間に重なりが生じないようにした。所定期間バイブレータのみ駆動させ、消費電力を低減させる。
電池状態表示・電池消耗防止	特開2001-69207		

2.5 日立国際電気

　日立国際電気は、2000年10月に国際電気、日立電子および八木アンテナが合併し、日立国際電気となった。下記情報は主に国際電気に関するものである。
　同社は、表示技術の出願ランキングが第5位である。1995年以降出願件数および発明者数が急増している。表1.4.2-2*に示すように視認性・画質を改善するために、「画面構成および画面シーケンス制御」、「フォント・アイコンの設定」、「照明制御」など多種の画面設定技術に関する特許が出願されている。（*：1.4節の表中では国際電気としている。）

2.5.1 企業の概要

表2.5.1-1　日立国際電気の企業の概要

1)	商号	日立国際電気株式会社
2)	設立年月日	1949年（昭和24年）11月17日
3)	資本金	100億5,800万円
4)	従業員	3,841名（2001年3月現在）
5)	事業内容	通信情報システム機器、電子機器、電子部品
6)	技術・資本提携関係	－
7)	事業所	（本社）東京　（支社）西日本　（支店）関西、中部、九州、中国 （研究所）宮城　（工場）東京、山梨、富山、北海道
8)	関連会社	（国内）国際電気エンジニアリング、静岡国際電気、日立電子テクノシステム （海外）KOKUSAI ELECTRIC AMERICA INC
9)	業績推移	（売上高）　　（経常利益）　　単位：百万円 1997年3月　　　164,988　　　　9,906 1998年3月　　　149,284　　　　3,220 1999年3月　　　108,957　　　　2,199 2000年3月　　　108,452　　　　1,107 2001年3月　　　175,427　　　　3,507
10)	主要製品	携帯電話機（NTTドコモ向け）
11)	主な取引先	（販売）NTTドコモ、防衛庁、日立 （仕入）日立、KOA、双信
12)	技術移転窓口	－

2.5.2 製品例

表2.5.2-1　日立国際電気の製品例

要素技術	製品	製品名	発売時期	出典
・パネルの表示制御 ・発光表示	携帯	K0209i	———	日経モバイル、2001年2月号

2.5.3 技術開発拠点と研究者

東京都：本社（特許公報記載の発明者住所による）

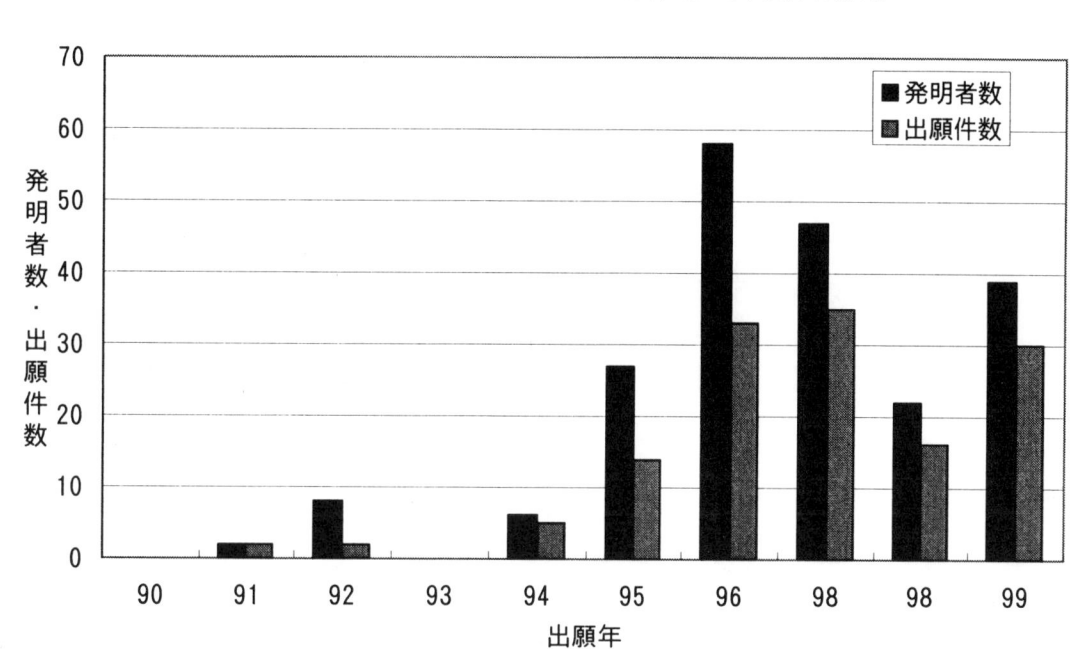

図2.5.3-1 日立国際電気の発明者数と出願件数推移

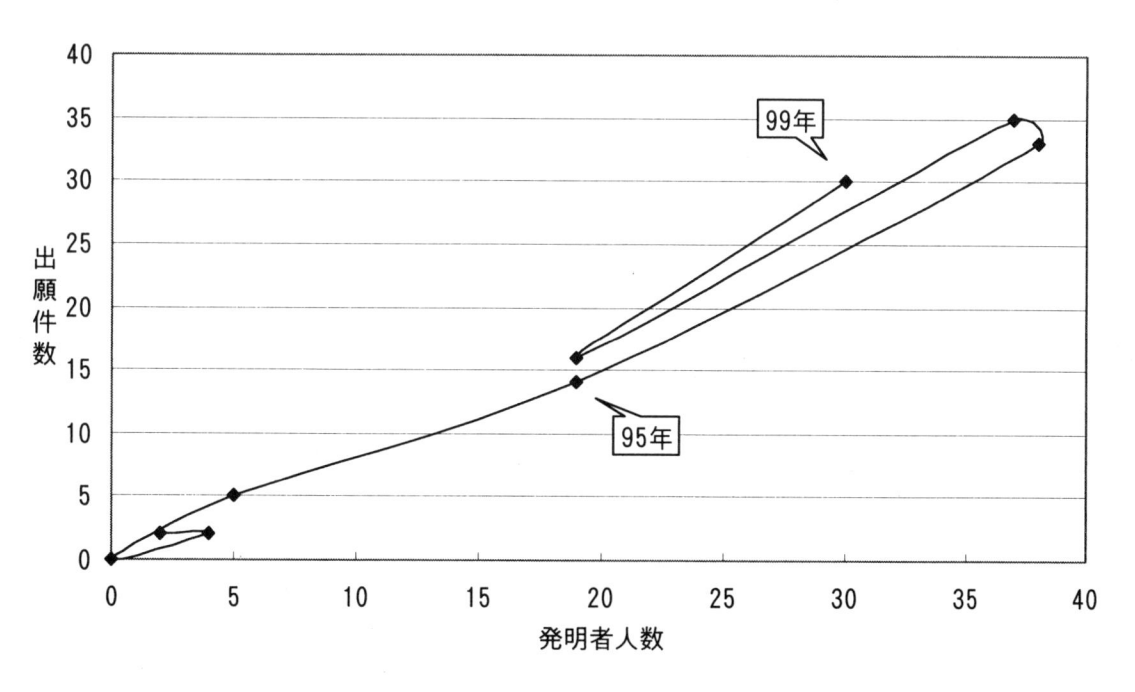

図2.5.3-2 日立国際電気の発明者人数と出願件数

1991～2001年7月までに公開された出願

2.5.4 技術開発課題対応保有特許の概要

表2.5.4-1 日立国際電気の技術開発課題対応保有特許の概要(1/4)

技術要素／課題	特許no	特許分類	概要（解決手段要旨）
1) パネルの表示制御			
視認性・画質改善	特開平10-20775	G09B 29/00; G08G 1/0969; H04Q 7/38	表示パネル上に表示されている地図の方位とその地点での実際の方位とが一致するように、地図データを回転して表示する。
視認性・画質改善	特開平10-145475	H04M 1/22; G08B 5/36; H04B 1/38; H04Q 7/32	携帯端末の状態に応じて、バックライトの色を変化させる。
視認性・画質改善	特開平10-257151	H04M 1/27; G06F 3/14 380; G09G 5/02; G09G 5/08; H04Q 7/32; H04M 1/00	文字の入力における変換状態と確定状態とによってカーソルの状態を変え、利用者の誤操作を防止して利便性を高める。
視認性・画質改善	特開2000-349888	H04M 1/247; G06F 3/00 653; H04Q 7/38; H04M 1/02; H04M 1/02; H04M 1/725	機能を表すアイコンを選択すると、アイコンの機能を文字によりガイダンス表示する。
視認性・画質改善	特開平9-185450;特開平9-281950;特開平9-284823;特開平9-294090;特開平10-23117;特開平10-210129;特開平10-290478;特開平11-17789;特開平11-32115;特開平11-353081;特開平11-355824;特開2001-189782;特許3014943		
アミューズメント性	特開平11-288258		
大容量データの表示	特開平9-261359		
小型・軽量化	特開平9-23480;特開平11-32113;特開2000-22798		
入力操作性	特開平9-130857	H04Q 7/38; H04M 1/274; H04M 1/57; H04Q 7/14; H04Q 7/32	受信したメッセージの名前に対応する電話番号を検索して、発呼する。
入力操作性	特開平9-186760	H04M 1/274; H04Q 7/38	電話番号を検索する際に、アカサタナ・・・などの文字インデックスを表示し、特定文字を選択すると特定文字を先頭とする名前と電話番号とを表示する。
入力操作性	特開平10-145485	H04M 1/274; H04Q 7/38	特定キーを押下し続けると、発呼回数の多い順に、電話帳データとして登録された電話番号を順次表示し、前記特定キーの押下を止めた時点で表示されている電話番号で発呼する。
入力操作性	特開2000-278385	H04M 1/00; H04Q 7/38	使用頻度の高い機能を数字に割り当てて登録することにより、機能キーと割り当てた数字を入力することで、即座に機能を表示する。
入力操作性	特開2000-341395	H04M 1/56; H04Q 7/38; H04M 1/00; H04M 1/247; H04M 1/2745	特定キーを押し続けると、発呼回数の多い順に、登録されている電話番号を順次表示する。

表 2.5.4-1 日立国際電気の技術開発課題対応保有特許の概要(2/4)

技術要素／課題	特許no	特許分類	概要（解決手段要旨）
入力操作性	特開平9-149105;特開平10-84409;特開平10-136065;特開平10-145483;特開平10-210544;特開平10-224453;特開平10-340064;特開平11-55390;特開平11-68931;特開平11-184602;特開2000-59529;特開2000-278392;特開2000-286927;特開2000-286949;特開2001-7913;特開2001-134507		
編集の容易性	特開平9-284379;特開平11-187120;特開平11-289362;特開2000-224662		
電力低減化	特開平9-327053;特開平9-327075;特開平10-107883;特開2000-244634;特開2000-278205;特開2001-103152		
セキュリティ改善	特開2001-211266		
静粛性の確保	特開2001-8258		
条件に応じた制御	特開平10-75471;特開平11-225188;特許3212254		

2) パネルの状態表示			
動作状態に応じた正確で、認識容易な表示	特開平11-98565	H04Q 7/38; H04M 1/00; H04M 3/42; H04M 3/42; H04M 3/56	割り込み受信時あるいは三者通話時の通話状態を把握しやすくするために、1対1の通話状態では「通話中」、A・Bの2加入者の接続状態で一方との通話状態には「A：通話中」「B：保留」などのように表示器へ表示し、携帯電話の使用者が今どの状態かを認識しやすくする。
動作状態に応じた正確で、認識容易な表示	特開平10-13898;特開平11-98563;特開平11-178064;特許3153870		
使用可能時間および機能の表示	特開平11-55372		
電波状態の表示	特許3098718	H04Q 7/38; H04M 1/00	携帯端末が圏内から圏外に移動した場合に、近い過去の一定時間圏内であったことを表示する。
電波状態の表示	特開平10-145858		
回線状態の表示	特開平8-289363;特開平11-4481		
使用動作状態の表示	特開平10-285648;特開2000-312248;特開2001-69545		

3) パネルのサービス情報表示			
ガイド情報	特開平9-322253;特開平10-23546		
通知・警告情報	特開2001-45530	H04Q 7/14; H04M 11/02	メッセージ種別が付加されたメッセージを受け取るとメッセージ種別を解析し、緊急性に応じて表示方法を変更する。
送受信情報	特開平11-215265		

4) パネルの発着信・メッセージ情報表示			
メッセージの表示	特開平9-327053；特開平10-145284；特開平11-266322；特開平11-331900；特開2000-59529		
着信時の表示	特開2000-188634	H04M 1/27; H04Q 7/14; H04Q 7/38; H04M 1/57	受信したメッセージデータを表示部に表示し、この表示中のメッセージデータの名前あるいは電話番号を操作部で選択を行い、操作部の登録キーを押下することにより、制御部は、電話帳メモリの空きメモリのチェックして、空きメモリが存在する場合には、選択された名前あるいは電話番号を空きメモリに登録する。
着信時の表示	特開平9-36948；特開平10-164645；特開2000-270084；特開2000-270090；特開2000-278764；特開2001-8258；特開2001-53865；特開2001-86540		

表 2.5.4-1 日立国際電気の技術開発課題対応保有特許の概要(3/4)

技術要素/課題	特許no	特許分類	概要（解決手段要旨）
発信時の表示	特開平10-136065	H04M 1/00; H04M 1/27	利用者が操作部によって消去の操作を行うと、表示部に確認のメッセージを表示し、利用者が消去を確認する操作を操作部によって行うと、表示部に表示されている、入力した文字などを消去し、確認しない操作を行うと、表示部に表示されている、入力した文字などをそのままにする。
発信時の表示	特開2000-261539		
通話情報の表示	特開平10-257154	H04M 1/274; H04B 1/38; H04Q 7/32	相手先と対応する電話番号とを、相手先の種類別に登録しておき、記憶のはっきりしない相手先の検索は、その相手先の種類を指定して、相手先の種類別に検索を行う。
通話情報の表示	特開平10-164187；特開2000-270077；特開2000-278392		
留守番電話・ボイスメールの表示	特開平8-125742；特開平10-210143；特開平11-41344		

5) 発光表示

技術要素/課題	特許no	特許分類	概要（解決手段要旨）
着信認知	特開平10-145475	H04M 1/22; G08B 5/36; H04B 1/38; H04Q 7/32	バッテリーの蓄電量の表示や着信表示の場合に、バックライトの光の色を変化させて肉眼でバッテリー量や相手先が認知できるようにした。
着信認知	特開平10-257136	H04M 1/00; H04Q 7/38	呼出があると昇圧回路を駆動し、更にその昇圧回路が、フラッシャに電力を供給して、強い光（フラッシャ）を発光する。
着信認知	特開平10-257559	H04Q 7/38; H02J 7/00 301; H04B 7/26; H04M 1/02	充電状態を表示装置に表示し、また充電中着信があった場合には、点灯または点滅などによって通知する。
着信認知	特開平8-195795；特開2001-8258；特開2001-45530；特開2001-86202		
着信応答	特開平9-36948；特開平10-173767；特開2000-286932		
電池状態表示・電池消耗防止	特開2000-278366	H04M 1/00; H04B 1/38; H04Q 7/38; H04M 1/72	着信報知処理の発光と発音を間歇的かつずらして表示する。
電池状態表示・電池消耗防止	特開2000-287258；特開2001-69208		

6) 可聴表示

技術要素/課題	特許no	特許分類	概要（解決手段要旨）
着信認知	特開平9-98228	H04M 11/10; G10L 9/14; H04Q 7/38; H04M 1/65	操作者が電話をかけようとした時に、メールサーバ内に携帯電話端末宛ての電子メールが貯えられている状態であることが通知済みである時には、操作者が相手の電話番号を入力し、発信のためのトリガとなる動作を行うと、相手電話への発信が行われる前に、メール到着のメッセージをスピーカから出力する。
着信認知	特公平7-123267	H04M 1/66; H04Q 7/38	記憶されている発信者番号に対応した着信音で報知して発信者が音でわかるようにした。対応する発信者番号が記憶されていない場合には、一時記憶装置に発信者番号データを記憶し、表示器に表示するとともに、別の着信音で報知する。
着信認知	特開平8-195792；特開平8-195795；特開平9-327053；特開平10-42364；特開平10-173771；特開平10-285622；特開平11-4467；特開平11-41641；特開平11-103332；特開平11-150598；特開平11-168531；特開2000-13472；特開2000-341369；特開2001-8258；特開2001-45530；特開2001-86202；特開2001-86540		

表 2.5.4-1 日立国際電気の技術開発課題対応保有特許の概要(4/4)

技術要素／課題	特許no	特許分類	概要（解決手段要旨）
警報	特開平9-182164	H04Q 7/38; H04B 7/26	擬似呼出音起動スイッチと、擬似呼出音起動スイッチのオン動作によって起動し、所定時間経過後に呼出音出力部に呼出音要求信号を送出するタイマ回路とを備え、擬似呼出音起動スイッチを必要に応じてオン操作することにより、所定時間経過後に擬似呼出音を発生させる。
警報	特開平11-215265;特開2000-341442;特開2001-7946		
着信応答	特開平10-173767	H04M 1/64; H04Q 7/38; H04M 1/00	呼出から一定時間経過の間にオフフックが為されないと、着信状態になって自動応答メッセージを送信し、発信者の音声による伝言メッセージを受信して録音する。
着信応答	特開2000-286932	H04M 1/00; H04B 1/38; H04Q 7/38	報知音テーブルに、着呼側から送信される信号に対応した報知音を記憶しておき、報知音テーブルを参照してユーザが設定した報知音のデータまたは発光パターンを出力する。
着信応答	特開2000-270090		
通信接続状態	特開平11-178064	H04Q 7/38; H04Q 7/38; H04Q 7/22; H04M 1/00	発信操作をしたとき通話可能な圏内にいないと、その発信内容を内部メモリに記憶し、その旨を表示する。この状態にあるときに通話可能な圏内へ入ると、自動的に発信動作に入り、そのことを鳴音などでユーザに報知する。
通信接続状態	特開平10-164187;特開平11-4481;特開2000-261856		
電池状態表示・電池消耗防止	特開2000-278366	H04M 1/00; H04B 1/38; H04Q 7/38; H04M 1/72	着信報知処理の発光と発音を間欠的かつずらして表示する。
電池状態表示・電池消耗防止	特許2971221		
7) 振動表示			
着信認知	特開平11-41641	H04Q 7/14; H04Q 7/38; H04M 1/00	報知方法が、あらかじめ、鳴音による報知に設定されていれば、着信を鳴音報知し、振動による報知（に設定されていれば、着信を振動報知し、明暗状態に応じて鳴音または振動のいずれによる報知に設定されていれば、明るい場合に振動報知し、暗い場合は鳴音報知する無線端末である。
着信認知	特開2001-86202	H04M 1/00; H04Q 7/38; H04M 1/03; H04M 1/05	電話機本体とイヤホンおよびマイクとを接続する信号線上に着信報知ユニットを設けた。着信信号を検出すると、サウンダ、着信ランプ、バイブレータの各報知手段のいずれかまたはすべてが着信報知動作を行う。
着信認知	特開平11-4467;特開平11-168771;特開2000-341369;特開2001-45530;特開2001-86540		
電池状態表示・電池消耗防止	特開平10-75471	H04Q 7/14; H04B 7/26	バイブレータを駆動して電源電圧の低下が検出されると、バイブレータ駆動を停止し、スピーカを駆動して呼出音を出力する。
電池状態表示・電池消耗防止	特開2000-287258		

2.6 NECモバイリング

　NECモバイリングは日本電気の関連会社であり、携帯電話のソフトウェア開発やエヌ・ティ・ティ・ドコモの一次代理店として販売業務などを行っている。
　表示技術の出願は1994年に始まり、96年に出願件数が急伸している。

2.6.1 企業の概要

表2.6.1-1 NECモバイリングの企業の概要

1)	商号	NECモバイリング株式会社
2)	設立年月日	1972（昭和47）年12月15日
3)	資本金	9億3,500万円
4)	従業員	1,141名（2001年3月現在）
5)	事業内容	移動体通信端末や装置のソフトウェア開発 移動体通信システムの開発・製造・販売、基地局据付工事・現地調整 移動体通信端末・装置の保守サービス 移動体通信端末の販売
6)	技術・資本 提携関係	－
7)	事業所	（本社）神奈川　（支社）大阪 （支店）北海道・宮城・東京・静岡・中部・北陸・中国・四国・九州
8)	関連会社	日本電気
9)	業績推移	（売上高）　　（経常利益）　単位：百万円 1997年3月　　　54,073　　　　　422 1998年3月　　　70,035　　　　1,435 1999年3月　　　76,173　　　　1,909 2000年3月　　　87,197　　　　1,314 2001年3月　　 108,732　　　　1,909
10)	主要製品	移動体通信端末に組み込まれるソフトウェアの開発 移動体通信の基地局用装置・機器のソフトウェアの開発 移動通信事業者の一次代理店としての、携帯、PHSの販売業務 移動体通信端末の基地局用機器の修理、保守
11)	主な取引先	（仕入）日本電気、アイエスビー、三枝協 （販売）日本電気、NTTドコモ、東日本旅客鉄道
12)	技術移転窓口	－

2.6.2 製品例

開発されたソフトウェアと日本電気製携帯電話の関連が特定できない。

2.6.3 技術開発拠点と研究者

神奈川県:本社(特許公報記載の発明者住所による)

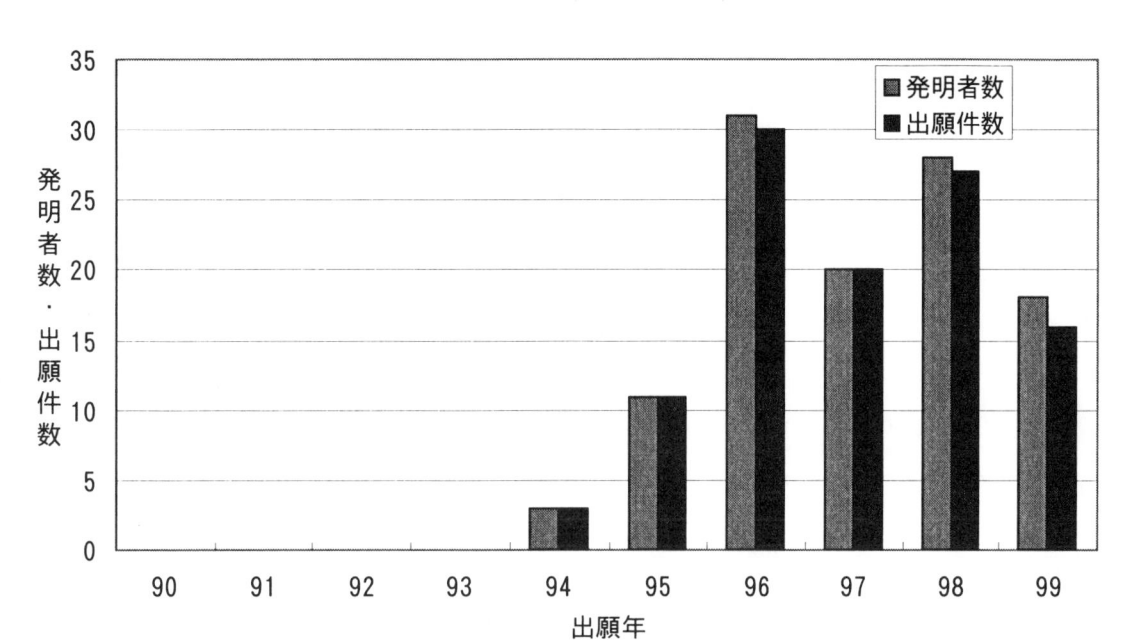

図2.6.3-1 NECモバイリングの発明者数と出願件数推移

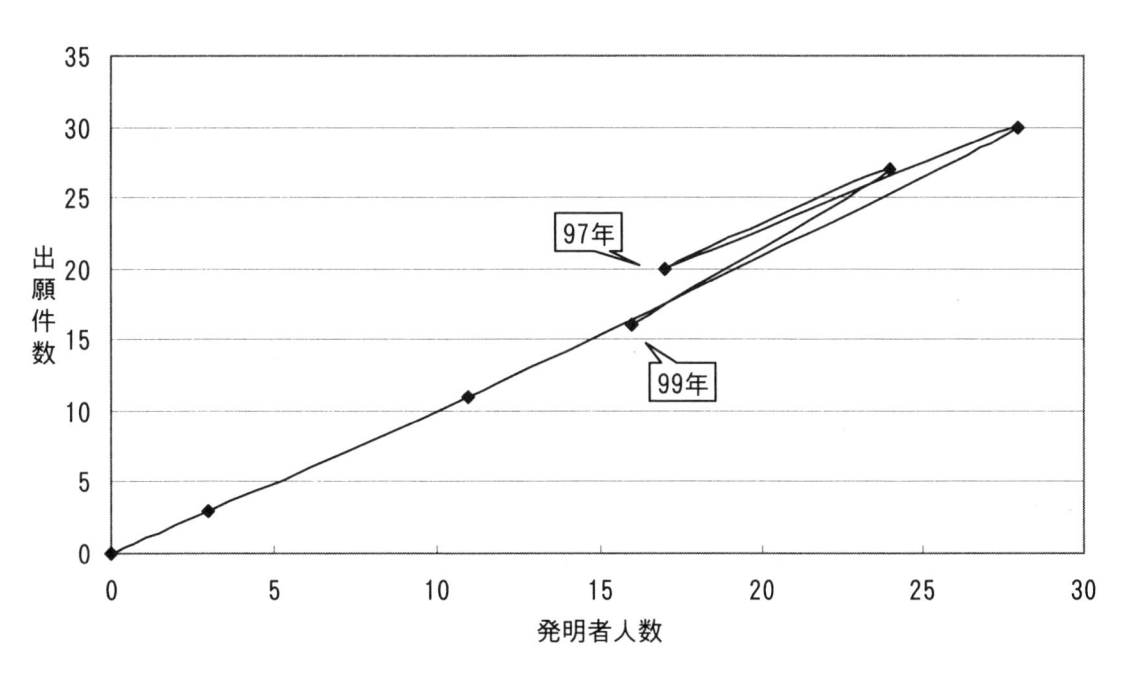

図2.6.3-2 NECモバイリングの発明者人数と出願件数

1991~2001年7月までに公開された出願

2.6.4 技術開発課題対応保有特許の概要

表2.6.4-1 NECモバイリングの技術開発課題対応保有特許の概要(1/3)

技術要素／課題	特許no	特許分類	概要（解決手段要旨）
1) パネルの表示制御			
視認性・画質改善	特開2000-295328;特許2609829		
小型・軽量化	特開2000-69219		
入力操作性	特開平10-145480	H04M 1/27; H04Q 7/38; H04M 1/00; H04M 1/23; H04M 1/66	表示部に名前、電話番号、メモリダイヤル管理番号を含むメモリダイヤル画面を表示し、この画面で目的のメモリダイヤルを選択した後に、機能項目を設定する画面に移行する。
入力操作性	特開平11-205423	H04M 1/00; H04M 15/30; H04Q 7/38	通話中の操作および表示内容の履歴を記憶し、通話終了後に確認を可能とする。これにより、利便性、操作性の向上を図る。
入力操作性	特開2001-36626	H04M 1/247; G06F 3/00 654; H04Q 7/38	サブメニューの選択回数をカウントし、カウント値の多い順にサブメニューを表示する。
入力操作性	特開2001-86219	H04M 1/247; H04Q 7/38; H04M 1/725; G06F 3/00 654	簡易メニュー表示が選択された場合、メモリに登録された使用頻度が高い機能だけを表示する。
入力操作性	特開2001-111673	H04M 1/2745; G10L 15/00; H04Q 7/38; H04Q 7/38; H04M 1/00; H04M 1/00; H04M 1/56; H04M 11/00 303	通話中に通話先の携帯電話に電話番号を通知する際に、電話番号をメモリ部から検索し、検索した電話番号を通話先の携帯電話に送信する。
入力操作性	特許3157796	H04M 1/725; H04M 1/73; H04Q 7/38	タッチセンサに触れると、バックライトが点灯する。
入力操作性	特開2001-216076;特許2926548;特許2978869		
電力低減化	特開2001-168983		
条件に応じた制御	特開2001-211475		

表2.6.4-1 NECモバイリングの技術開発課題対応保有特許の概要(2/3)

技術要素／課題	特許no	特許分類	概要（解決手段要旨）
2) パネルの状態表示			
動作状態に応じた正確で、認識容易な表示	特開2000-295328	H04M 1/00; G01R 31/36; H02J 7/00; H04B 7/26; H04Q 7/38; H04M 1/02	折り畳んだときは電池の残量レベルをLEDの点灯状態で確認するようにし、開いたときは液晶表示部に電池の残量レベルを表示する。
動作状態に応じた正確で、認識容易な表示	特許2938017		
電波状態の表示	特許2591920		
通信状態表示	特許2681016	H04Q 7/38; H04Q 7/28	基地局のサービスエリアで制御チャネル通話を行う際に、移動端末に対して全回線話中であることを通知する。
使用環境の表示	特許2895046	H04M 1/57; H04Q 7/38	発信者番号通知の許可または禁止の情報を発信時に表示し、キー操作により設定状態を切り替える。
使用動作状態の表示	特許2793525；特許2954187		

3) パネルのサービス情報表示			
ガイド情報	特開2000-308143		
通知・警告情報	特開2001-168793		
送受信情報	特許3123961		

4) パネルの発着信・メッセージ情報表示			
着信時の表示	特開平9-205475	H04M 1/00; G04G 1/00 313; G04G 5/00; H04Q 7/38	キーパットから入力された国名がキー検出回路でデータに変換され、不揮発性メモリのデータと一致するものが検索される。その検索されたデータの中のその国の経度を基に相手国の現在時刻を算出し、国名と経度に基づいて算出された現在時刻が表示部に表示される。
着信時の表示	特開2000-332863	H04M 1/00; H04Q 7/38; H04M 1/57; H04M 1/64; H04M 1/66	キーボードから選択入力された内容に基づき、制御部により、選択された機能の設定制御を行うとともに、不在着信時に、不在着信の表示と不在着信に関する設定内容とを併せてLCD部に表示させるようにする。
着信時の表示	特開平9-93309；特開2000-174852；特開2001-53862		
メッセージの表示	特開平10-13938；特開2000-270039		
留守番電話・ボイスメールの表示	特開2000-216891；特開2000-134319		

5) 発光表示			
着信認知	特許3068478	H04Q 7/14	携帯使用中の機体が所持者にいかなる態様で所持されているか検出し、それに対応して、鳴動、発光、および振動のいずれかで着信報知する。
着信認知	特許2788900		
着信応答	特開平10-112742		
電池状態表示・電池消耗防止	特開平11-103273	H04B 7/26; H04Q 7/38; H04M 1/02	携帯電話機の折り畳みフリップの先端部に電界強度が弱く通信圏外の付近にあることを表示する電界強度表示部（LED）と、電池電圧が限界付近にあることを表示する電池残量表示部（LED）とを設け、折り畳みフリップを開くとオンするフリップスイッチのオン信号により表示部は動作する。また表示部はそれぞれ劣化程度により点滅の速度が速まる。
電池状態表示・電池消耗防止	特開2000-295328；特許3037170		

表2.6.4-1 NECモバイリングの技術開発課題対応保有特許の概要(3/3)

技術要素／課題	特許no	特許分類	概要（解決手段要旨）
6）可聴表示			
着信認知	特開2000-312246	H04M 1/00; H04Q 7/38; H04Q 7/38; H04M 1/72	入力した音曲からメロディのみを抽出するメロディ抽出手段を備え、抽出したメロディを記憶させて着信音として使用する。
着信認知	特許2852199	H04M 1/00; H04Q 7/38	自動選択のモードの場合に、周囲騒音を検出する検出手段と、この検出手段で検出した周囲騒音があらかじめ設定した範囲内の場合、音にして報知する。
着信認知	特許2957469	H04Q 7/38	ポケット、鞄などの中の閉鎖空間内に収納されて携帯される携帯型無線電話機において、着信時に閉鎖空間からポケット、鞄などの外の開放空間に取り出されたときに受光量の変化を検出して呼出音の音量レベルを自動的に可変し再び閉鎖空間内に収納すると基の音量レベルに自動的に可変する音量レベル可変手段を備える。
着信認知	特許3037164	H04M 1/00; H04B 1/38; H04M 1/725; H04Q 7/32	携帯型通信機の外部環境を検出するためのセンサとして、発音体の振動部に加わる負荷（音圧）により変化する発音体の駆動電流値を検出する手段を有することを特徴とする携帯型通信機の呼出し音制御装置。
着信認知	特開2001-36962;特開2001-203779;特許2788900;特許2928143;特許2978928;特許3068478		
7）振動表示			
着信認知	特許2852199	H04M 1/00; H04Q 7/38	自動選択のモードの場合に、周囲騒音を検出する検出手段と、この検出手段で検出した周囲騒音があらかじめ設定した第1の基準レベルより大きい場合または第2の基準レベルより小さい場合に振動報知を行う。
着信認知	特許3068478	H04Q 7/14	携帯使用中の機体が所持者にいかなる態様で所持されているか検出し、それに対応して、鳴動、発光、および振動のいずれかで着信報知する。

2.7 三洋電機

　三洋電機は、エヌ・ティ・ティ・ドコモを除く通信業者へ携帯電話、PHS等を供給している。
　特許出願件数は1995年に急増した後、一時減少するが98年に再び急増している。表1.4.2-2に示すように視認性や画質を改善するために、「画面構成および画面シーケンス制御」や「フォント・アイコンなどの設定」に関する出願が多い。

2.7.1 企業の概要

表2.7.1-1 三洋電機の企業の概要

1)	商号	三洋電機株式会社
2)	設立年月日	1950（昭和25）年4月1日
3)	資本金	1,722億3,879万円
4)	従業員	20,112名（2001年3月現在）
5)	事業内容	AV・情報通信機器の製造・販売 電化機器の製造・販売 産業機器の製造・販売 電子デバイスの製造・販売 電池の製造・販売 その他
6)	技術・資本 提携関係	—
7)	事業所	（本社）大阪　（研究所）大阪、岐阜、群馬 （工場）群馬、大阪、東京、兵庫
8)	関連会社	（国内）鳥取三洋電機、島根三洋工業、三洋メディアテック、三洋電機貿易 （海外）サンヨー・マニファクチャリング・コーポレーション、サンヨー・ノースアメリカコーポレーション
9)	業績推移	（売上高）　　（経常利益）　　単位：百万円 1997年3月　　　　　1,104,103　　　29,136 1998年3月　　　　　1,121,939　　　25,275 1999年3月　　　　　1,076,584　　　10,379 2000年3月　　　　　1,121,579　　　13,131 2001年3月　　　　　1,242,857　　　31,728
10)	主要製品	携帯電話機（au向け、J-フォン向け、ツーカー向け） PHS（DDIポケット向け）
11)	主な取引先	（販売）KDDI、三洋電機貿易、三洋ライフ・エレクトロニクス、オリンパス光学工業、三洋セミコンデバイス
12)	技術移転窓口	マルチメディアカンパニー商品開発研究所　知的財産部知的財産3課 大阪府大東市三洋町1-1　TEL072-870-6359

2.7.2 製品例

表2.7.2-1 三洋電機の製品例(1/2)

要素技術	製品	製品名	発売時期	出典
・パネルの表示制御 ・パネルの状態表示 ・パネルの発着信・ 　メッセージ表示	携帯	C401SA	———	日経モバイル、2001年1月号号
・パネルの表示制御 ・可聴表示	携帯	J-SA01	———	日経モバイル、1999年12月号

表2.7.2-1 三洋電機の製品例(2/2)

要素技術	製品	製品名	発売時期	出典
・パネルの表示制御 ・パネルの発着信・ 　メッセージ表示 ・発光表示	PHS	RZ-J90	────	日経モバイル、2000年12月号
・パネルのサービス表示	携帯	C304SA	────	日経モバイル、2000年9月号
・パネルのサービス表示 ・パネルの発信・ 　メッセージ表示 ・発光表示 ・可聴表示	携帯	J-SA03	────	日経モバイル、2001年9月号

2.7.3 技術開発拠点と研究者

大阪府：本社（特許公報記載の発明者住所による）

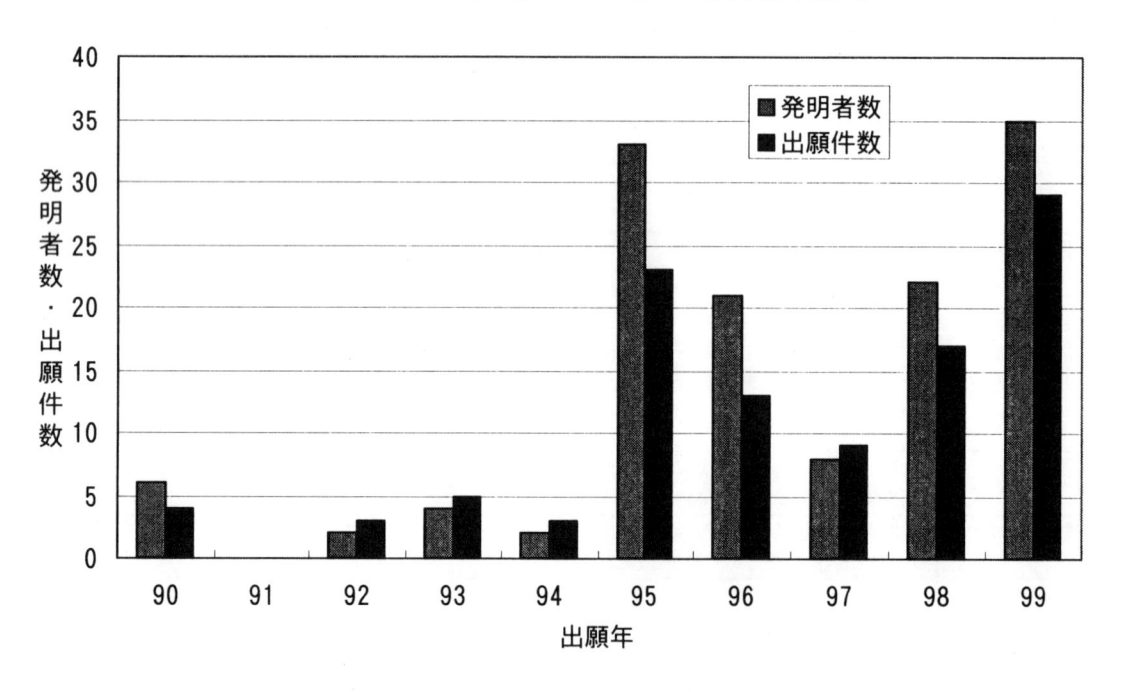

図2.7.3-1 三洋電機の発明者数と出願件数推移

図2.7.3-2 三洋電機の発明者人数と出願件数

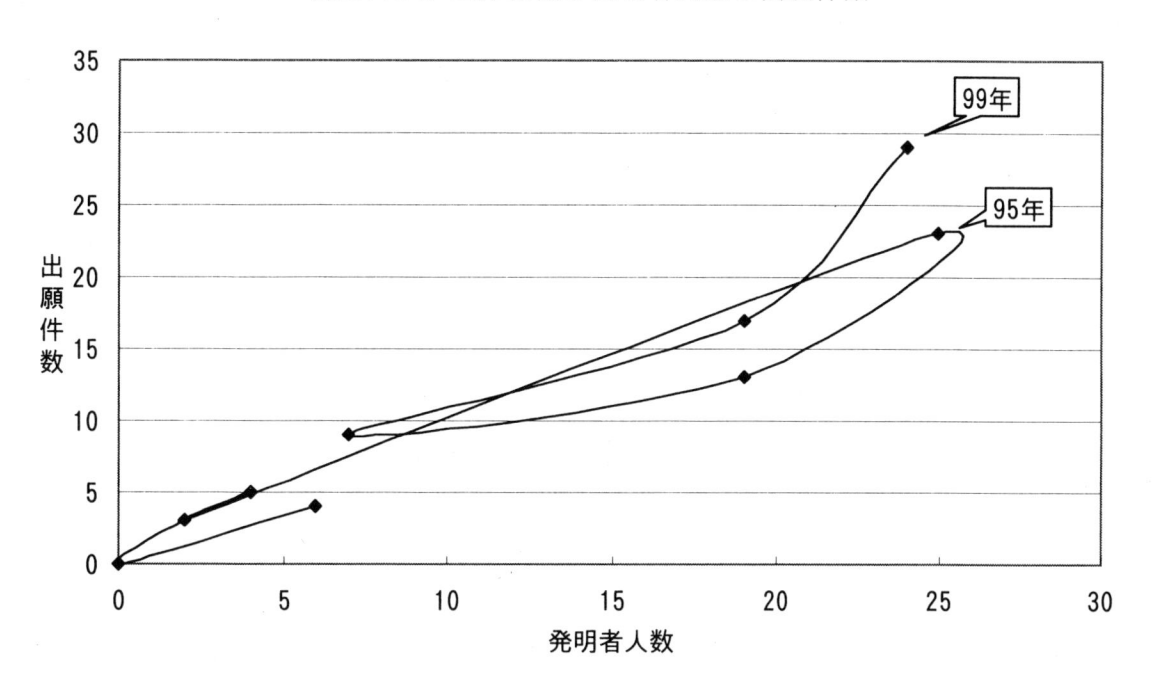

1991～2001年7月までに公開された出願

2.7.4 技術開発課題対応保有特許の概要

表 2.7.4-1 三洋電機の技術開発課題対応保有特許の概要(1/4)

技術要素／課題	特許no	特許分類	概要（解決手段要旨）
1) パネルの表示制御			
視認性・画質改善	特開2000-196772	H04M 11/00 302; G06F 13/00 354; H04Q 7/14; H04M 1/72	メッセージを一覧表示する際に、カーソルの表示と優先／通常などのメッセージ種別表示とを兼用して表示する。
視認性・画質改善	特開2001-22507	G06F 3/023; H03M 11/04; H03M 11/22; H04M 1/00	長文メッセージの場合は、全角から半角に変換し、さらに行間隔を詰めて表示する。
視認性・画質改善	特開2000-59474;特開2000-66801;特開2000-209627;特開2000-270058;特開2000-286996;特開2001-22327;特開2001-127845;特開2001-147797;特開2001-186226;特開2001-186227		
アミューズメント性	特開平11-146044	H04M 1/00; H04Q 7/38; H04M 1/274	一定時間操作されないことを検出した場合、表示部に電話動作と関係のない表示、例えば複数の図柄情報から選択された図柄情報を間欠的に表示させる。図柄情報がランダムに選択されるので意外性があり、間欠的に動くので面白みがあるだけでなく動作中であることが認識される。
小型・軽量化	特開平9-322257		
入力操作性	特開平9-275441	H04M 1/274	電話番号と名前と電話相手先のグループ名を表示するためのアイコンとが関連づけられて記憶されており、グループ名を指定すると、アイコンとともに氏名リストが表示される。
入力操作性	特開平7-336426;特開2000-49913;特開2000-78252;特開2000-106595;特開2000-347791;特開2000-358097;特開2001-22327;特開2001-53889		
編集の容易性	特開平11-8823		
電力低減化	特許3133560;特許3208294		
セキュリティ改善	特開2001-8268;特開2001-217924		
静粛性の確保	特開平9-163451	H04Q 7/38; H04Q 7/38; H04Q 7/14; H04M 1/00; H04M 1/00	呼び出されたときに筐体を叩くなどの動作をセンサが検知して、呼び出し音を停止、または他の表示に切り替える。
静粛性の確保	特開2000-50353	H04Q 7/38	間欠受信した周辺基地局から送信される制御信号と、記憶してある制御信号とが一致した場合、自動的にマナーモードに設定する。
使用制約の自動化	特許2963045		
条件に応じた制御	特開平8-154272	H04Q 7/38	圏外で回線接続が出来なかったとき電話番号を記憶し、圏内に移動したとき電話番号を表示する。
条件に応じた制御	特許3081524	H04Q 7/38; H04M 1/725	通信不能と判断されたとき、表示パネルにダイヤルキーの表示をせず、通信不能の理由を表示する。
条件に応じた制御	特開平8-307550;特開2000-224274;特開2000-253105;特開2001-111875		

表 2.7.4-1 三洋電機の技術開発課題対応保有特許の概要(2/4)

技術要素／課題	特許no	特許分類	概要（解決手段要旨）
2) パネルの状態表示			
動作状態に応じた正確で、認識容易な表示	特開2001-126778	H01M 10/48; G01R 19/165; G01R 31/36; H02J 7/00; H04B 7/26; H04Q 7/38	残量レベルおよび電池温度と電池の電圧降下に相当する補正値とを対応付ける補正テーブルを、照明点灯中、振動モータの動作中、ゲーム機能の動作中などの動作状態ごとに記憶する。上記補正テーブルを用いて、現在の残量レベルを補正し精度良く表示する。
動作状態に応じた正確で、認識容易な表示	特許3182310	H04M 1/725; H04B 1/38; H04B 7/26; H04Q 7/38	電池充電時に、基準電圧を超えても直ぐに表示アイコンを切り替えず、一定時間経ってから切り替えるので電池残量が正確に表示できる。
動作状態に応じた正確で、認識容易な表示	特開2000-307689;特開2001-103671		
警告情報	特許3157442	H04B 7/26; H04M 1/02	二次電池を主電源に、乾電池を補助電源に使用する携帯電話において、二次電池使用の場合は電池残量を表示する。
使用可能時間および機能の表示	特許3157442	H04B 7/26; H04M 1/02	二次電池を主電源に、乾電池を補助電源に使用する携帯電話において、乾電池使用の場合は乾電池であることを表示するとともに通話時間に制限を設ける。
使用可能時間および機能の表示	特開平6-164495		
電波状態の表示	特公平6-48802	H04B 7/26 109 H04B 7/26	受信信号のレベルに応じて雑音検出レベルを変化させ、高精度に通話圏内・圏外情報を表示する。
電波状態の表示	特開平8-181649;特開平11-27729;特開2000-165933;特開2000-286933;特開2000-295327;特開2001-95046;特開2001-127850;特許3148572		
使用動作状態の表示	特開平8-214085;特開平9-149443		
3) パネルのサービス情報表示			
ガイド情報	特許3015708	H04Q 7/38; H04Q 7/34	グループ化された複数の携帯端末のグループ情報を基地局で管理することにより、特定のグループ内携帯端末の移動情報を他の携帯端末に表示する。
ガイド情報	特開平9-98481;特開平10-164661;特開2000-287271		
送受信情報	特開平9-55818		
4) パネルの発着信・メッセージ情報表示			
着信時の表示	特開平6-268586	H04B 7/26 113Z	呼出メッセージの受信に対して、応答メッセージを送信し、その後所定時間内に通話チャンネル割当メッセージを受信できない場合は、その旨を報知する。
着信時の表示	特開平8-256375；特開2000-244613		
発信時の表示	特開2001-77905	H04M 1/57; H04M 1/00; H04M 3/42	制御部は、通信中に切断メッセージを受信し、その切断の理由が電話番号非通知によるものであると判定した場合には、電話番号の通知を許可して再度発呼する。
発信時の表示	特開平9-153955		

表 2.7.4-1 三洋電機の技術開発課題対応保有特許の概要(3/4)

技術要素／課題	特許no	特許分類	概要（解決手段要旨）
通話情報の表示	特開2001-127845	H04M 1/00; H04M 1/65; H04M 11/00 303	メッセージテーブルは応答できない旨を示す複数の文字メッセージを記憶する。CPUは着呼があったとき、電話機の状態に応じて1つの文字メッセージを選択し、選択された文字メッセージを呼接続する前に送信する。
メッセージの表示	特開平8-331270；特開2000-115844；特開2000-174905		
留守番電話・ボイスメールの表示	特開平6-62108；特開平11-163982		

5）発光表示			
着信認知	特開2001-111656	H04M 1/00; H04Q 7/38	ユーザがテンキーのそれぞれのキーを押下操作し、CPUが着信ランプのそれぞれのLEDに接続された抵抗の抵抗値を変えるよう点灯制御部を制御することにより、ユーザは着信時における着信ランプの色と光の強さを設定することができる。
着信認知	特開2000-253105		
電池状態表示・電池消耗防止	特開2000-232501	H04M 1/00; H04M 1/02; H04M 1/02	カバーが閉じている状態で表示部で露出する位置に報知灯を設け、閉じた状態で報知灯を点滅して着信をわかるようにした。カバーが開いているときには点灯しない。
電池状態表示・電池消耗防止	特許3162934	H04B 1/38; H04M 1/02; H04Q 7/32; H04Q 7/38	通話時の表示部および、キー操作部の照明が自動的に消灯されるため、無駄な電力消費を防ぎ、携帯用無線電話装置の連続通話時間の増加が可能となる。

6）可聴表示			
着信認知	特開平9-163451	H04Q 7/38; H04Q 7/38; H04Q 7/14; H04M 1/00; H04M 1/00	無線呼出機能付き無線電話装置において、筐体を叩くなどの操作を検出する手段を備え、それにより呼出音を停止、または音以外の呼出手段への切り換え、無線呼出モードへの移行を行う。
着信認知	特開2000-152323	H04Q 7/38; H04M 1/00	着信音を発生させることにより着呼通知を行なう携帯通信端末の着信音制御装置において、携帯通信端末の姿勢を検出する姿勢検出手段と、姿勢検出手段が検出した姿勢に基づいて着信音量を制御する。
着信認知	特開平9-261307；特開平11-331318；特開平11-331322；特開2000-358097；特許2966754；特許2995032		
警報	特開2001-78253		
着信応答	特開平10-136081；特開平11-346253		
通信接続状態	特開平8-214085	H04M 11/06; H04Q 7/38	通話中に非通話データの通信を行っている場合には、ユーザが切ボタン操作をしても、警告音を発し、回線切断を指示しない。データ通信中、残りデータ量や通信終了を表示や音で報知する。
通信接続状態	特許2963045	H04Q 7/38; H04Q 7/38	データ通信が開始された場合に、表示部に携帯型通信装置の移動を禁止する旨の移動禁止案内画像を表示して、使用者に移動の禁止を知らせる。具体的な表示の仕方としては、例えば「データ伝送中につき歩かないで下さい。」の表示を行う。データ通信が終了したら、移動禁止案内画像は表示部から消去される。
通信接続状態	特開2000-286926；特許3167618		
電池状態表示・電池消耗防止	特許3157442		

表 2.7.4-1 三洋電機の技術開発課題対応保有特許の概要(4/4)

技術要素／課題	特許no	特許分類	概要（解決手段要旨）
7) 振動表示			
着信認知	特開平9-261307	H04M 1/00; H04M 1/00; H04Q 7/38	充電器に設け、携帯電話機が充電器に装置した際に、磁力を持った被連動部が携帯電話機のスイッチ部に作用する。その作用による検出信号は制御部に入力され、その入力があったときには、着信を着信音報知手段で報知することで、振動モードでの着信が充電器に装置された携帯電話機ではで起こらず、充電器の破損や、携帯電話機が充電器との振動によるこすれで傷ついたりしない。
着信認知	特開平11-98225	H04M 1/00; H04M 1/00; H04B 7/26; H04Q 7/06; H04Q 7/08; H04Q 7/12	振動が逐次大きくなるようにバイブレータを制御する制御回路を備える。
着信認知	特開平11-331322	H04M 1/00; H04M 1/00; B06B 1/04; H04Q 7/38; G10K 9/12	公衆面前モードに切り替える公衆面前キーと、公衆面前キーにより公衆面前モードに設定されると、マイクロホンの感度を上げさせあるいは所定の感度以上に制御し、かつ着信音を無音あるいは小さくあるいは所定の音量以下に制御し、かつ着信時に前記バイブレータの振動を発生させる制御回路を備える。
着信認知	特開平9-163451;特開平10-79779;特開2000-50353;特開2000-165933;特許2931554		

2.8 埼玉日本電気

埼玉日本電気は日本電気の関連会社であり、携帯電話の生産基地である。
特許出願は1995年以降非常に活発であり、発明者数、出願件数ともに増加の一途である。表1.4.6-1に示すようにLEDやLCDを用いた発光表示技術の出願が多い。

2.8.1 企業の概要

表2.8.1-1 埼玉日本電気の企業の概要

1)	商号	埼玉日本電気株式会社
2)	設立年月日	－
3)	資本金	－
4)	従業員	－
5)	事業内容	携帯電話の開発・製造
6)	技術・資本提携関係	日本電気の関連会社
7)	事業所	－
8)	関連会社	（国内）　日本電気
9)	業績推移	－
10)	主要製品	携帯電話機（NTTドコモ向け、J-フォン向け）
11)	主な取引先	（販売）日本電気　　（仕入）　日本電気
12)	技術移転窓口	技術管理部　埼玉県児玉郡神川町元原300-18　TEL0495-77-3311

2.8.2 製品例

日本電気と同じ

2.8.3 技術開発拠点と研究者

埼玉県：本社（特許公報記載の発明者住所による）

図2.8.3-1 埼玉日本電気の発明者数と出願件数推移

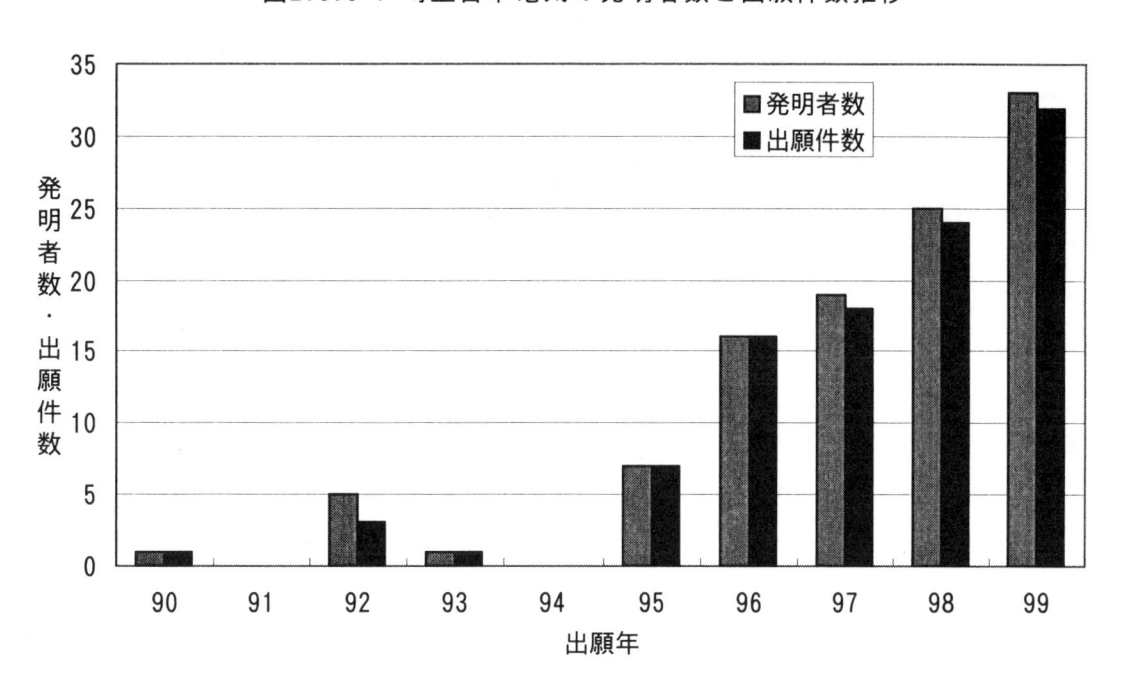

図2.8.3-2 埼玉日本電気の発明者数と出願件数推移

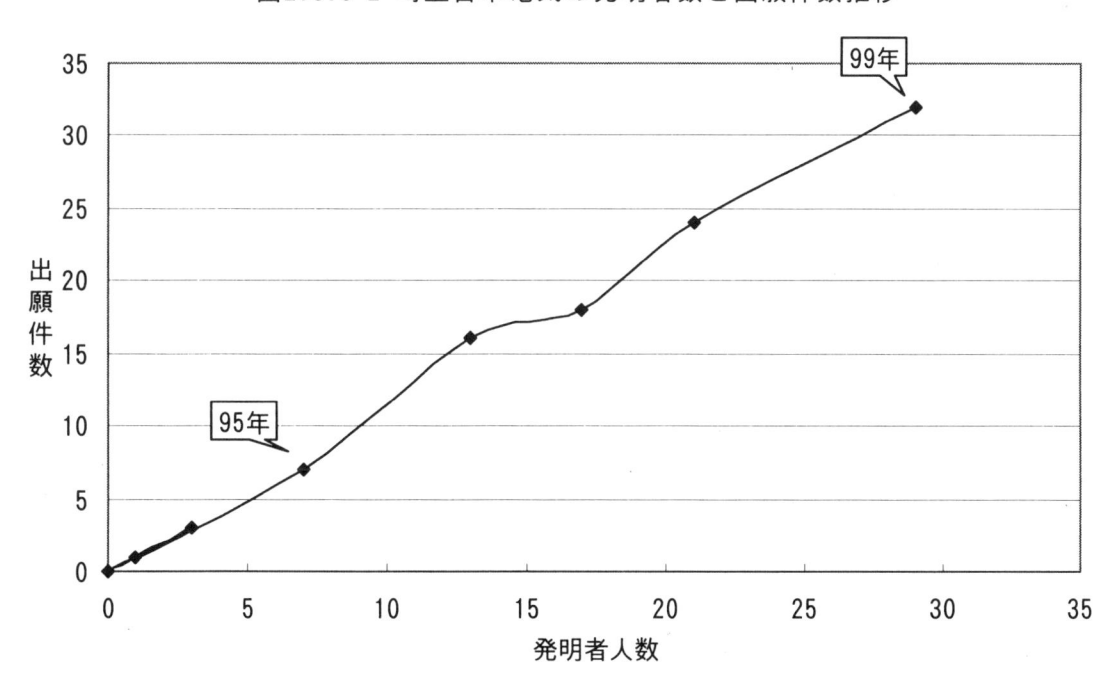

1991～2001年7月までに公開された出願

2.8.4 技術開発課題対応保有特許の概要

表 2.8.4-1 埼玉日本電気の技術開発課題対応保有特許の概要(1/3)

技術要素／課題	特許no	特許分類	概要（解決手段要旨）
1) パネルの表示制御			
視認性・画質改善	特開2001-228825	G09G 3/34; G02F 1/133 535; G09F 9/00 337; G09F 9/00 366; G09G 3/20 680; G09G 3/32; G09G 3/36; H04Q 7/38; H04M 1/22	周囲の明暗に応じて、メモリに格納されている点灯時間の情報を読み出し、暗い場所では点灯時間を長くする。
視認性・画質改善	特許3033639	G09G 5/26 630; G06F 3/153 310; G09G 3/36; H04Q 7/38; H04Q 7/38	画面切替えキーの操作により、画面に標準文字と拡大文字を切替えて表示する。
視認性・画質改善	特開平11-275207;特開2000-174882;特開2001-45114;特開2001-127872;特開2001-156893;特許3130837		
アミューズメント性	特許2933617		
大容量データの表示	特開2001-86205;特開2001-217916		
小型・軽量化	特許2731779	H04Q 7/32; H04M 1/00; H04M 11/00 302; H04Q 7/38	回転ダイヤルにより音量調整を行うとともに、漢字変換の操作を行うときは、変換候補の漢字を順次表示する。
小型・軽量化	特開平10-304451		
入力操作性	特開2000-261544	H04M 1/72; H04Q 7/38; H04M 1/00	過去に使用した機能の機能名を機能履歴情報として記憶し、キーを操作すると機能履歴情報を表示し、この中の機能名の一つを選択し実行する。
入力操作性	特開2000-276473	G06F 17/30; G06F 17/30; H04Q 7/38; H04M 1/274	検索対象の名前の先頭1文字を入力し検索した結果、多くの件数が表示された場合、次の文字を追加して検索し、検索対象の名前を絞り込む。
入力操作性	特開2000-349867;特開2000-349885;特許2933544;特許3048974;特許3123990		
編集の容易性	特開2001-136266		
電力低減化	特開2000-307719	H04M 1/72; H04B 7/26; H04Q 7/38; H04M 1/00; H04M 1/02; H04M 1/02	距離測定センサを用いて、表示部に物体が接近して表示部を見ることができない状態を検知すると、照明を行わない。
電力低減化	特開2001-53875	H04M 1/73; H04Q 7/38; H04M 1/02; H04M 1/22; H04M 1/247	照明調整キーを操作することにより照明の強さを可変とし、周囲の明るさに応じて照明の強さを調整する。
電力低減化	特許2891935	H04M 1/22; H04Q 7/32	通話開始とともにバックライトを消灯し、通話終了とともにバックライトを点灯する。

表 2.8.4-1 埼玉日本電気の技術開発課題対応保有特許の概要(2/3)

技術要素／課題	特許no	特許分類	概要（解決手段要旨）
電力低減化	特許2972710	H04M 1/22; H04B 1/40; H04Q 7/32	キー入力操作後一定時間が経過しなくても、バックライトキーが押されるとバックライトを消灯する。
電力低減化	特開2000-278748；特開2000-324238；特開2000-358096		
使用制約の自動化	特開平11-112633		
情報表示の正確性	特開2001-77888		
条件に応じた制御	特開2000-358085		

2) パネルの状態表示			
動作状態に応じた正確で、認識容易な表示	特許2957530		
警告情報	特許3056074	H02J 7/00; G01R 31/36; H01M 10/48 301; H04B 7/26	電池識別部がリチウムイオン電池が使用されていることを検知し、かつ温度検出部が周囲の温度が低温であることを検知した場合、表示部が点滅表示して、周囲が低温の場合に容量劣化の少ない電池に交換するよう促す。
使用動作状態の表示	特許2954082		

3) パネルのサービス情報表示			
ガイド情報	特許3012619		

4) パネルの発着信・メッセージ情報表示			
発信時の表示	特開平10-66126；特開2000-244625		
着信時の表示	特開2000-278399	H04M 1/65; H04Q 7/38; H04M 1/57	伝言および着信履歴を記憶した後に、着信履歴記憶部から着信履歴を抽出する抽出手段と、着信履歴と伝言があった旨とを表示部に表示する表示手段とを備える。
着信時の表示	特開2000-324545；特開2001-77907		
通話情報の表示	特開2000-276473		
留守番電話・ボイスメールの表示	特開2000-307713		

5) 発光表示			
着信認知	特開2001-103131	H04M 1/00; G08B 5/36; H02J 1/00 307; H04M 1/02; H04M 1/73	レンズを通して発光色が異なる複数の種類のLEDを発光し、多色発光で着信を視覚的に通知する多色着信LEDと、着信時に、多色着信LEDを構成する1つのLEDを順番に一定時間ONにするLED制御回路とを備える。
着信認知	特開2001-217904	H04M 1/00; H04M 1/00; H04Q 7/38; H04M 1/02; H04M 1/22; H04M 1/23; H04M 11/00 302	操作キー部の複数のキーが透光性部材からなるとともに、この複数のキーの底部側にそれぞれ配設される複数の発光部を備え、この複数の発光部が、電話機動作に応じて、同時または個別に発光して操作キー部の複数のキーを点灯または点滅させる。

表 2.8.4-1 埼玉日本電気の技術開発課題対応保有特許の概要(3/3)

技術要素／課題	特許no	特許分類	概要（解決手段要旨）
着信認知	特許2944582	H04M 1/72; H04M 1/00; H04M 1/03; H04Q 7/38	折り畳んだときに発光部の光を検出でき、開いた状態では発光部の光を検出できないように発光部と光検出部とを配置し、着信時に発光部の発光が開始した後、光検出部が光を検出しないときは、通話開始操作を行わなくても自動的に通話モードに移行する。
着信認知	特許3130837	H04M 1/02; H04M 1/02; H04Q 7/38	折り畳み式携帯電話の第1の筐体および第2の筐体のいずれかに第1の表示器および第2の表示器が隣接して設けられ、折り畳んだ時には筐体表面に設けたスイッチで第2の筐体（側面）の表示器が発光する。
着信認知	特開2000-69130;特開2001-60995;特開2001-86205;特開2001-127842;特許2872162		
状態確認	特開2001-86217		
6）可聴表示			
着信認知	特開2000-358085	H04M 1/00; H04M 1/00; H02J 7/00; H02J 7/00 301; H04B 7/26;	充電中の着信はすべてリンガーにより報知し、非充電中の着信はあらかじめ設定されたリンガまたはバイブレータにより報知する。
着信認知	特許2872162	H04Q 7/38; H04M 1/00; H04M 1/00	音と振動報知手段を持ち、移動中電界レベルが所定の電界レベルの範囲を越えない場合には、有音による可聴着信報知を行う。
着信認知	特許3033725	H04M 1/00; H04M 1/00; H04M 1/725; G04B 25/04; G04G 1/00 312	携帯電話機の前面と裏面に温度センサを備え、前面と裏面の温度差を検出しなおかつマイクの騒音レベルも測定して静粛環境であるかの検出を行う。人体装着時には携帯電話機の前面と裏面の温度差が出来るので温度センサが温度差を検出し、またマイクで騒音レベルも測定しているので人体装着状態の有無と静粛環境下であることを検出し、着信や時刻の通知をサウンダーからバイブレータへ切り替える。
着信認知	特開2001-217904		
警報	特許2793551		
着信応答	特開2001-144851;特許2938059;特許3005459		
通信接続状態	特許2793557;特許2891939;特許2957530;特許2972592;特許3037203		
電池状態表示・電池消耗防止	特開2000-295782		

技術要素／課題	特許no	特許分類	概要（解決手段要旨）
7）振動表示			
着信認知	特許2872162	H04Q 7/38; H04M 1/00; H04M 1/00	音と振動報知手段を持ち、移動中受信電波の電界レベルが所定時間内にある電界レベルの範囲を超えて変化した場合には、振動による非可聴着信報知を行う。
着信認知	特許2872171	H04M 1/00; H04M 1/00; H04B 7/26	携帯電話機本体にも振動発生手段を持たせ、着信があった場合まず本体を振動させる。一定時間に応答がない場合、スイッチを制御部が切り替えて発信器を使用してリモコン振動器を振動させる。
着信認知	特開2000-358085;特許3033725		
電池状態表示・電池消耗防止	特許3056110		

2.9 京セラ

京セラは、1996年以降出願件数を大幅に伸ばしている。表1.4.8-1に示すように振動表示に関する出願が多い。

2.9.1 企業の概要

表2.9.1-1 京セラの企業の概要

1)	商号	京セラ株式会社
2)	設立年月日	1959（昭和34）年4月1日
3)	資本金	1,157億300万円
4)	従業員	14,659名（2001年3月現在）
5)	事業内容	ファインセラミック関連事業 電子デバイス事業 機器関連事業 その他
6)	技術・資本 提携関係	―
7)	事業所	（本社）京都　（事業所）東京、神奈川、福島、北海道、大阪、京都
8)	関連会社	（国内）京セラミタ、京セラミタジャパン、京セラコミュニケーションシステム、京セラオプティック （海外）KYOCERA WIRELESS、KYOCERA ASIA PACIFIC PTE.LTD、KYOCERA MITA AMERICA、KYOCERA MITA (U.K) LTD
9)	業績推移	（売上高）　　（経常利益）　単位：百万円 1997年3月　　　524,030　　　　96,907 1998年3月　　　491,739　　　　65,737 1999年3月　　　453,595　　　　52,009 2000年3月　　　507,802　　　　69,471 2001年3月　　　652,510　　　114,500
10)	主要製品	携帯電話機（au向け、ツーカー向け、J-フォン向け） PHS関連機器（DDIポケット向け）
11)	主な取引先	（仕入）日星産業、丸紅、岩谷産業、東京高級炉材 （販売）富士通、日本電気、松下電器、三菱電機、東芝、ソニー、三洋電機、日立、シャープ
12)	技術移転窓口	―

2.9.2 製品例

表2.9.2-1 京セラの製品例(1/2)

要素技術	製品	製品名	発売時期	出典
・パネルの表示制御 ・発光表示	PHS	PS-T25	1999年12月（リリース情報）	日経モバイル、2000年5月号

表2.9.2-1 京セラの製品例(2/2)

要素技術	製品	製品名	発売時期	出典
・パネルの表示制御 ・可聴表示	携帯	THZ11	———	日経モバイル、1998年4月号
	携帯	HD-52K	———	日経モバイル、1998年6月号
・パネルのサービス表示	携帯	C3002K	———	日経モバイル、2002年1月号
・パネルのサービス表示 ・可聴表示	PHS	PS-C1	2001年2月予定	日経モバイル、2001年1月号
・振動表示	携帯	TH163	———	モバイルメディアマガジン、1997年5月号

2.9.3 技術開発拠点と研究者

東京都：東京用賀事業所
神奈川県：横浜事業所
福島県：福島棚倉工場
北海道：北海道北見工場

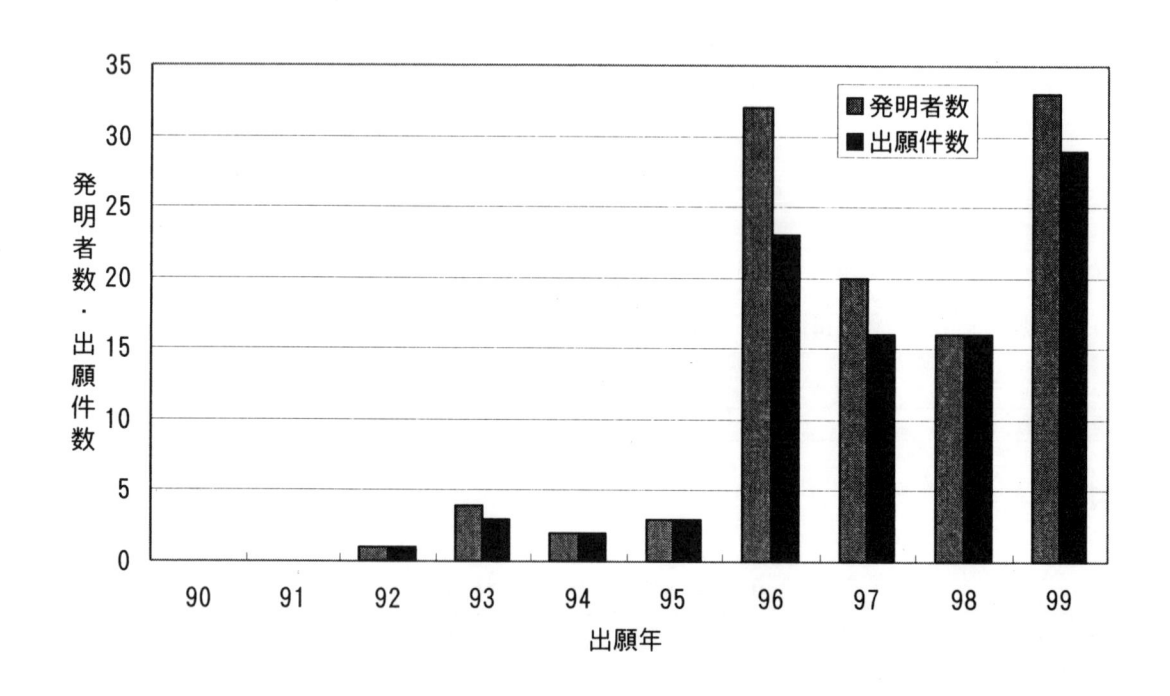

図2.9.3-1 京セラの発明者数と出願件数推移

図2.9.3-2 京セラの発明者人数と出願件数

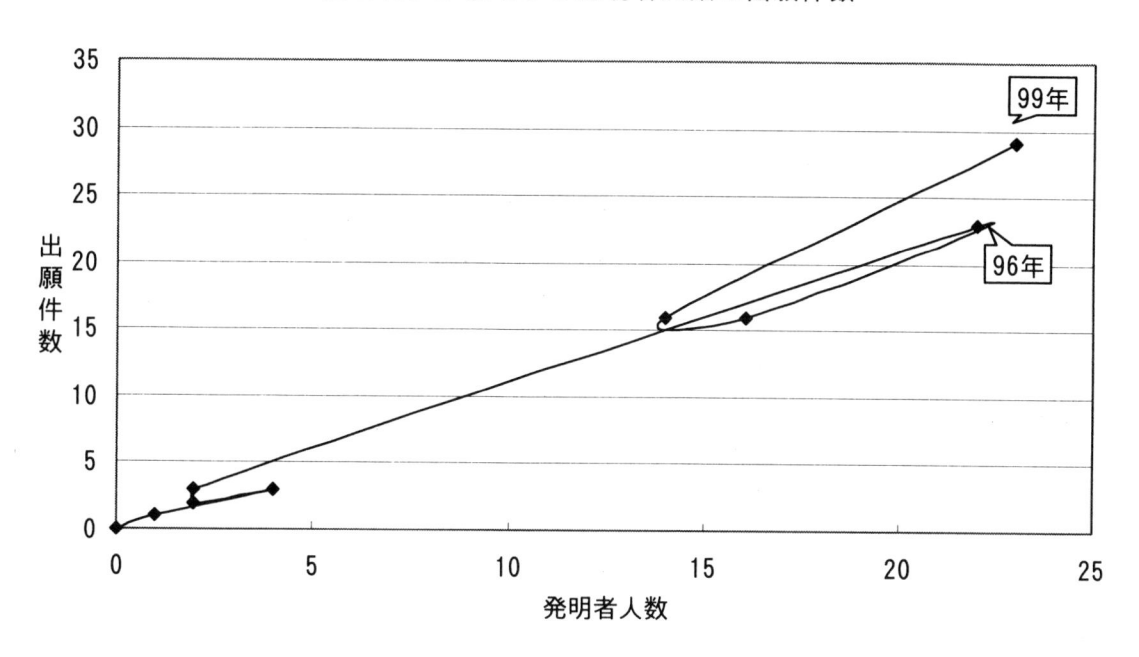

1991～2001年7月までに公開された出願

2.9.4 技術開発課題対応保有特許の概要

表 2.9.4-1 京セラの技術開発課題対応保有特許の概要(1/3)

技術要素/課題	特許no	特許分類	概要（解決手段要旨）
1) パネルの表示制御			
視認性・画質改善	特開平10-145853	H04Q 7/38	基地局から位置情報と周辺地域情報とを受信して表示する際に、方向検知部で検知した方向に基づいて表示方向を定める。
視認性・画質改善	特開2000-332916	H04M 11/06; H04Q 7/38; H04Q 7/38; H04M 1/65; H04N 7/14; H04Q 7/38	あらかじめ使用者の顔などの応答画像を登録しておき、留守番応答の際、応答画像を送信する。
視認性・画質改善	特開2001-186234	H04M 1/27; H04Q 7/38; H04Q 7/38; H04M 1/00; H04M 1/56; H04M 1/57; H04M 11/02	受信時に送られてきた画像を受信履歴に関連付けて格納しておき、受信履歴参照時に格納した画像を表示する。
視認性・画質改善	特開2000-332878		
大容量データの表示	特開2000-324544		
高速化	特開平11-187371;特開平11-187468;特開2000-324547;特開2001-94658		
小型・軽量化	特開平11-136653;特開2000-69180		
入力操作性	特開平11-136337	H04M 1/274; H04Q 7/38; H04M 1/00; H04M 1/02	メモリに格納されている電話帳および住所録の登録件数に応じてスクロール表示速度を可変にする。
入力操作性	特開2001-69564	H04Q 7/38; H04Q 7/38; H04Q 7/34; H04M 1/00; H04M 1/274	携帯電話に格納された電話番号リストから現在の場所に対応する電話番号を選択して表示する。
入力操作性	特開平10-70597;特開平11-136750;特開平11-220765;特開2000-22797;特開2000-49966;特開2001-94657		
編集の容易性	特開平10-308981;特開2001-156904		
電力低減化	特開平10-164188;特開2000-333252;特開2001-103153;特開2001-230859		
セキュリティ改善	特開2000-184050	H04M 1/60; H04B 1/40; H04Q 7/38; H04Q 7/38; H04N 7/14	登録してある顔画像と、入力した顔画像とが一致した場合、不正使用を防止するためのロック機能を解除する。
セキュリティ改善	特開2000-196732;特開2000-332908;特開2001-156884		
静粛性の確保	特開2000-332861;特開2001-36609;特開2001-45563		
情報表示の正確性	特開平10-145859		
条件に応じた制御	特開平9-8902	H04M 1/65; H04B 1/40; H04Q 7/38	「メモ録音」、「留守録音」などの録音種別情報を消去時に表示し、指定された種別情報に一致する録音番号の録音内容を消去する。
条件に応じた制御	特開2001-175229	G09G 3/36; G09G 3/20; G09G 3/20 612; H04Q 7/38; H04M 1/02; H04M 1/725	電池残量をバックライトの点灯パターンにより表示する。
条件に応じた制御	特開平10-164274;特開平11-136324;特許3211111		

表 2.9.4-1 京セラの技術開発課題対応保有特許の概要(2/3)

技術要素／課題	特許no	特許分類	概要（解決手段要旨）
2) パネルの状態表示			
動作状態に応じた正確で、認識容易な表示	特開2001-175229	G09G 3/36; G09G 3/20; G09G 3/20 612; H04Q 7/38; H04M 1/02; H04M 1/725	電池残量をバックライトの点灯パターンにより表示する。
動作状態に応じた正確で、認識容易な表示	特開平8-65230;特開平11-164487;特開2001-156895		
警告情報	特開2001-215944		
電波状態の表示	特開2000-184458;特開2001-36320;特開2001-69572		
回線状態の表示	特開平9-191491;特開2000-23254		
3) パネルのサービス情報表示			
生活・娯楽情報	特開2001-36669	H04M 11/08; G10L 19/00; H04Q 7/38; H04M 3/42; H04M 3/487	歌詞を表示するとともに、音楽に同期して歌詞にアンダーラインを引く。
ガイド情報	特開平9-36950;特開2001-124581		
送受信情報	特開2000-49967	H04M 11/00 303; H04Q 7/38; H04M 1/274	携帯端末から情報提供サーバにアクセスし、案内画面に従って通話相手先名および通話相手番号を表示し、これらの情報を電話帳に格納する。
4) パネルの発着信・メッセージ情報表示			
着信時の表示	特開2001-186234	H04M 1/27; H04Q 7/38; H04M 1/00; H04M 1/56; H04M 1/57; H04M 11/02	無線処理部と情報処理部と表示部とデータベース部を備えた携帯電話機において、受信履歴をデータベース部に格納するとともに、受信時に送られてきた画像を履歴に関連付けて格納し、受信履歴参照時に取得した画像を表示する。
着信時の表示	特開2001-45563		
通話情報の表示	特開平11-164355	H04Q 7/38	移動体通信機からの要求により、中継基地局の通信サービスエリア内の回線品質情報を総合基地局に送信し、これらを記憶装置にある地理データとリンクさせ１つの映像情報とし、中継基地局を介して移動体通信機に送信し、視覚的に表示する。
通話情報の表示	特開2001-103567		
メッセージの表示	特開平11-341567		
留守番電話・ボイスメールの表示	特開2000-332916		
Ｅメールの表示	特開平10-224861		
5) 発光表示			
着信認知	特開平10-224861	H04Q 7/38; G06F 13/00 351; H04B 1/40	音声通信であると判別された場合に音声通信の着信があることを報知し、オフフック操作を検出して通話を開始させ、電子メールであると判別された場合に自動的に電子メールの受信を開始しメモリに蓄積する。
着信認知	特開平11-234750	H04Q 7/38; H04M 1/02; H04M 1/21	通信装置本体と別体として使用される着信通知手段を腕時計に内蔵させるとともに、通信装置本体への着信を着信通知手段を動作させることにより通知するとともに、通信装置本体が受信する通話相手から送られてくるメッセージを腕時計に設けられた表示部に表示させる。

表 2.9.4-1 京セラの技術開発課題対応保有特許の概要(3/3)

技術要素／課題	特許no	特許分類	概要（解決手段要旨）
着信認知	特許3197496	H04Q 7/38	着呼LEDと状態表示LEDを2～3個程度、好ましくは2個に限定し、2つのLEDと点滅状態との組合せにより、多様な状態表示を容易に区別して加入者に認識させる。
着信認知	特開2000-98927		

6) 可聴表示			
着信認知	特開平9-238178	H04M 1/00; H04M 1/57	着信時に網から送られてくる発信番号が、メモリの電話帳データに存在する場合、呼出音を通常のものとは変えて鳴らす。
着信認知	特開2000-197135	H04Q 7/38; H04Q 7/38; H04M 1/00	発呼信号に含まれるサブアドレスに着信報知音声などをのせて送信する。着信側ではサブアドレスの着信報知情報を取り込んで着信報知音声として出力する。
着信認知	特開2001-36609		
警報	特開平11-341567		
着信応答	特開平9-36950;特開2000-332908		

7) 振動表示			
着信認知	特開平9-261304	H04M 1/00; H04M 1/00; H04Q 7/38	携帯電話機本体が着信を検知してバイブレータを振動させた後、携帯電話機本体の着信ボタンをセットすることにより通話が開始されるとバイブレータの振動が自動的に終了する。
着信認知	特開平9-266589	H04Q 7/38; H04M 1/00; H04M 1/00	携帯電話本体からバイブレータに着信を知らせるメッセージの少なくも一部を複数回送出するようにしたことを特徴とする携帯電話の着信通知システム。
着信認知	特開平9-266592	H04Q 7/38; H04M 1/00; H04M 1/00	着信装置に送信キャリアの検出手段と、ID信号受信手段と、送信キャリアの種類およびIDを設定する手段とを設け、前記送信キャリアのキャリアの種類と設定したキャリアの種類が一致した時または受信したIDが設定していたIDと一致していたときにモータを駆動させて着信装置を振動させるように構成したことを特徴とする携帯電話のマルチモード対応着信装置。
着信認知	特開平11-187090	H04M 1/00; H04M 1/00; H04Q 7/38	着信時に振動センサにより携帯電話機の状態を検知しバイブレータまたはリンガーを動作させるように構成した。
着信認知	特開平11-234750	H04Q 7/38; H04M 1/02; H04M 1/21	通信装置本体と別体として使用される着信通知手段を腕時計に内蔵させるとともに、通信装置本体への着信を着信通知手段を動作させることにより通知するとともに、通信装置本体が受信する通話相手から送られてくるメッセージを腕時計に設けられた表示部に表示させる。
着信認知	実用新案登録3034031;実用新案登録3034033;実用新案登録3036290;特開平9-149460;特開平9-261302;特開平9-261303;特開平9-261305;特開平9-261306;特開平9-266591;特開平10-42024;特開平10-42025;特開平10-136060;特開平11-187089;特許3131183		
電池状態表示・電池消耗防止	特開2000-78247		

2.10 カシオ計算機

　カシオ計算機はau向け携帯電話を主力としている。発明者数および出願件数はともに1995年に急増し、それ以降ほぼ同水準で推移している。

2.10.1 企業の概要

表2.10.1-1 カシオ計算機の企業の概要

1)	商号	カシオ計算機株式会社
2)	設立年月日	1957（昭和32）年6月1日
3)	資本金	415億4,945万円
4)	従業員	3,407名（2001年3月現在）
5)	事業内容	エレクトロニクス事業 デバイスその他事業
6)	技術・資本提携関係	－
7)	事業所	（本社）東京　羽村技術センター、東京事業所、八王子研究所、青梅事業所
8)	関連会社	（国内）カシオテクノ、山形カシオ、カシオマイクロニクス （海外）CASIO Inc、CASIO Manufacturing Corp、カシオソフト（上海）有限公司、CASIO Korea、CASIO Taiwan
9)	業績推移	（売上高）　　（経常利益）　　単位：百万円 1997年3月　　　　　346,465　　　　10,494 1998年3月　　　　　384,040　　　　25,937 1999年3月　　　　　345,426　　　　 3,809 2000年3月　　　　　311,289　　　　 7,373 2001年3月　　　　　341,361　　　　 6,404
10)	主要製品	携帯電話機（au向け） PHS（DDIポケット向け）
11)	主な取引先	（仕入）リョーサン、沖電気、松下電器、富士通デバイス （販売）KDDI、NTTドコモ、ヨドバシカメラ
12)	技術移転窓口	－

2.10.2 製品例

表2.10.2-1 カシオ計算機の製品例

要素技術	製品	製品名	発売時期	出典
・パネルの表示制御 ・可聴表示	携帯	C452CA	────	auカタログ、2001年11月
・パネルのサービス表示	携帯	C409CA	────	日経モバイル、2001年5月号

2.10.3 技術開発拠点と研究者

東京都：本社（特許公報記載の発明者住所による）

図2.10.3-1 カシオ計算機の発明者数と出願件数推移

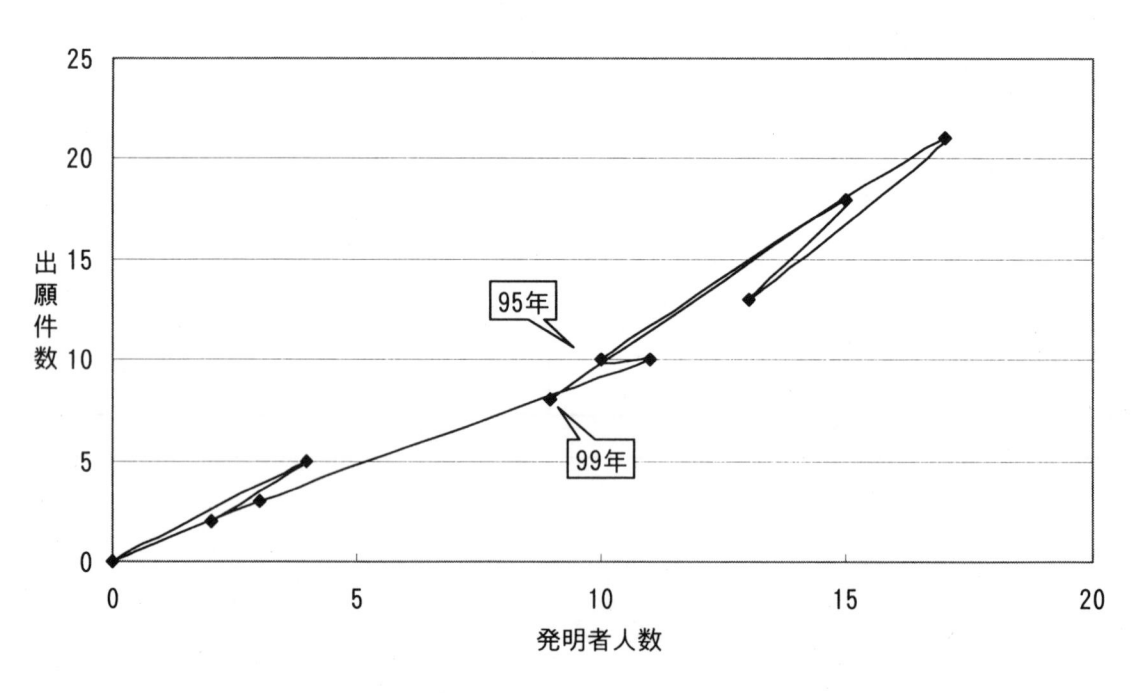

図2.10.3-2 カシオ計算機の発明者人数と出願件数

1991～2001年7月までに公開された出願

2.10.4 技術開発課題対応保有特許の概要

表 2.10.4-1 カシオ計算機の技術開発課題対応保有特許の概要(1/3)

技術要素／課題	特許no	特許分類	概要（解決手段要旨）
1) パネルの表示制御			
視認性・画質改善	特開2001-95055	H04Q 7/38; G06F 3/00 651; G06F 3/00 656; G06F 13/00 351; H04L 12/54; H04L 12/58; H04M 11/00 302	送信メールの本文中の任意位置にページを区切るための情報（"しおり情報"）を付加して送信する。受信側では、しおり情報を基準として改ページ操作を行うことができ、文字数が多いメールの視認性が向上する。
視認性・画質改善	特許3120592	H04Q 7/32; H04M 1/02	キー入力部が開閉可能であり、閉じた状態で外側に電話帳やスケジュールデータを表示する。
視認性・画質改善	特開平11-275202;特開平11-355413;特開2000-69149;特開2000-165956;特開2000-227786;特開2000-322030		
小型・軽量化	特開平10-126852	H04Q 7/38; G06F 3/16 310; G06F 17/30; G06F 17/30; G10L 3/00 551; H04B 7/26; H04M 3/42; H04M 11/08	入力された音声信号が音声ホストに送信され、ここで文字変換された後に文字データベースが検索され、検索結果である文書データが携帯端末に表示される。
小型・軽量化	特開平10-134004	G06F 15/02 310; G06F 3/02; G06F 13/00 351; G06F 13/00 351; H04Q 7/38; H04Q 7/38	携帯端末のカメラを用いて文字を含んだ画像データを読込みホストに転送する。ホストは画像データ中の文字を認識し、翻訳などの処理を行い、携帯端末に送信しこのデータを表示する。
小型・軽量化	特開平10-133847;特開平10-134047;特開平11-305712		
入力操作性	特開平9-238202	H04M 11/00 303; H04Q 7/38; H04Q 7/38; H04M 1/27	第1の表示モードでの画面から第2の表示モードに移行し、このモードでの処理完了後、再び第1の表示モードの画面に戻って表示する。
入力操作性	特開平10-177468;特開平10-190865;特開平11-234367;特開2001-22496;特開2001-177626;特開2001-188656		
編集の容易性	特開2001-101177	G06F 17/24; G06F 3/00 651; G06T 11/80; G09G 5/32 650; H04Q 7/38; H04M 1/247; H04M 11/00 302	画像と文字とを合成する際に、画像を表示した画面上の指定位置に、文字の割付け位置を表示する。
電力低減化	特開平10-136449		
セキュリティ改善	特開平8-331645	H04Q 7/38; H04Q 7/38; H04Q 7/38; H04M 1/66; H04M 3/42	入力した電話番号が登録された業務用の電話番号と一致するときは通話処理がなされ、一致しないときはエラーメッセージが表示される。
静粛性の確保	特開平9-325795		
条件に応じた制御	特許3194181	H04Q 7/38; H04Q 7/34	基地局番号を用いて現在位置を特定し、この位置が所定位置に一致した場合、登録した表示装置に報知する。
条件に応じた制御	特開平8-275240		

表 2.10.4-1 カシオ計算機の技術開発課題対応保有特許の概要(2/3)

技術要素／課題	特許no	特許分類	概要（解決手段要旨）
2) パネルの状態表示			
動作状態に応じた正確で、認識容易な表示	特開平11-183576		
電波状態の表示	特開平8-294165		
回線状態の表示	特開平11-136384		
使用動作状態の表示	特開平10-336326	H04M 3/42; H04M 3/42; H04Q 7/38; H04M 3/48; H04M 11/00 303	例えば「○○駅に到着しました。」というメッセージ、例えば「特定のサービスエリアに入る」という指定条件、および上記指定条件を満足した場合に実行すべき動作を指定し、呼設定メッセージとしてサーバに登録する。サーバでは、相手端末が公衆基地局のサービスエリアに入ると（指定条件）PHS端末にメッセージを送信する（指定動作）。PHS端末では、サーバから送信されてくるメッセージを表示部に表示する。
3) パネルのサービス情報表示			
ビジネス情報	特開平10-134004	G06F 15/02 310; G06F 3/02; G06F 13/00 351; G06F 13/00 351; H04Q 7/38; H04Q 7/38	携帯端末のカメラを用いて文字を含んだ画像データを読込みホストに転送する。ホストは画像データ中の文字を認識し、翻訳などの処理を行い、携帯端末に送信しこのデータを表示する。
ガイド情報	特開平11-98556	H04Q 7/34; H04Q 7/34; H04Q 7/38	サービス対象ユーザとして登録されている知人同士の各携帯端末装置が、それぞれ同一エリア移動したと判断された場合、各携帯端末装置内のスケジュールが読出され、現在時刻に照し合わせて両者共スケジュールは空きであると判断されると、当該エリア内の最適な待合場所が検索され、お互いが偶然近くにいることおよび所定の待合場所に行けば会えることを知らせる呼出しメッセージデータが各携帯端末装置の表示部に表示報知される。
ガイド情報	特許3127417	H04Q 7/38	端末から目的地情報を基地局に送信すると、目的地までの地図情報を端末に送信して表示する。
ガイド情報	特開平8-18501；特開平11-187455；特開平11-205840		
通知・警告情報	特開2001-136289		
4) パネルの発着信・メッセージ情報表示			
着信時の表示	特開平8-47026；特開平11-112617；特開2000-134320		
発信時の表示	特開平8-102777；特開平8-163649；特開平8-307510；特開平9-107396；特開平9-247746；特開平9-284366		
通話情報の表示	特開平8-182053；特開平10-136452		
メッセージの表示	特開平8-163648	H04Q 7/38; H04Q 7/14; H04M 3/42 R	制御部は、ROM内に格納されていページャへの伝言送信処理プログラムに従って伝言送信処理を実行し、その処理においてページャに送信するフリー伝言をキー入力部のテンキーにより入力する時、あらかじめ変換テーブル内に格納されているマトリックス文字配列表に基づいて、キー入力された数字データを文字データに変換して液晶表示部に表示させることにより入力中の伝言内容を通知する。

表 2.10.4-1 カシオ計算機の技術開発課題対応保有特許の概要(3/3)

技術要素／課題	特許no	特許分類	概要（解決手段要旨）
メッセージの表示	特開平10-257197	H04M 11/00 303; H04Q 7/38; H04M 1/00; H04M 3/00; H04M 3/42	呼設定のサブアドレス情報あるいはファシリティ情報を用いて発信側の通信端末装置と着信側の通信端末装置との間で交互に情報伝達し合うので、通話を開始する以前に、発信側と着信側との間で双方向に意思表示することが可能になる。
メッセージの表示	特開平8-130769；特開平8-289370；特開平9-307627；特開平10-70602；特開平10-98544；特開平10-224506；特開平11-177713		
留守番電話・ボイスメールの表示	特開平8-181781；特開平8-274895；特開平11-205440		

5) 発光表示

着信認知	特開平8-228382		

6) 可聴表示

着信認知	特開2000-134320	H04M 1/65; H04B 7/26; H04Q 7/38; H04M 1/72; H04M 11/00 303	移動速度が30km/h以下であれば、着信音を鳴動リンギング設定とし、30km/h～200km/hであれば、自動車により移動であると判断し、留守番録音設定し、この状態から、0km/hの停止状態となり、3分以上継続すると、再び、着信通知部による着信音を鳴動する。
着信認知	特許3194180	H04Q 7/38; H04Q 7/14	屋外エリアか屋内エリアかの判別結果に基づいて、屋外エリアの場合、リンガー着信報知とする。
着信認知	特開平8-228382；特開平9-84141；特開平10-108256；特開平11-196468；特開2000-354087		
警報	特開平11-215559		
着信応答	特開平9-23268；特開平11-234367		
電池状態表示・電池消耗防止	特開平8-102777	H04M 1/02; H04B 7/26	電池不足になると、充電が不十分で通話が不可能であることを指示するメッセージ（音声、着信音の変化、あるいはメッセージの表示）とともに、通話を継続させるための操作手順を示す。通話ボタンが押下されたまま、充電台へ載置された場合には、ハンズフリーで通話を継続させる。

7) 振動表示

着信認知	特開平8-228382	H04Q 7/38; H04M 1/00; H04M 3/02	通信網には、PHS端末ごとにその端末が存在する場所をサービスエリア（例えば会議室）とする無線基地局が記憶されている。また、通信網には無線基地局ごとにそのサービスエリアで利用者に着信を知らせる際に、最も適した着信報知方式があらかじめ設定されている。
着信認知	特開平9-84141	H04Q 7/38; H04M 1/00	イヤホン・マイク端子に装着した着信報知信号送信機で着信信号を別体報知装置（カード型着信報知信号受信機、リスト型着信報知信号受信機）に送信して振動や音声出力ブザーにより報知する。
着信認知	特許3194180	H04Q 7/38; H04Q 7/14	屋外エリアか屋内エリアかの判別結果に基づいて、屋内エリアの場合、着信時の報知をバイブレータ着信報知とする。
着信認知	特開平10-327224；特開平11-112617；特開平11-196468		

2.11 日立製作所

日立製作所は1件あたりの特許出願に対する発明者数が多いことが特徴である。特許出願件数は、ほぼ横ばいで推移している。

2.11.1 企業の概要

表2.11.1-1 日立製作所の企業の概要

1)	商号	株式会社日立製作所
2)	設立年月日	1920（大正9）年2月1日
3)	資本金	2,817億5,400万円
4)	従業員	54,017名（2001年3月現在）
5)	事業内容	情報・エレクトロニクス 電力・産業システム 家庭電器 材料 サービス他
6)	技術・資本提携関係	－
7)	事業所	（本社）東京　（事業所）神奈川、茨城、愛知、千葉
8)	関連会社	（国内）日立電子エンジニアリング、日立電子サービス、日立情報システムズ、日立テレコムテクノロジー （海外）HITACHI AMERICA（米国）、HITACHI ASIA、HITACHI AUTOMOTIVE PRODUCTS、日立（中国）有限公司
9)	業績推移	（売上高）　　　（経常利益）　　単位：百万円 1997年3月　　　4,310,787　　　　84,318 1998年3月　　　4,078,030　　　　17,220 1999年3月　　　3,781,118　　　114,920 2000年3月　　　3,771,948　　　　31,787 2001年3月　　　4,015,824　　　　56,058
10)	主要製品	携帯電話機（au向け） PHS（NTTドコモ向け、アステル向け）
11)	主な取引先	（仕入）金星インターナショナル、日本ヒューレットパッカード、日本電気、松下電器産業、信越化学工業
12)	技術移転窓口	知的財産権本部ライセンス第一部 東京都千代田区丸の内1-5-1　TEL03-3212-1111

2.11.2 製品例

表2.11.2-1 日立製作所の製品例

要素技術	製品	製品名	発売時期	出典
・パネルの表示制御 ・パネルのサービス表示	携帯	C309H	────	日経モバイル、2000年9月号
・パネルの表示制御 ・パネルのサービス表示 ・可聴表示	携帯	C407H	────	日経モバイル、2001年5月号
・パネルのサービス表示	携帯	C3001H	────	日経モバイル、2002年1月号
・振動表示	PHS	101H	────	モバイルメディアマガジン、1995年5月号

2.11.3 技術開発拠点と研究者

東京:本社(特許公報記載の発明者住所による)

図2.11.3-1 日立製作所の発明者数と出願件数推移

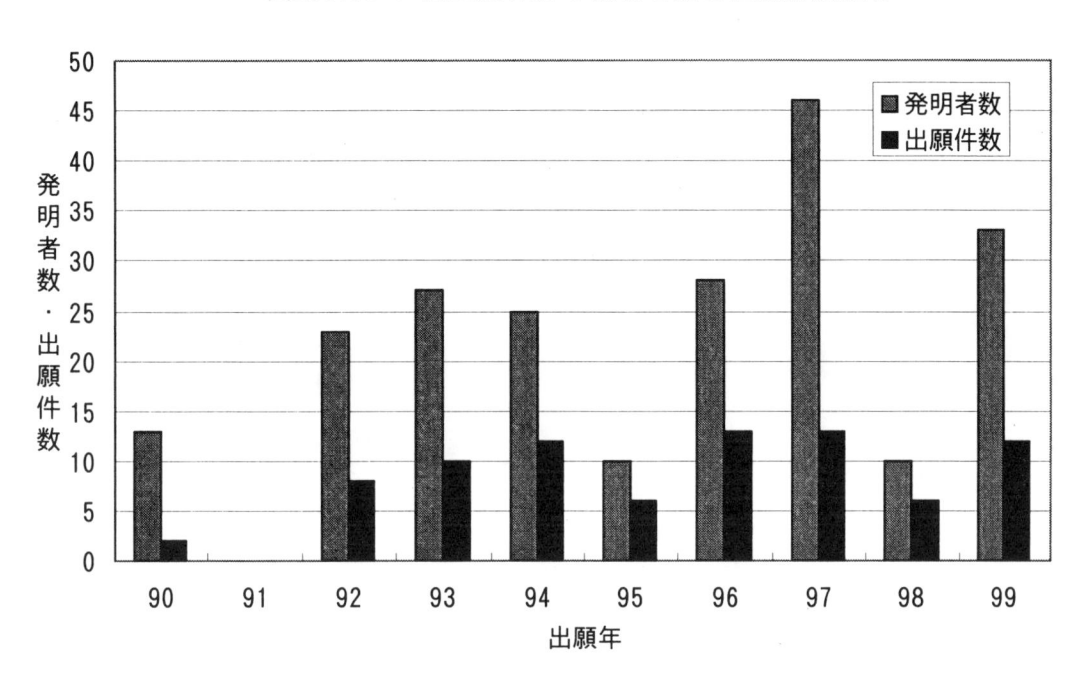

図2.11.3-2 日立製作所の発明者人数と出願件数

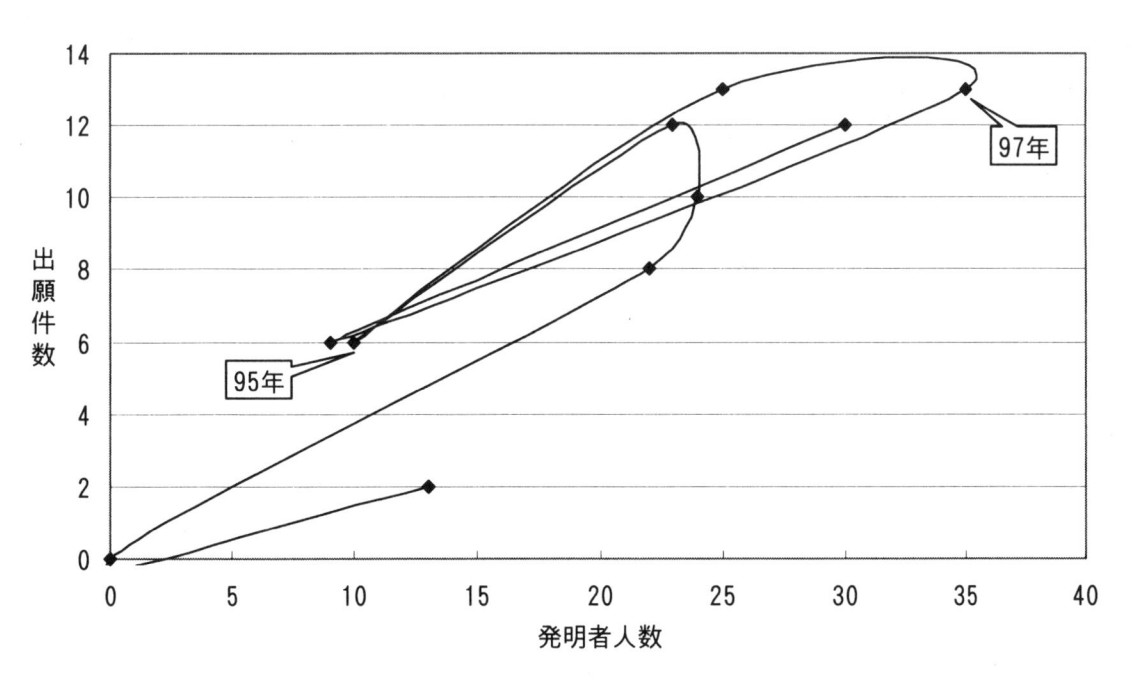

1991~2001年7月までに公開された出願

2.11.4 技術開発課題対応保有特許の概要

表 2.11.4-1 日立製作所の技術開発課題対応保有特許の概要(1/3)

技術要素/課題	特許no	特許分類	概要（解決手段要旨）
1) パネルの表示制御			
視認性・画質改善	特開2001-197221		
大容量データの表示	特開2000-298634		
小型・軽量化	特開平10-93665	H04M 1/00; H04B 7/24; H04Q 7/38; H04M 11/00 301; H04Q 9/00 301; H04Q 9/00 311	制御すべき機器を携帯端末から指定し、機器から送信される信号を基にして機器の動作一覧を表示させ、この中から制御すべき動作を指定し、機器に対して送信する。
小型・軽量化	特開平11-41661;特開平11-69450;特開2000-174876;特開2001-127835		
入力操作性	特開平9-233215	H04M 11/00 302; H04B 1/40; H04B 7/26; H04Q 7/38; H04M 1/00	音声を文字データに変換することで、歩きながらでも文書を送信することが出来、操作性が改善する。
入力操作性	特開平7-284146;特開平11-27383;特開平11-27743;特開平11-41337;特開2000-156730;特開2001-127868;特開2001-186569;特許3092894		
電力低減化	特開平9-233544;特開平10-322764;特開平11-75240		
静粛性の確保	特開平10-75469	H04Q 7/14	基地局（親機）は、着呼時に環境条件に合わせて着信通知手段を用いるように、着信メッセージに含まれる選択手段を指定する。
使用制約の自動化	特開2001-25062	H04Q 7/38; H04M 1/00; H04M 1/663	携帯電話の使用が制限されている状況を自動判別し、着信時に、発信先に対してその状況を通知する。
使用制約の自動化	特開2000-324549		
条件に応じた制御	特開2001-84203	G06F 13/00 354; G06F 17/21; G06F 17/21; G06F 17/30; G06F 17/30; G06F 17/30; H04Q 7/38; H04M 11/08	使用中のワープロソフトなどのソフトウェア上で調べたい単語を指定し通信回線を介してデータベース上の辞書を検索することにより、作業を中断することなく、検索結果を携帯端末に表示する。
2) パネルの状態表示			
動作状態に応じた正確で、認識容易な表示	特開平11-27748		
電波状態の表示	特開平8-51394	H04B 7/26; H04Q 7/38; H04B 17/00 R	制御チャネルの同期エラーおよびCRCエラーに基づき受信確率を計算し通信状態を判定する。判定結果を表示することで、通信不良が電波状態に起因するのか他の原因によるものかの判定が容易にできる。
電波状態の表示	特開平10-336093		
回線状態の表示	特開2001-36481		

表 2.11.4-1 日立製作所の技術開発課題対応保有特許の概要(2/3)

技術要素／課題	特許no	特許分類	概要（解決手段要旨）
3) パネルのサービス情報表示			
ビジネス情報	特開2000-152336		
生活・娯楽情報	特開2000-152336		
ガイド情報	特開平10-13946	H04Q 7/38; H04Q 7/38; G01S 5/14; H04B 7/26	地図上に、現在位置が通信可能か否かの情報を重ねて表示する。
ガイド情報	特開平10-178674	H04Q 7/34; G01C 21/00; G01S 5/02; H04Q 7/38; H04M 3/42; H04M 11/08	基地局IDを受信し、この基地局IDから携帯電話端末の現在地を検索するとともに現在地の周辺に関する地図情報を検索する。検索された地図情報を簡易型携帯電話端末へ送信し表示する。
ガイド情報	特開平6-266997；特開平6-291872；特開平8-110231；特開2001-169333；特開2001-204062；特許3201690		
通知・警告情報	特開平9-204581		
送受信情報	特開平9-233233	H04M 15/00; H04M 15/00; H04Q 7/38; H04Q 7/38; H04M 15/28; H04M 17/02; H04Q 7/38	プリペイド機能付き携帯電話で通話料金の先払いを行うと、先払い金額、利用金額、カード残金を表示し、先払い金額分だけ通話可能となる。
4) パネルの発着信・メッセージ情報表示			
留守番電話・ボイスメールの表示	特開平10-229433		
着信時の表示	特開平8-321859；特開平9-182155；特開2001-217903		
通話情報の表示	特開平11-27743		
メッセージの表示	特開平9-8897	H04M 1/274; H04Q 7/38	通話中に送信されるDTMF信号のエンコーダ、DTMF信号のデコーダ、ユーザに明示するための表示機構を装備して、これらの入出力信号を制御するマイクロプロセッサを有する無線電話機で、受信したDTMF信号を表示機構に表示するソフトウェアを内蔵した。
メッセージの表示	特開平11-41661；特開平11-220770；特開2000-83280；特開2000-209326；特開2001-25062		
Eメールの表示	特開平8-97854		
5) 発光表示			
着信認知	特開平11-27748	H04Q 7/38; H04M 1/00	着信、指定時刻などの通知情報を、光・音・振動などで通知する携帯通信端末と、通信端末との接続・分離が可能で、携帯通信端末からの制御により通知を行う情報通知装置とで構成し、両者が接続されている状態では、相互の電源供給が可能とする。
着信認知	特開平9-331577		
電池状態表示・電池消耗防止	特開平8-181755	H04M 1/22; H04B 1/40; H04Q 7/38; H04M 1/00	通話状態を検知する通話状態検出部を設け、検出結果が通話状態と判断されれば、照明駆動部により照明光源を消灯する。

表 2.11.4-1 日立製作所の技術開発課題対応保有特許の概要(3/3)

技術要素／課題	特許no	特許分類	概要（解決手段要旨）
6) 可聴表示			
着信認知	特開平11-4281	H04M 1/00; H04M 1/00; H04Q 7/38; H04Q 7/38	周囲音量に応じて、着信音発生部の着信音量などを切り替える音声／データ処理部および制御部を備える。
着信認知	特開平11-136393	H04M 11/00 302; H04Q 7/38; H04M 1/00; H04M 1/00; H04M 3/42	メロディデータと文字列データとをメロディ送信データにエンコードして、呼出先の電話番号と一緒に、電話回線網に発信する。着呼側では、呼出信号に付与されたメロディデータをデコードして着信音として再生し、発呼者を直感的に知ることができる。
着信認知	特開平8-107442;特開平8-288984;特開平9-130859;特開平10-75469;特開平11-27748;特開2001-69567;特開2001-127841;特開2001-197158		
警報	特開2000-59472		
着信応答	特開平9-182155	H04Q 7/38; H04Q 7/14	文字転送手段とページャ端末とを一体化した簡易型携帯電話機。ページャ手段で受信して電話番号などを表わす文字列を記憶させ、スピーカなどで着信報知する。簡易型携帯電話機は、通信可能なエリア内にはいると文字転送手段から受信した文字列を読み込み、これに基づいて発呼を行なう。
着信応答	特開平10-229433;特開平10-243086;特開平11-205852		
電池状態表示・電池消耗防止	特開平10-336093		
使用制限区域	特開平11-205834		

技術要素／課題	特許no	特許分類	概要（解決手段要旨）
7) 振動表示			
着信認知	特開平8-321859	H04M 1/00; H04M 1/00; H04B 5/04; H04Q 7/38; H04Q 9/00 361; H04Q 9/00 371	移動無線端末との間で無線または赤外線により制御信号を授受するリモートコントローラにバイブレーション機能を内蔵し、着呼信号を受信した時に無線端末と同様のデータを液晶ディスプレイに表示すると同時に、振動によって使用者に着信を認知させる。また、リモートコントローラ側にも着信応答機能を設定するキーを備え、制御信号を出力することにより、無線端末の応答機能の遠隔操作を可能とする。
着信認知	特開平11-27748	H04Q 7/38; H04M 1/00	着信、指定時刻などの通知情報を、光・音・振動などで通知する携帯通信端末と、通信端末との接続・分離が可能で、携帯通信端末からの制御により通知を行う情報通知装置とで構成し、両者が接続されている状態では、相互の電源供給が可能とする。
着信認知	特開2001-127841	H04M 1/00; H04M 1/00; H04Q 7/38	着信信号を、可聴周波数帯域の内で、振動体に低周波の信号を、イヤホンに高周波の信号を振り分けるようにして、あたかも、ユーザに着信の振動と着信音を同時に感じられるようにする。
着信認知	特開平9-331577;特開平11-32372		

2.12 デンソー

　デンソーはクァルコムからのCDMA方式の特許実施権を得て、au向けなどの携帯電話を主力にしている。
　発明者数および出願件数は当初少ないが、ともに徐々に増え続け1999年になり急激に増加している。

2.12.1 企業の概要

表2.12.1-1 デンソーの企業の概要

1)	商号	株式会社デンソー
2)	設立年月日	1949（昭和24）年12月16日
3)	資本金	1,730億9,700万円
4)	従業員	35,394名（2001年3月現在）
5)	事業内容	自動車分野（電装製品・制御製品、冷暖房機器、燃料噴射装置、ラジエーターメーターなど）の製造・販売 通信・FA機器・電子応用機器・環境機器の製造・販売
6)	技術・資本提携関係	－
7)	事業所	（本社）愛知　（工場）愛知、三重、福岡
8)	関連会社	（国内）デンソーテクノ （海外）デンソー・インターナショナル・アメリカ、デンソー・ワイヤレス・システムズ・アメリカ
9)	業績推移	（売上高）　　（経常利益）　単位：百万円 1997年3月　　　1,383,115　　　100,346 1998年3月　　　1,375,133　　　 85,166 1999年3月　　　1,329,003　　　 69,434 2000年3月　　　1,386,913　　　 76,915 2001年3月　　　1,491,165　　　 92,105
10)	主要製品	携帯電話機（au向け、ツーカー向け、J-フォン向け） PHS（アステル向け） 自動車電話機（NTTドコモ向け）
11)	主な取引先	（販売）トヨタ自動車、本田技研、三菱自動車
12)	技術移転窓口	－

2.12.2 製品例

表2.12.2-1 デンソーの製品例

要素技術	製品	製品名	発売時期	出典
・パネルの表示制御 ・パネルのサービス表示 ・パネルの発着信・ 　メッセージ表示 ・可聴表示	携帯	J-DN02	────	日経モバイル、2000年5月号
・パネルのサービス表示	携帯	ND4	────	日経モバイル、1999年5月号
・可聴表示	携帯	C202DE	────	日経モバイル、1999年12月号

2.12.3 技術開発拠点と研究者

愛知県:本社(特許公報記載の発明者住所による)

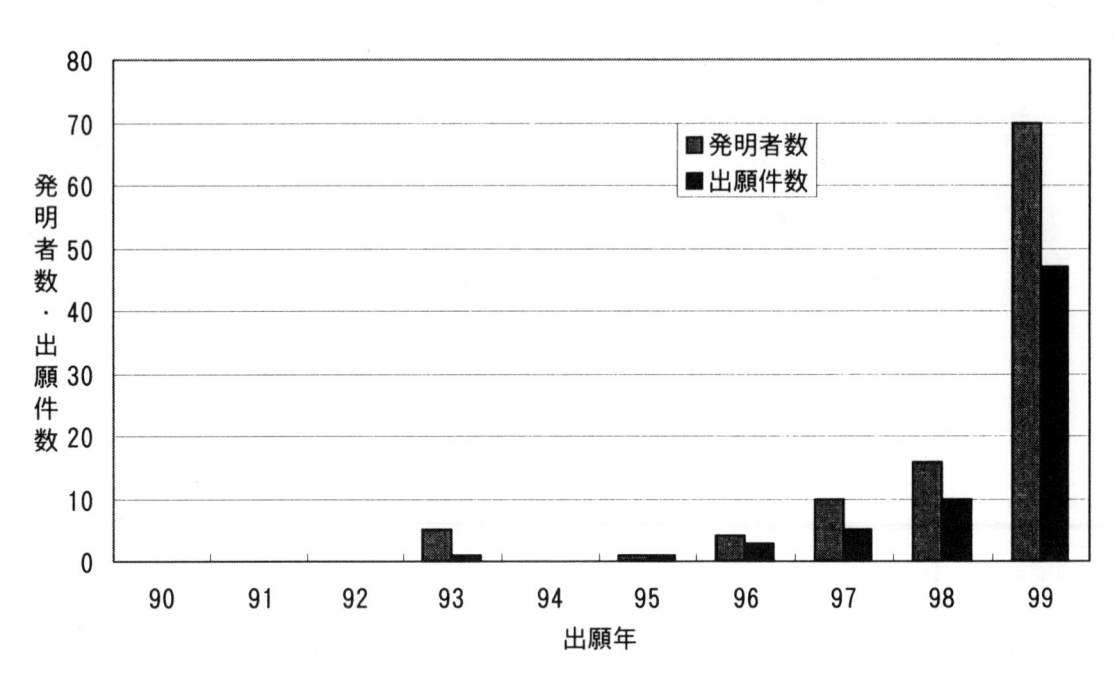

図2.12.3-1 デンソーの発明者数と出願件数推移

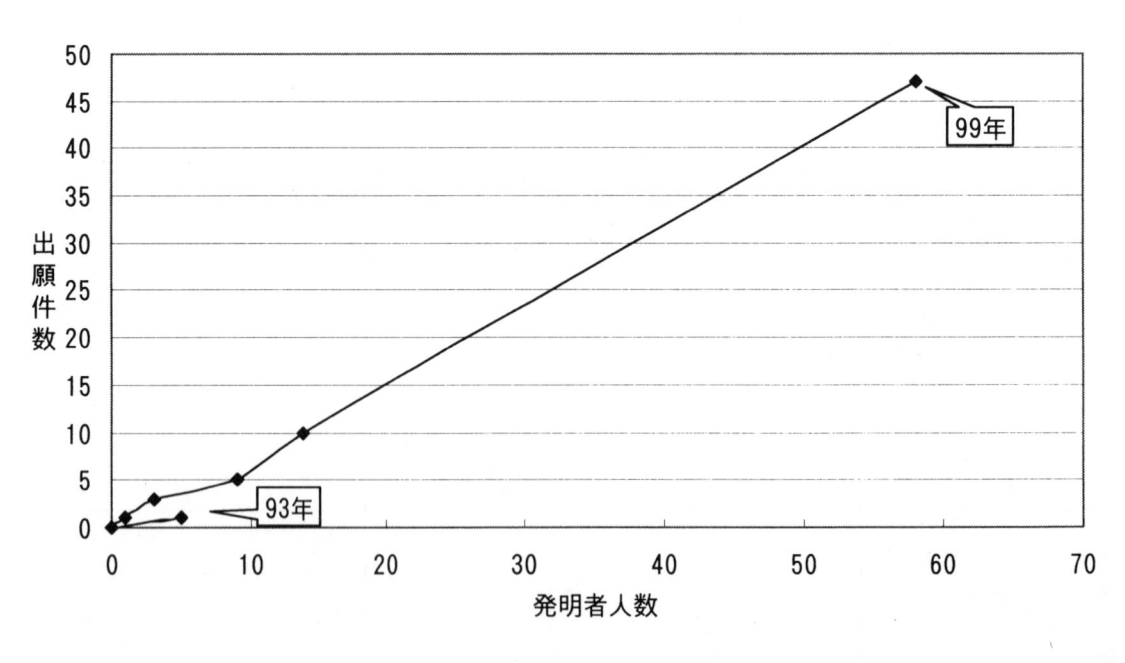

図2.12.3-2 デンソーの発明者人数と出願件数

1991~2001年7月までに公開された出願

2.12.4 技術開発課題対応保有特許の概要

表 2.12.4-1 デンソーの技術開発課題対応保有特許の概要(1/3)

技術要素／課題	特許no	特許分類	概要（解決手段要旨）
1) パネルの表示制御			
視認性・画質改善	特開2000-354106	H04M 1/72; H04B 7/26; H04Q 7/38; H04M 1/00; H04M 11/00 302	携帯電話本体と分離したユニットは大型のディスプレイを有するので、情報量が大きい文字情報や画像情報を表示することができる。
視認性・画質改善	特開2001-111675	H04M 1/2745; H04Q 7/38; H04Q 7/38; H04M 1/00; H04M 1/02; H04M 1/22; H04M 1/23; H04M 1/247	応答済みの伝言メモ、未応答の伝言メモなど情報の種類に応じて表示色を変更する。
視認性・画質改善	特開平11-196159;特開2000-307688;特開2000-332866;特開2000-354273;特開2001-24751;特開2001-197190;特開2001-202077		
アミューズメント性	特開2001-7895;特開2001-92740;特開2001-211247		
大容量データの表示	特開2000-324555		
小型・軽量化	特開平10-145866		
入力操作性	特開2000-188629	H04M 1/00; H04M 1/00; H04M 1/02; H04M 1/02	利用者がよく利用する機能を所定のキーに設定することで、所定のキーが押されると設定された機能が直ちに実行される。
入力操作性	特開2001-22789	G06F 17/30; G06F 17/30; G06F 17/30; G06F 3/00 656; H04Q 7/14; H04Q 7/38; H04L 12/54; H04L 12/58; H04M 1/247; H04M 1/725	受信メールおよび送信メールを検索条件に応じて検索し表示する。
入力操作性	特許3045160	H04M 1/274; H04M 1/00; H04M 1/00; H04Q 7/38	着信履歴に含まれる電話番号を電話帳データとして登録する場合、任意の着信履歴を指定することにより、この着信履歴を削除されないデータとしてメモリに保存する。
入力操作性	特開平11-184452;特開平11-308308;特開平11-308324;特開2000-22787;特開2000-209329;特開2000-242399;特開2000-341384;特開2001-7916		
編集の容易性	特開2000-354273		
電力低減化	特開2001-36637;特開2001-86233;特開2001-111476;特開2001-111687;特開2001-197184		
セキュリティ改善	特開2000-354233	H04N 7/14; H04Q 7/32; H04M 1/00; H04M 11/00 302	撮影した画像をモザイク処理などで顔がわからないような画像処理を行って、通信相手に送信する。
使用制約の自動化	特開2001-144850		
情報表示の正確性	特開2001-7946		
条件に応じた制御	特開2000-270059;特開2001-36611;特開2001-36966;特開2001-136579;特開2001-177869		

表2.12.4-1 デンソーの技術開発課題対応保有特許の概要(2/3)

技術要素／課題	特許no	特許分類	概要（解決手段要旨）
2) パネルの状態表示			
電波状態の表示	特開平9-46292		
使用動作状態の表示	特開2001-144850		
外部機器接続状態の表示	特開2001-24782		
3) パネルのサービス情報表示			
ガイド情報	特開2000-354100;特開2001-160063		
取引・契約情報	特開2001-36654		
通知・警告情報	特開2001-112066	H04Q 7/38; G01S 5/14; G08B 25/10; H04Q 7/34; H04M 1/00; H04M 3/42; H04M 11/04	携帯電話からの位置情報を基にして監視区域内に位置する携帯電話を特定し、これらの携帯電話に対して緊急情報などの報知情報を自動送信する。
通知・警告情報	特開2001-136567	H04Q 7/34; H04Q 7/38; H04M 1/00; H04M 1/725	携帯電話に取り込んだ位置情報が、あらかじめ登録している基準位置情報と一致したときに、基準位置に到着したことを特定の音やメロディ、ディスプレイ上のメッセージなどにより報知する。
通知・警告情報	特開2001-8256		
地域情報	特開2000-156889	H04Q 7/38; H04Q 7/38; H04M 3/42	エリアごとのニュースや天気予報などの地域情報を受信して記憶し、スクリーンセーバモードになったときに記憶した地域情報を表示する。
送受信情報	特開2000-236576	H04Q 7/38; H04Q 7/38; G06F 13/00 354; H04M 11/08; H04M 15/00	情報配信センタからデータをダウンロードする際に、情報配信センタで計算したダウンロード料金を携帯端末に表示する。
4) パネルの発着信・メッセージ情報表示			
着信時の表示	特開2000-270059		
通話情報の表示	特開2000-165488		
メッセージの表示	特開2001-7895	H04M 1/00; G06F 3/00 601; G10H 1/00 102; G10H 1/40; G10K 15/04 302; H04Q 7/38; H04M 1/725	携帯電話装置の制御回路は、ディスプレイによって表示されるキャラクタの動画画面を、音源部によって発生されるメロディのテンポに同期して切り替えるように制御するので、着信音のメロディを発生させる場合に、キャラクタがその旋律のリズムに合わせて恰も踊っているかのように動作する。
メッセージの表示	特開平9-191333;特開2000-354233;特開2001-168977		
留守番電話・ボイスメールの表示	特開2001-45141;特開2001-86245		
Eメールの表示	特開2001-16364	H04M 11/02; G06F 3/00 657; G06F 13/00 354; H04Q 7/38; H04L 12/28; H04M 1/00	新着メールがあった場合には、メールヘッダを判別し、送達確認メールであるか否かを判断する。通常のメールであった場合には、待受け画面を表示Aとし、一方、送達確認メールであった場合には、待受け画面を表示Bとする。
Eメールの表示	特開2000-295366		

表 2.12.4-1 デンソーの技術開発課題対応保有特許の概要(3/3)

技術要素／課題	特許no	特許分類	概要（解決手段要旨）
5) 発光表示			
着信認知	特開平11-243439	H04M 1/00; H04M 1/00; H04Q 7/14; H04Q 7/38	着信モードに応じた報知パターン（着信音のメロディや音量、あるいはバイブレータから発生される振動のリズム、着信LEDやバックライトの表示色）での報知をすることのできる個別選択呼出受信装置。
着信認知	特開2000-341010	H01Q 1/06; H04M 1/00	本体に引出可能に設けられるアンテナを、中空状の線状部と、その先端部に設けられアンテナコイルを内蔵するキャップ部とから構成し、キャップ部の内周部にLEDを設けた。
着信認知	特開2001-69209	H04M 1/02; H04M 1/02; H04Q 7/38; H04Q 7/38; H04M 1/00	前面用LEDと背面用LEDを設け、着信表示の発光が表裏からわかるようにした。
着信認知	特開2001-197166		
電池状態表示・電池消耗防止	特開2001-86233		
状態確認	特開平7-38938;特開2001-160849		
6) 可聴表示			
着信認知	特開平11-68891	H04M 1/00; H04M 1/00; H04M 1/00; H04Q 7/32	着信したときに筐体のグリップ部を握ってタッチセンサに触れると、着信音を消去し、筐体が振動していれば、振動強度を弱め、一方、筐体が振動していなければ、微弱な振動を開始する。
着信認知	特開2001-7895	H04M 1/00; G06F 3/00 601; G10H 1/00 102; G10H 1/40; G10K 15/04 302; H04Q 7/38; H04Q 7/38; H04M 1/725	ディスプレイによって表示されるキャラクタの動画画面を、音源部によって発生されるメロディのテンポに同期して切り替えるように制御するので、着信音のメロディを発生させる場合に、キャラクタがその旋律のリズムに合わせてあたかも踊っているかのように動作する。
着信認知	特開2001-36611	H04M 1/00; H04M 1/00; H04Q 7/38	人込みなどの周囲の音を検出して、着信報知方法を使い分ける（音と振動）。規定レベル以下の場合スピーカーモードで報知する。
着信認知	特開平11-243439;特開2001-45104;特許3050115		
警報	特開平11-232560;特開2001-24782;特開2001-136567		
着信応答	特開2000-78274		
7) 振動表示			
着信認知	特開平11-243439	H04M 1/00; H04M 1/00; H04Q 7/14; H04Q 7/38	着信モードに応じた報知パターン（着信音のメロディや音量、あるいはバイブレータから発生される振動のリズム、着信LEDやバックライトの表示色）での報知をすることのできる個別選択呼出受信装置。
着信認知	特開2001-36611	H04M 1/00; H04M 1/00; H04Q 7/38	人込みなどの周囲の音を検出して、着信報知方法を使い分ける（音と振動）。規定レベル以上の場合バイブレータモードで報知する。
着信認知	特開平10-145866;特開平11-68891;特開2000-174856;特開2000-354089;特許3050115		
電池状態表示・電池消耗防止	特開2000-59473	H04M 1/00; H04M 1/00; H04B 7/26; H04B 7/26	残量レベルが「レベル1」であれば1回、「レベル2」であれば2回、「レベル3」であれば3回という様に、バイブレータに、電池の残量レベルに応じた回数の振動をさせる。 [図1]

2.13 三菱電機

　三菱電機はフリップタイプ携帯電話を主力として、製品の開発を行ってきた。エヌ・ティ・ティ・ドコモ向けを中心にJ-フォンやツーカーなどにも製品供給を行なっている。発明者数および出願件数は、ともに1996年に急増し、97年以降安定した水準で推移している。

2.13.1 企業の概要

表2.13.1-1 三菱電機の企業の概要

1)	商号	三菱電機株式会社
2)	設立年月日	1921（大正10）年1月15日
3)	資本金	1,758億2,000万円
4)	従業員	40,906名（2001年3月現在）
5)	事業内容	重電システム、産業メカトロニクス、情報通信システム、電子デバイス、家庭電器
6)	技術・資本提携関係	－
7)	事業所	（本社）東京 （製作所）愛知、神奈川、福島、京都、岐阜、長野など
8)	関連会社	（国内）ダイヤモンドテレコム、三菱電機情報ネットワーク （海外）三菱ワイヤレス・コミュニケーションズ、三菱エレクトリック・テレコム・ヨーロッパ
9)	業績推移	（売上高）　　（経常利益）　　単位：百万円 1997年3月　　2,845,004　　　61,117 1998年3月　　2,811,510　　　 4,225 1999年3月　　2,770,756　　　 5,008 2000年3月　　2,705,055　　　32,144 2001年3月　　2,932,682　　 137,154
10)	主要製品	携帯電話機（NTTドコモ向け、ツーカ向け、J-フォン向け） PHS（DDIポケット向け、アステル向け）
11)	主な取引先	（仕入）三菱商事、松下電器、セイコーエプソン、 （販売）NTT、三菱重工、電力各社
12)	技術移転窓口	知的財産渉外部　東京都千代田区丸の内2-2-3　TEL03-3218-2134

2.13.2 製品例

表2.13.2-1 三菱電機の製品例(1/2)

要素技術	製品	製品名	発売時期	出典
・パネルの表示制御 ・発光表示	携帯	D503iS	────	日経モバイル、2001年11月号

表2.13.2-1 三菱電機の製品例(2/2)

要素技術	製品	製品名	発売時期	出典
・パネルの表示制御 ・発光表示 ・振動表示	携帯	D208	———	日経モバイル、2000年5月号
・パネルの表示制御 ・可聴表示 ・振動表示	PHS	TL-PH10	———	モバイルメディアマガジン、1996年11-12月号

2.13.3 技術開発拠点と研究者

東京都:本社(特許公報記載の発明者住所による)

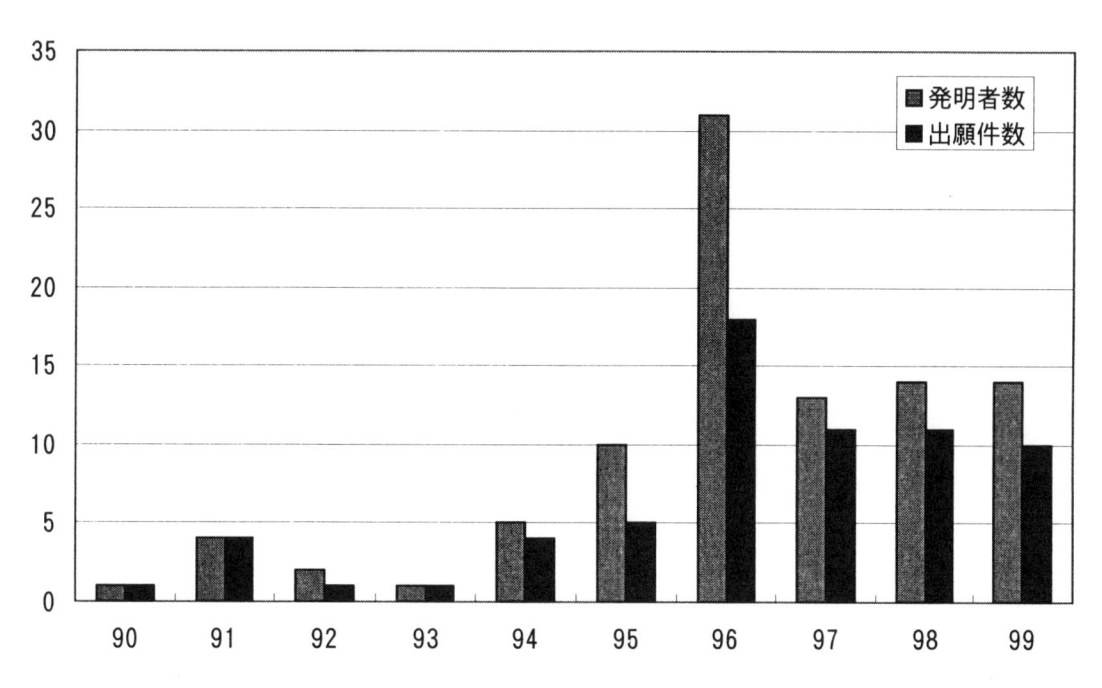

図2.13.3-1 三菱電機の発明者数と出願件数推移

図2.13.3-2 三菱電機の発明者人数と出願件数

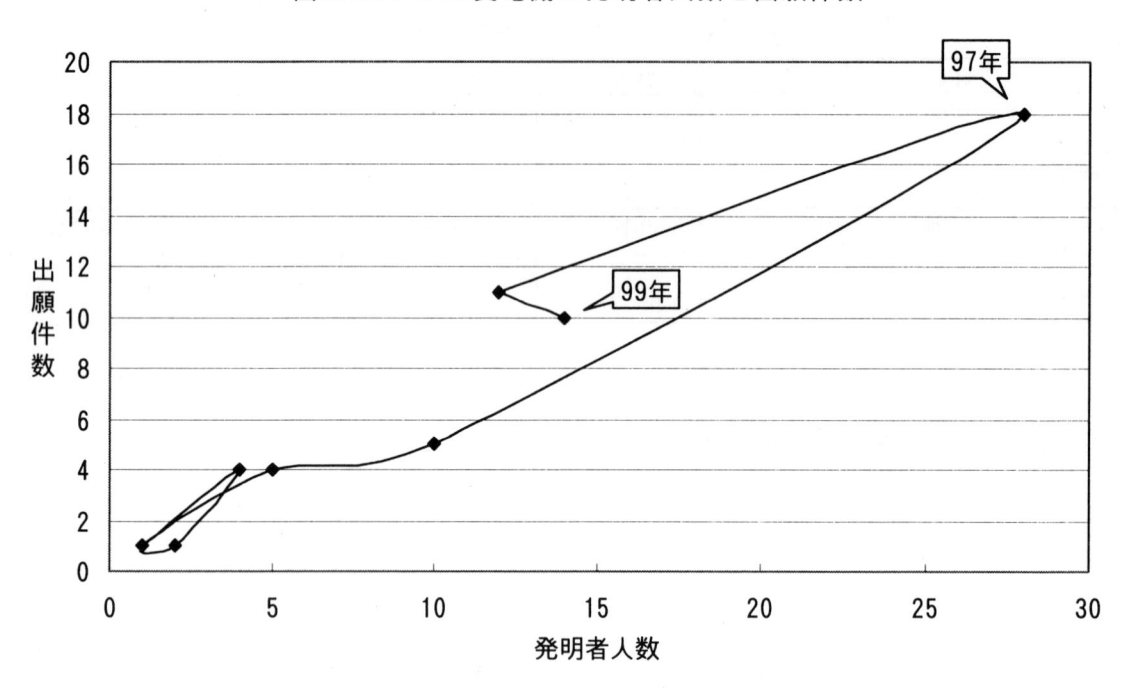

1991～2001年7月までに公開された出願

2.13.4 技術開発課題対応保有特許の概要

表2.13.4-1 三菱電機の技術開発課題対応保有特許の概要(1/2)

技術要素／課題	特許no	特許分類	概要（解決手段要旨）
1）パネルの表示制御			
視認性・画質改善	特開平11-55392	H04M 1/56; G06F 15/02 315; H04Q 7/32; H04Q 7/38; H04M 1/02	文字列の表示が発生し、表示すべき文字の文字数が認識できたとき、通常文字でなくとも文字列全体が表示可能と判断すれば、視認性をよくするために拡大文字に設定し表示を行う。
視認性・画質改善	特開平10-200615;特開2000-83282;特開2001-184048		
アミューズメント性	特開2000-308032;特開2001-186222		
大容量データの表示	特開2001-217860		
高速化	特開2001-211246	H04M 1/274; H04Q 7/38; H04M 1/00; H04N 1/00	個人データと対応する個人画像データの格納領域を別々に設けることにより、文字データと画像データとを同時に表示し、かつ画像データを含む個人情報を迅速に検索する。
高速化	特開平10-42022		
小型・軽量化	特開平12-23126		
入力操作性	特開平8-272572	G06F 3/14 330; H04Q 7/32	操作途中で操作手順がわからなくなった場合に、ヘルプ機能が自動的に起動し、操作手順を表示する。
入力操作性	特開平11-341114	H04M 1/00; H04M 1/00; H04Q 7/32; H04M 1/27	フリップにタブレットを設け、タブレットに入力された手書き文字を認識して、機能項目などを選択する。
入力操作性	特開平10-210128;特開平10-304041;特開平11-17839;特開平11-146051;特開平11-338621;特許2947705		
電力低減化	特開平9-252342	H04M 1/22; H04Q 7/32	周囲が暗く、かつ指定された時間内であるときに照明を行う。
電力低減化	特開2001-186248	H04M 1/73; G09F 9/00 337; H04Q 7/38	照明節約モードが設定されている場合、着信やアラーム信号が検出された場合などの特定状態では、バックライトを点灯する。
電力低減化	特開平10-210125;特開平10-234079;特開平11-331343		
セキュリティ改善	特許2823989		
使用制約の自動化	特開平10-23533	H04Q 7/38; H04Q 7/38; H04Q 7/38; H04B 7/26; H04B 7/26	基地局は携帯電話との間で共通制御チャネルを確立し、送信機オン／オフ信号を送信することで携帯電話の電源を自動的に切断および電源投入を行う。
使用制約の自動化	特開平10-304452		
2）パネルの状態表示			
電波状態の表示	特開2001-136577		
回線状態の表示	特開2001-189967	H04Q 7/38; H04M 1/00; H04M 11/00 303	同時に複数の無線通信回線と接続する送受信回路を搭載し、アイコンにより無線通信回線の接続状態を表示するので、通信状態を容易に把握できる。
回線状態の表示	特開平8-275235		
外部機器接続状態の表示	特開2001-7918		

表 2.13.4-1 三菱電機の技術開発課題対応保有特許の概要(2/2)

技術要素/課題	特許no	特許分類	概要（解決手段要旨）
3) パネルのサービス情報表示			
3ガイド情報	特開2000-295652	H04Q 7/34; G01C 21/00; G08G 1/0969; G09B 29/00; G09B 29/10; H04Q 7/38	地図上に、通信不可能な領域を表示する。
4) パネルの発着信・メッセージ情報表示			
着信時の表示	特開平9-238185；特開平11-341111；特開2000-22807		
メッセージの表示	特開平10-28290；特開2000-174915		
留守番電話・ボイスメールの表示	特開平9-252372		
5) 発光表示			
着信認知	特開平11-341111	H04M 1/00; H04Q 7/38	時間帯に対応して呼出音量の調節値，表示（LED点灯）またはバイブレータによる呼出通知、自動着信・録音を設定する。
電池状態表示・電池消耗防止	特開2000-32095		
6) 可聴表示			
着信認知	特開平9-307607	H04M 1/00; H04M 1/00; H04Q 7/38	キー入力手段により呼出音を音階で作成できる手段と、作成した呼出音を記憶できる手段と、記憶した呼出音を読み出してサウンダに出力できる手段とを設けた。
着信認知	特開平11-252212	H04M 1/00; H04Q 7/38	メロディデータ記憶部には複数のメロディパターンが記憶されており、制御部は乱数発生部の乱数を用いてメロディデータ記憶領域の任意のメロディパターンを繋ぎ合わせて着信メロディを作成する。
着信認知	特開平9-261707；特開平9-261753；特開平10-117367；特開平10-304452；特開平11-215212；特開平11-341111		
警報	特開2000-295652	H04Q 7/34; G01C 21/00; G08G 1/0969; G09B 29/00; G09B 29/10; H04Q 7/38	あらかじめ地図データよりトンネルやビルの位置情報や、地理的な条件によって携帯電話による通信が出来ない通信不可能な場所を区別して登録しておく。初めて走行する地域であっても通信可能地域内における通信不可能な場所が判別できる。
着信応答	特開平10-271061		
通信接続状態	特開2000-295666	H04Q 7/38; H04M 1/00	受信電界強度および通話情報に対応させて、呼出音と異なるトーンを有する予告音を鳴動させる。これにより、受信電界状態および通話情報を認識できる。必要と判断された場合にのみアンテナを伸長させ着信時の接続率を向上できる。
7) 振動表示			
着信認知	特開平9-307631	H04M 1/66; H04Q 7/38; H04M 1/00; H04M 1/00	受信した発呼者電話番号とあらかじめ登録されている電話番号が一致した場合に、振動によって特定の相手からの外線着呼であることを知らせるようにした。
着信認知	特開平11-215212	H04M 1/00; H04M 1/00; H04Q 7/38	制御部とは別に独立して呼び出しモード自動切替部を設け、その呼び出しモード自動切替部において、バイブレータ（バイブレータモード）で報知される着信呼び出しに対する着信逃しを連続してカウントし、その連続してカウントされた着信逃しの回数が一定回数以上あった場合に、モード切替部の呼び出しモードをバイブレータモードからアラートモード（スピーカ）に切り替え制御する。
着信認知	特開平9-261707；特開平11-341111		

2.14 シャープ

　シャープは、発明者数および出願件数がともに1996年以降増加している。表1.4.2-3に示すように小型軽量化のために、「タッチ方式などによる入力」「カメラ、スキャナなどによる入力」などの各種入力手段を使った出願が多い。

2.14.1 企業の概要

表2.14.1-1 シャープの企業の概要

1)	商号	シャープ株式会社
2)	設立年月日	1935（昭和10）年5月2日
3)	資本金	2,040億9,509万円
4)	従業員	23,229名（2001年3月現在）
5)	事業内容	エレクトロニクス機器 電化機器 通信・情報機器 電子部品
6)	技術・資本 提携関係	－
7)	事業所	（本社）大阪　（支社）東京　（工場）栃木、三重、広島、大阪、奈良
8)	関連会社	（国内）シャープエレクトロニクスマーケティング、シャープシステムプロダクト、シャープマニファクチャリングシステム （海外）Sharp Laboratories of Europe、Sharp Telecommunications of Europe、Sharp Laboratories of America
9)	業績推移	（売上高）　　　（経常利益）　　単位：百万円 1997年3月　　　1,375,634　　　　71,400 1998年3月　　　1,332,152　　　　33,338 1999年3月　　　1,306,157　　　　15,661 2000年3月　　　1,419,522　　　　45,021 2001年3月　　　1,602,974　　　　67,283
10)	主要製品	携帯電話機（NTTドコモ向け、J-フォン向け） PHS関連機器（NTTドコモ向け、アステル向け）
11)	主な取引先	－
12)	技術移転窓口	知的財産権本部第2ライセンス部 大阪府大阪市阿倍野区長池町22-22　TEL06-6606-5495

2.14.2 製品例

表2.14.2-1 シャープの製品例(1/2)

要素技術	製品	製品名	発売時期	出典
・パネルの表示制御	PHS	622S	―――	日経モバイル、1999年12月号
・パネルの表示制御	携帯	J-SH05	―――	日経モバイル、2001年2月号
・パネルの表示制御 ・可聴表示	携帯	DP-203	―――	日経モバイル、1998年4月号

表 2.14.2-1 シャープの製品例(2/2)

要素技術	製品	製品名	発売時期	出典
・パネルの状態表示 ・パネルのサービス表示	携帯／PHS	SH811	———	日経モバイル、1999年7月号
・パネルのサービス表示	PHS	316S、317S	———	佐賀新聞、1977年12月16日
・振動表示	PHS	JD-PV4	1996年11月（リリース情報）	リリース情報、1996年10月

2.14.3 技術開発拠点と研究者

大阪府：本社（特許公報記載の発明者住所による）

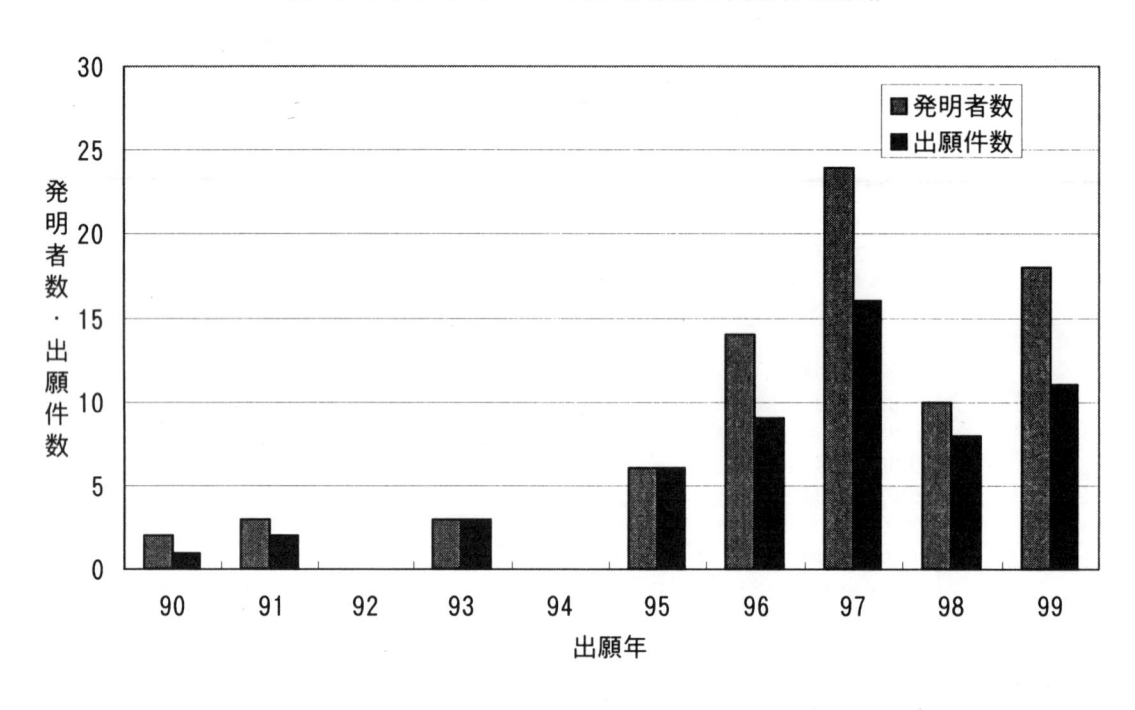

図 2.14.3-1 シャープの発明者数と出願件数推移

図 2.14.3-2 シャープの発明者人数と出願件数

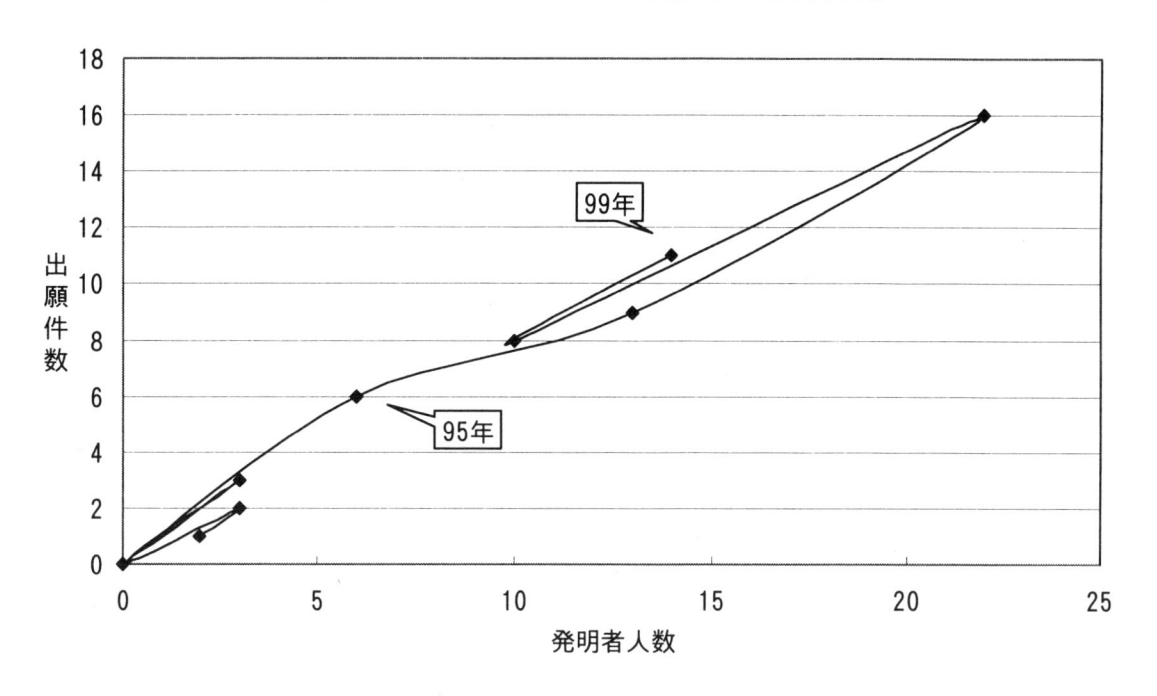

1991～2001 年 7 月までに公開された出願

2.14.4 技術開発課題対応保有特許の概要

表 2.14.4-1 シャープの技術開発課題対応保有特許の概要(1/2)

技術要素／課題	特許no	特許分類	概要（解決手段要旨）
1) パネルの表示制御			
視認性・画質改善	特開平9-327007	H04N 7/14; H04Q 7/38; H04Q 7/38; H04B 10/105; H04B 10/10; H04B 10/22	携帯型テレビ電話に対しカメラで撮影した画像を送信し、携帯型テレビ電話はこの画像を投影して表示し、かつ自由に投影方向を変えることができる。
視認性・画質改善	特開平10-333665	G09G 5/26; G09G 5/00 510; G09G 5/00 555; H04M 11/02	送受信されるメッセージやデータの情報量に対応して当該画面に最もマッチしたフォントサイズで、メッセージなどを表示し、ディスプレイ画面に表示される情報の視認性を高めたり、誤認識をなくす。
視認性・画質改善	特開平9-116964;特開2000-307768;特開2000-308033;特開2001-203789		
アミューズメント性	特開2001-169014	H04M 11/00 303; H04Q 7/38; H04M 1/00; H04M 1/26	受信した文字内容を解析した結果に基づいて、パネルへの表示や着信音などの表示方法を変更する。
大容量データの表示	特開2001-111607		
高速化	特開平11-74952		
小型・軽量化	特開平9-261311;特開2000-124851;特開2000-134592;特開2000-349883;特開2001-168971		
入力操作性	特開平10-161829	G06F 3/14 330; H04M 1/00	表示された機能設定グラフィックデータで各種機能の設定状態の確認および変更を行う。
入力操作性	特開平10-164209;特開平11-74964;特開平11-98224;特開2001-168981;特開2001-222361		
電力低減化	特開平9-172481	H04M 1/22; G06F 1/32; G09G 3/18; H04Q 7/38	設定された時刻の間、照明をオフし消費電力を低減する。
セキュリティ改善	特開2000-151798	H04M 1/66; H04Q 7/38; H04Q 7/38; H04M 1/27; H04M 1/57; H04M 1/72; H04M 11/00 303	特定の電話番号を受信すると、自動的に個人情報などのデータ読み出しを禁止する。
セキュリティ改善	特開平10-164192		
情報表示の正確性	特開平11-215566	H04Q 7/38; H04Q 7/38; H04M 3/38; H04M 3/42	受信信号から得られた制御情報と特定エリア情報を記憶する。その得られた制御情報に基づいてエリアが送信禁止エリアかどうかを確認する。エリアが送信禁止エリアであると、制御回路は記憶された特定エリア情報を読み出して文字や画像として表示部に表示する。
情報表示の正確性	特許3069464	H04Q 7/38; H04Q 7/38	受信した情報に更新情報が含まれる場合、端末に内蔵するプログラムを更新する。
条件に応じた制御	特開平10-257460;特開2001-86257		

表 2.14.4-1 シャープの技術開発課題対応保有特許の概要(2/2)

技術要素／課題	特許no	特許分類	概要（解決手段要旨）
2) パネルの状態表示			
動作状態に応じた正確で、認識容易な表示	特開平11-89100		
電波状態の表示	特開平9-219697；特開2000-32558；特開2000-278761；特開2001-177870		
回線状態の表示	特開2000-278761		
使用動作状態の表示	特開平10-150685；特開平10-336727		
3) パネルのサービス情報表示			
4) パネルの発着信・メッセージ情報表示			
着信時の表示	特開平10-200604；特開平10-271189		
発信時の表示	特開平8-223269		
通話情報の表示	特開2001-16302		
メッセージの表示	特開2000-92192	H04M 1/65；H04Q 7/38	発信者側からの文字メッセージが送信されることを表す呼設定信号と文字メッセージとが、着信の応答をすることなく送受信回路で受信され、受信された文字メッセージはメモリにストアされる。受信者は、表示手段を見ることによって、メッセージを読み取ることができる。
メッセージの表示	特開平8-321892；特開2001-169014		
留守番電話・ボイスメールの表示	特開平10-262116		
5) 発光表示			
着信認知	特開平11-17780	H04M 1/00；H04Q 7/14；H04Q 7/38；H04M 11/02	充電中着信があり、設定が振動報知の場合には、着信報知方法を自動的に光によって報知する。
着信認知	特開2001-169014		
6) 可聴表示			
着信認知	特開平10-271189	H04M 1/00；G08B 6/00；H04Q 7/14；H04M 1/64	着信後、使用者が機器本体に圧力を加え、圧力センサがその圧力を検知し呼出音データの送出を中断してブザーによる鳴動を中止させたり、バイブレータによる振動を終了させ着信報知を中断する。
着信認知	特開平11-17780	H04M 1/00；H04Q 7/14；H04Q 7/38；H04M 11/02	充電中着信があり、設定が振動報知の場合には、着信報知方法を自動的に音によって報知する。
着信認知	特開平10-322776；特開2000-92192；特開2001-169014		
着信応答	特開平10-136082；特開平10-262116		
使用制限区域	特開平11-215566		
7) 振動表示			
着信認知	特開平10-257135	H04M 1/00；H04M 1/00；H04Q 7/38	バイブレータの振動、またはその振動を変化させることによってユーザに対して各種情報を提供可能にする。
着信認知	特開平10-271189	H04M 1/00；G08B 6/00；H04Q 7/14；H04M 1/64	着信後、使用者が機器本体に圧力を加え、圧力センサがその圧力を検知し呼出音データの送出を中断してブザーによる鳴動を中止させたり、バイブレータによる振動を終了させ着信報知を中断する。
着信認知	特開平10-322776		

2.15 ケンウッド

　ケンウッドは、1996年に出願が始まりそれ以降発明者数および出願件数を順調に伸ばしている。表1.4.2-2と表1.4.2-4に示すように視認性と画像の改善に関する出願が多い。

2.15.1 企業の概要

表2.15.1-1 ケンウッドの企業の概要

1)	商号	株式会社ケンウッド
2)	設立年月日	1946（昭和21）年12月21日
3)	資本金	223億8,241万円
4)	従業員	2,183名（2001年3月現在）
5)	事業内容	音響関連事業 通信関連事業
6)	技術・資本 提携関係	－
7)	事業所	（本社）東京　（事業所）東京、神奈川
8)	関連会社	（国内）山形ケンウッド、ケンウッド・ケネックス、ケンウッド・コア （海外）KENWOOD COMMUNICATIONS、KENWOOD AMERICA MANUFACTURING、KENWOOD EKECTRONICS CANADA
9)	業績推移	（売上高）　　　（経常利益）　　単位：百万円 1997年3月　　　　224,840　　　　 1,962 1998年3月　　　　239,975　　　　 2,595 1999年3月　　　　257,419　　　　 3,203 2000年3月　　　　230,024　　　　　 479 2001年3月　　　　229,713　　　　 5,091
10)	主要製品	携帯電話機（J-フォン向け） PHS（DDIポケット向け）
11)	主な取引先	（仕入）アルプス電気、ミツミ電機、松下電器、日本電気、エルナー、日立製作所、東芝 （販売）ケンウッド・アメリカ、ケンウッド・コミュニケーション、ケンウッド＆リー
12)	技術移転窓口	知的財産部　東京都渋谷区道玄坂1-14-6　TEL03-5457-7154

2.15.2 製品例

表2.15.2-1 ケンウッドの製品例

要素技術	製品	製品名	発売時期	出典
・パネルの表示制御 ・発光表示 ・振動表示	PHS	ISD-P57	────	日経モバイル、1998年12月
・発光表示	携帯	DP-131	────	モバイルメディアマガジン、1994年11月号
・振動表示	PHS	ISD-P17(XIT)	────	モバイルメディアマガジン、1997年5月号

2.15.3 技術開発拠点と研究者

東京都：本社（特許公報記載の発明者住所による）

図 2.15.3-1 ケンウッドの発明者数と出願件数推移

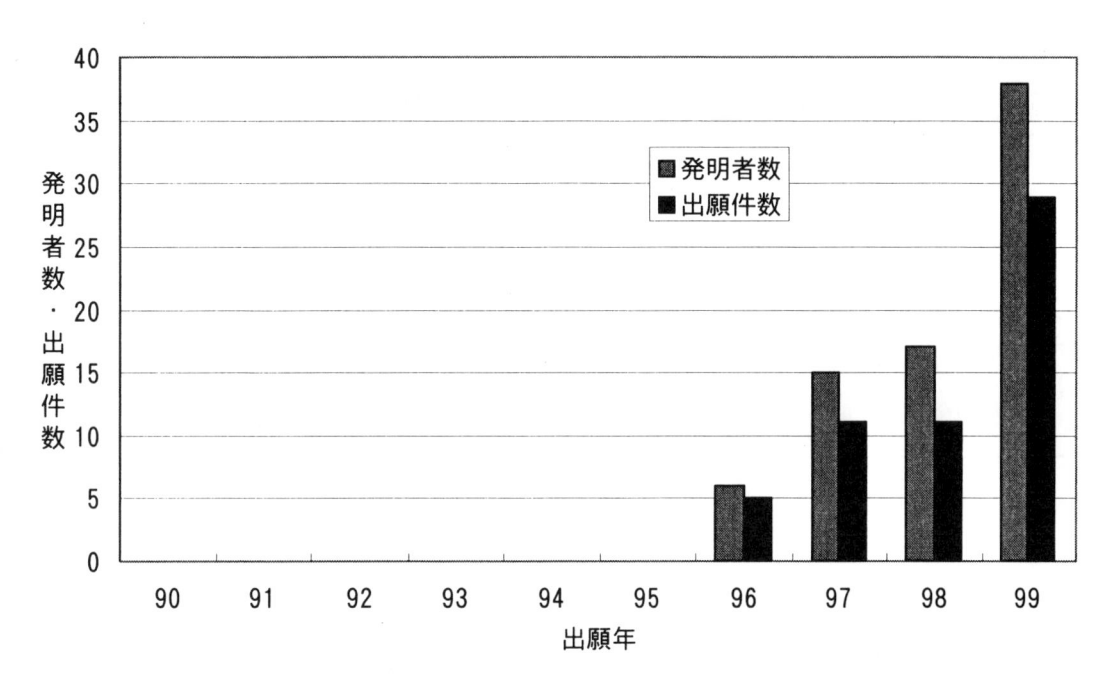

図 2.15.3-2 ケンウッドの発明者人数と出願件数

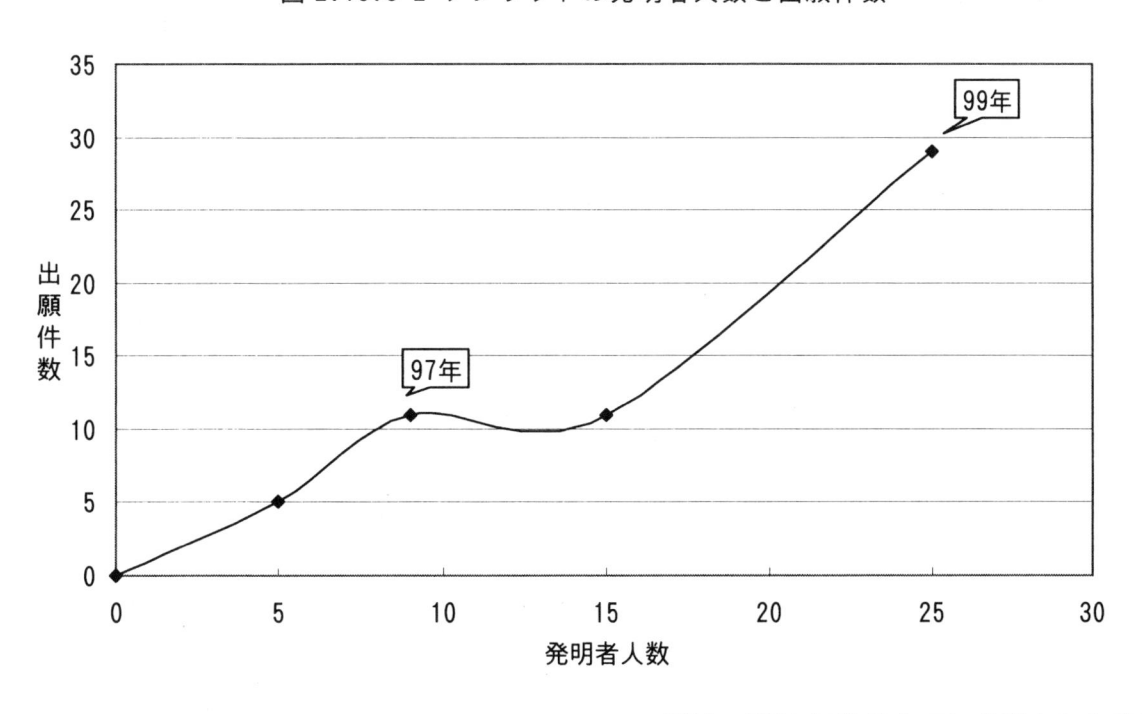

1991～2001 年 7 月までに公開された出願

2.15.4 技術開発課題対応保有特許の概要

表 2.15.4-1 ケンウッドの技術開発課題対応保有特許の概要(1/2)

技術要素／課題	特許no	特許分類		概要（解決手段要旨）
1) パネルの表示制御				
視認性・画質改善	特開2000-151826	H04M 11/00 G06F 13/00 H04Q 7/38; H04M 1/27	302; 351;	文書作成中に、最大送信可能文字数と作成した文書の文字数とから、残り送信可能文字数を正確に表示する。
視認性・画質改善	特開2000-151828	H04M 11/00 G06F 3/00 G06F 13/00 G09G 3/20 G09G 5/26; H04Q 7/14; H04M 1/57	302; 651; 354; 680;	受信した文字メッセージの文字数が多いときは半角で表示し、少ないときは全角で表示する。 オクレマス（半角5文字）受信 >オクレマス ←---- 全角表示 KENWOOD 0505501234 2 5
視認性・画質改善	特開2000-270056	H04M 1/00; H04Q 7/38; H04M 1/65; H04M 11/00	303	発着信メール内容を情報種別でなく、時系列に整理して発信または着信履歴リストとして表示し、このリストの中から所定の履歴を選択すると、詳細な内容が表示される。
視認性・画質改善	特開2001-42816	G09G 3/20 G09G 3/20 G09G 3/20 G09G 3/36; H04Q 7/38	680; 660; 660;	ジョグルスイッチのスティックをクリックすることにより、表示文字サイズを切り替える。
視認性・画質改善	特開2001-103133	H04M 1/00; G06F 3/00 G06F 13/00 H04Q 7/38; H04M 11/00	654; 351; 302	メール履歴を表示する際、メールに添付されたファイルの種類をアイコンで表示する。
視認性・画質改善	特開2000-270053;特開2000-270055;特開2000-312264			
入力操作性	特開2000-331003	G06F 17/30; G06F 17/30; G06F 17/30; G06F 3/02 H04Q 7/38; H04M 1/274	360;	電話帳に保存してある氏名がフルネームである場合、姓または名の文字列のうちのいずれか一方で検索することができる。
入力操作性	特開平11-308330;特開2000-148749;特開2000-174886;特開2000-270115;特開2000-278390;特開2000-278751;特開2001-109556;特開2001-111672;特開2001-136261			
編集の容易性	特開2000-276126;特開2000-333264			
セキュリティ改善	特開平10-341281	H04M 1/66; H04M 1/66; H04Q 7/38; H04Q 7/38		所定の時間設定をし、通話積算時間が設定時間を超えた場合には、通話操作を禁止し、所有者を表す情報を表示する、紛失時の不正使用防止機能を有する携帯電話機。
静粛性の確保	特開2001-45139			
条件に応じた制御	特開2000-354116	H04M 11/02; H04Q 7/32; H04Q 7/38; H04M 1/00		静粛性を要求されるときは、音声を文字変換して表示し、表示部を見ることができないときは、文字を音声に変換して報知する。
条件に応じた制御	特開2001-136578	H04Q 7/38; H02J 7/00; H04M 1/00; H04M 1/725		携帯電話の使用状態に応じて、受信状態、電池残量などを表すアイコンの表示方法を変更する。
条件に応じた制御	特開平11-331325;特開2001-144852;特開2001-189776			

表 2.15.4-1 ケンウッドの技術開発課題対応保有特許の概要(2/2)

技術要素／課題	特許no	特許分類	概要（解決手段要旨）
2）パネルの状態表示			
使用可能時間および機能の表示	特開2000-354107		
電波状態の表示	特開平11-243574		
回線状態の表示	特開2001-218265		
使用動作状態の表示	特開平10-322763		
外部機器接続状態の表示	特開2001-45551		
3）パネルのサービス情報表示			
地域情報	特開平11-41663		
4）パネルの発着信・メッセージ情報表示			
着信時の表示	特開2000-354116		
通話情報の表示	特開2001-45551		
メッセージの表示	特開平10-233843	H04M 11/00 302; H04Q 7/38	文字メッセージを受信した時、その受信文字メッセージが表示部に表示されている間に転送操作をし、転送先電話番号を入力し、発信操作をすることにより、前記受信文字メッセージを利用して同一文字メッセージを他の電話機に送出可能とする。
メッセージの表示	特開平10-262124		
留守番電話・ボイスメールの表示	特開平10-313360；特開2000-134322；特開2000-151769；特開2000-156724		
Eメールの表示	特開2000-22841；特開2000-270080；特開2000-278750		
5）発光表示			
着信認知	特開2000-278750	H04Q 7/38; H04Q 7/38; H04Q 7/14	新規メールが有る場合には、あらかじめユーザにより指定された方法、すなわち例えば可聴音（音声通知またはブザー）、振動、LCDのバックライト表示またはLEDのキーイルミネーション（点滅）のいずれかにより新規メールがあることを通知する。
着信認知	特開2000-151769		
6）可聴表示			
着信認知	特開2000-354116	H04M 11/02; H04Q 7/32; H04Q 7/38; H04M 1/00	静粛性を要求されるときは、音声を文字変換して表示し、表示部を見ることができないときは、文字を音声に変換して報知する。
着信認知	特開平11-88475；特開平11-187437；特開2000-134670；特許3195534		
着信応答	特開平10-262124；特開2001-45139		
通信接続状態	特開平9-261164；特開平10-322763		
7）振動表示			
着信認知	特開平11-4282	H04M 1/00; H04Q 7/14	発信者ごとに、あるいは発信者のグループごとにバイブレータの振動パターンすなわちオン、オフパターンを異ならせる。
着信認知	特許3195534	H04M 1/00	あらかじめ選択されたリンガー音パターンで動作するリンガー音発生手段と、あらかじめ選択された振動パターンで動作する振動発生手段と、着信の際に、リンガー音発生手段と振動発生手段を始動させる制御手段とからなり、音と振動による着信報知を状況に応じて好みの組み合わせを選択できる。
着信認知	特開2000-134670；特開2000-278750		
電池状態表示・電池消耗防止	特開平11-164342		

2.16 キヤノン

キヤノンは携帯電話の生産を行っていないが、カメラメーカとしての技術力を活かしたカメラで撮影した画像の処理に関する出願にその特徴が見られる。

2.16.1 企業の概要

表2.16.1-1 キヤノンの企業の概要

1)	商号	キヤノン株式会社
2)	設立年月日	1937（昭和12）年8月10日
3)	資本金	1,647億9,600万円
4)	従業員	19,363名（2001年3月現在）
5)	事業内容	事務機の開発・生産・販売・サービス 光学機器及びその他の開発・生産・販売・サービス カメラの開発・生産・販売・サービス
6)	技術・資本提携関係	－
7)	事業所	（本社）東京　（事業所）神奈川、茨城、東京　（工場）宇都宮、福島
8)	関連会社	（国内）キヤノン電子、キヤノン精機、コピア、キヤノン販売 （海外）キヤノンデベロプメントアメリカス、キヤノンリサーチセンターヨーロッパ、キヤノンリサーチセンターフランス
9)	業績推移	（売上高）　　　　（経常利益）　　単位：百万円 1997年3月　　　1,396,119　　　　　125,233 1998年3月　　　1,535,218　　　　　146,809 1999年3月　　　1,566,768　　　　　150,050 2000年3月　　　1,482,393　　　　　113,506 2001年3月　　　1,684,209　　　　　155,947
10)	主要製品	－
11)	主な取引先	（仕入）キヤノン電子、キヤノン精機、コピア、キヤノン化成、大分キヤノン （販売）キヤノン販売、キヤノンU.S.A、キヤノンヨーロッパ
12)	技術移転窓口	－

2.16.2 製品例

携帯電話などの端末は生産していないので製品例はなし。

2.16.3 技術開発拠点と研究者

東京都：本社（特許公報記載の発明者住所による）

図 2.16.3-1 キヤノンの発明者数と出願件数推移

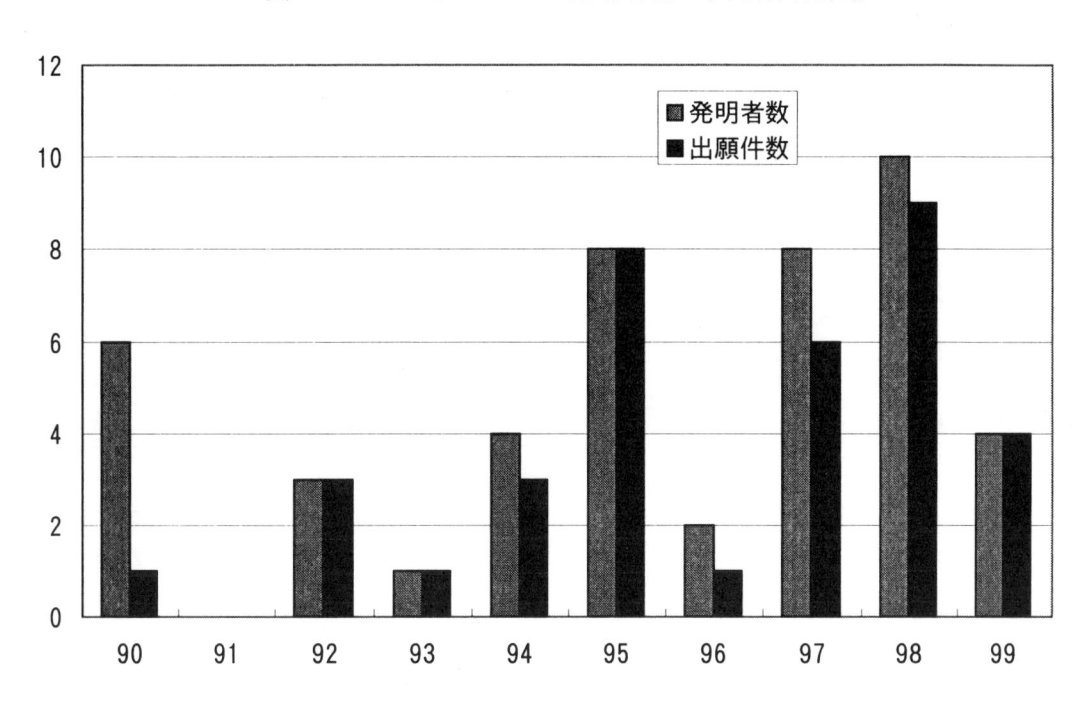

図 2.16.3-2 キヤノンの発明者人数と出願件数

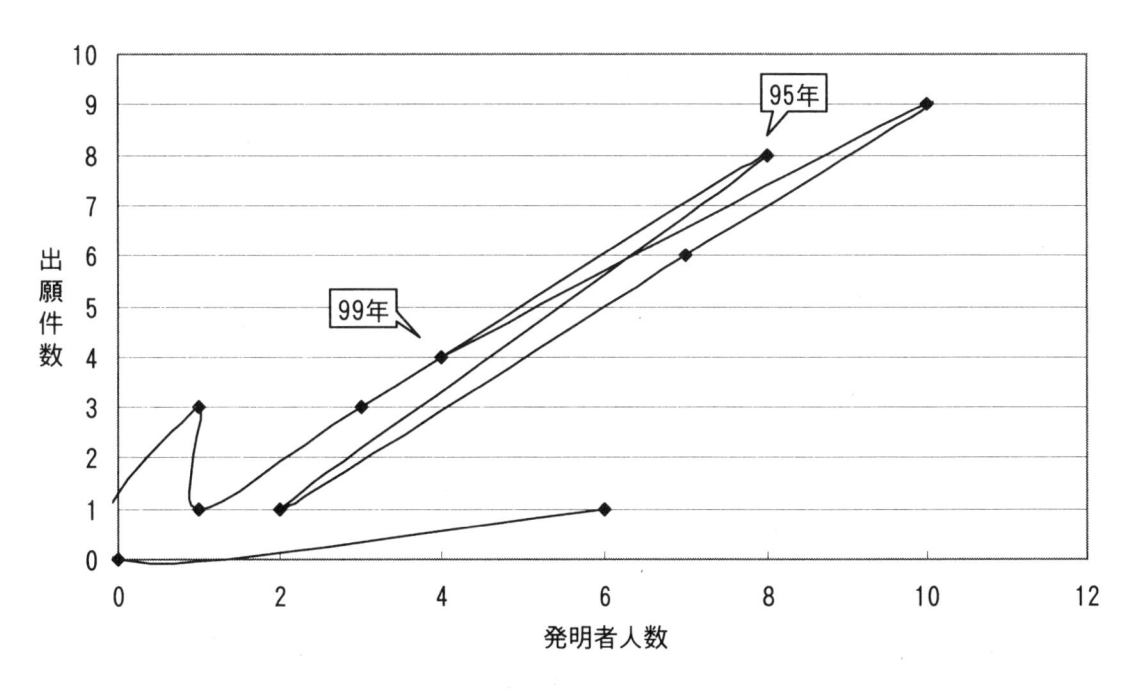

1991～2001 年 7 月までに公開された出願

2.16.4 技術開発課題対応保有特許の概要

表 2.16.4-1 キヤノンの技術開発課題対応保有特許の概要(1/2)

技術要素／課題	特許no	特許分類	概要（解決手段要旨）
1) パネルの表示制御			
視認性・画質改善	特開平11-196397	H04N 7/14; G09G 3/20 660; G09G 3/20 680; G09G 3/36; G09G 5/00 550; G09G 5/36 520; G09G 5/36 520; H04Q 7/38; H04M 11/02	携帯電話装置がいかなる方向で保持されていても、使用者に対して情報を最適な方向で画面表示をする。
視認性・画質改善	特開平11-317934;特開2000-358225;特許3098991		
アミューズメント性	特開平6-205274	H04N 5/232; H04N 5/232; H04N 5/907	端末本体と着脱可能なカメラで撮像した画像データを送信する。
入力操作性	特開平11-308309		
電力低減化	特開平11-112411;特開平11-239203;特開平2000-115308		
条件に応じた制御	特開平6-205274	H04N 5/232; H04N 5/232; H04N 5/907	撮像優先モードでは撮像を優先させ、通信優先モードでは、通信を優先させる制御回路を有するカメラ着脱型通信システムである。
条件に応じた制御	特開2000-165723;特開2000-165724		
2) パネルの状態表示			
動作状態に応じた正確で、認識容易な表示	特開平11-175440		
回線状態の表示	特開平8-340577		
使用動作状態の表示	特開平9-107327;特開2001-16350		
3) パネルのサービス情報表示			
ガイド情報	特開平9-252485	H04Q 7/38; G01S 5/02; G07C 5/00; H04M 3/42; H04M 3/42; H04M 3/42; H04M 11/08	無線基地局からの識別情報を基にして携帯端末の位置情報を特定し、通信相手にこの情報を通知したり、あるいは移動ルートを特定する。
通知・警告情報	特開平9-37336	H04Q 7/34; H04Q 7/34; H04Q 7/38	基地局が原子力発電所内に設置され、端末所有者が危険区域に侵入した場合の警告情報を提供する。
地域情報	特開平9-37336	H04Q 7/34; H04Q 7/34; H04Q 7/38	基地局が原子力発電所内に設置され、端末所有者が危険区域に侵入しないように、位置に基づいたサービス情報を提供する。
送受信情報	特許2998889		

表 2.16.4-1 キヤノンの技術開発課題対応保有特許の概要(2/2)

技術要素／課題	特許no	特許分類	概要（解決手段要旨）
4) パネルの発着信・メッセージ情報表示			
着信時の表示	特開平8-228236		
通話情報の表示	特開平8-223633		
メッセージの表示	特開平11-317934；特開2001-16350		
5) 発光表示			
着信認知	特開平11-27347	H04M 1/00; H04Q 7/14; H04Q 7/38; H04M 3/42; H04M 11/00 303	発呼側で着信側の報知方法を設定できるようにした。
6) 可聴表示			
着信認知	特開2000-181818	G06F 13/00 351; H04Q 7/38; H04L 12/54; H04L 12/58; H04M 3/00; H04M 11/00 303	操作者が電話をかけようとした時に、メールサーバ内に携帯電話端末宛ての電子メールが貯えられている状態であることが通知済みである時には、操作者が相手の電話番号を入力し、発信のためのトリガとなる動作を行うと、相手電話への発信が行われる前に、メール到着のメッセージをスピーカから出力する。
着信認知	特開平9-36932；特開平11-27347；特開2000-101687		
警報	特開平9-107327		
着信応答	特開平11-187088		
通信接続状態	特開平11-355844		
7) 振動表示			
着信認知	特開平11-27347	H04M 1/00; H04Q 7/14; H04Q 7/38; H04M 3/42; H04M 11/00 303	発呼側で着信側の報知方法を設定できるようにした。
着信認知	特開平9-37336		

2.17 富士通

富士通はエヌ・ティ・ティ・ドコモ向け携帯電話を中心として開発を行っている。
　出願件数は特に大きな変動はみられないが、発明者数は1999年に大幅に増えていることが特徴である。

2.17.1 企業の概要

表2.17.1-1　富士通の企業の概要

1)	商号	富士通株式会社
2)	設立年月日	1935（昭和10）年6月20日
3)	資本金	3,146億5,200万円
4)	従業員	42,010名（2001年3月現在）
5)	事業内容	ソフトウェアサービス 情報処理 通信 電子デバイス その他
6)	技術・資本提携関係	―
7)	事業所	（本社事務所）東京、（本店）神奈川 （工場）神奈川、福島、栃木、埼玉、静岡、長野、兵庫、栃木、岩手、三重
8)	関連会社	（国内）富士通電装、富士通アイネットワークシステムズ （海外）Fujitsu Network Communications、Fujitsu Telecommunications Europe
9)	業績推移	（売上高）　　　（経常利益）　　単位：百万円 1997年3月　　　　3,123,672　　　　95,759 1998年3月　　　　3,229,084　　　　80,108 1999年3月　　　　3,191,146　　　　15,709 2000年3月　　　　3,251,275　　　　15,878 2001年3月　　　　3,382,218　　　107,466
10)	主要製品	携帯電話（NTTドコモ向け）
11)	主な取引先	（仕入）NTTグループ、官公庁他
12)	技術移転窓口	法務・知的財産権本部渉外部特許渉外部 神奈川県川崎市中原区上小田中4-1-1　TEL044-777-1111

2.17.2 製品例

表2.17.2-1　富士通の製品例

要素技術	製品	製品名	発売時期	出典
・パネルの表示制御 ・パネルのサービス表示	携帯	F502i	―――	日経モバイル、2000年5月号
・パネルの状態表示	携帯	F211i	2001年11月	日経モバイル、2002年1月号
・発光表示	携帯	F501i	―――	日経モバイル、1999年12月号
・可聴表示	携帯	DP-121		モバイルメディアマガジン、1994年11月号

2.17.3 技術開発拠点と研究者

神奈川：本店（特許公報記載の発明者住所による）

2.17.3-1 富士通の発明者数と出願件数推移

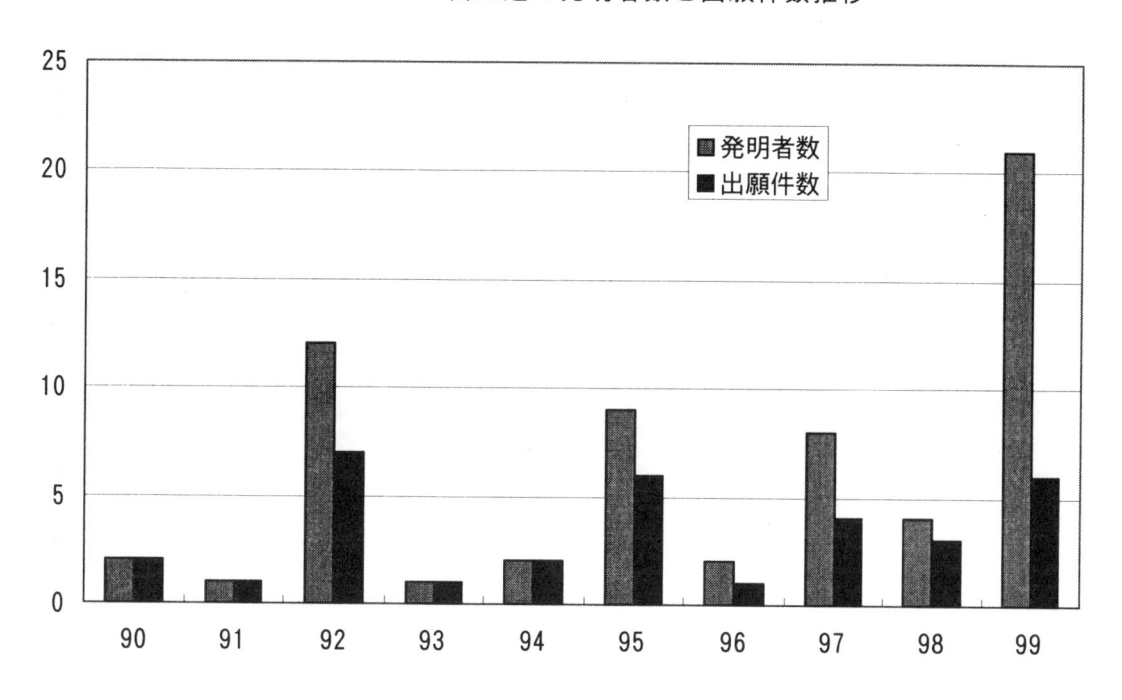

2.17.3-2 富士通の発明者人数と出願件数

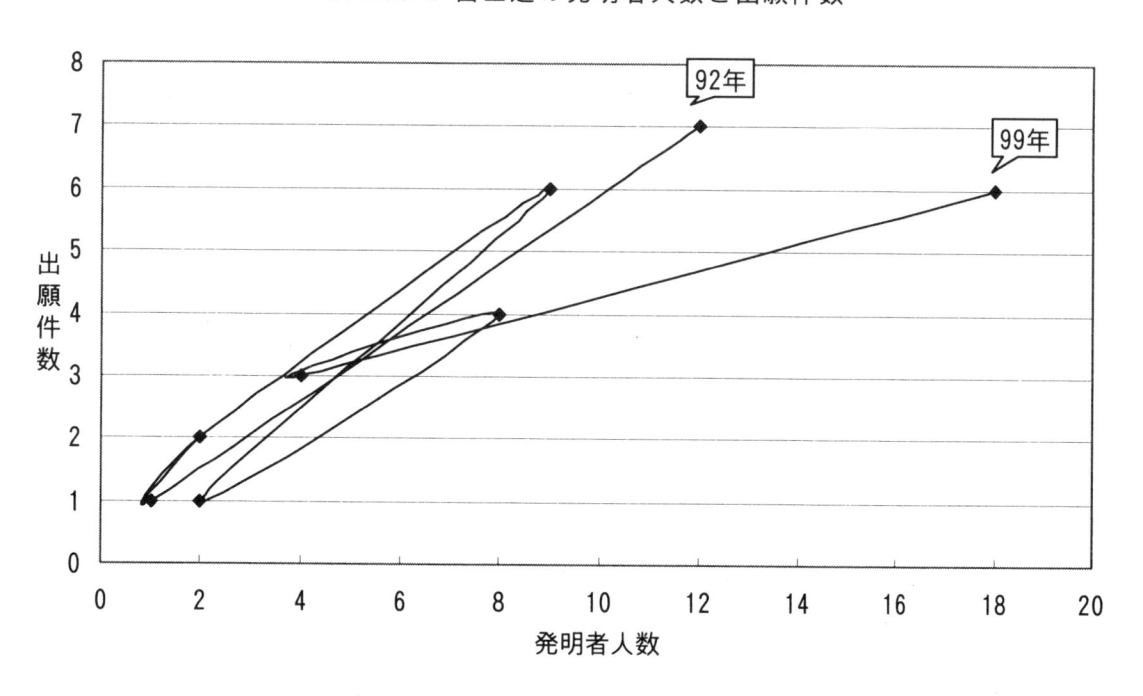

1991～2001年7月までに公開された出願

2.17.4 技術開発課題対応保有特許の概要

表 2.17.4-1 富士通の技術開発課題対応保有特許の概要(1/2)

技術要素/課題	特許no	特許分類	概要(解決手段要旨)
1) パネルの表示制御			
視認性・画質改善	特開2000-286950	H04M 1/274; H04Q 7/38	通信相手にとって最も便利な通信サービス(携帯電話、固定電話、電子メールなど)や利用可能な通信サービスが、電話帳とともに表示される。
情報表示の正確性	特開平11-136755		
2) パネルの状態表示			
電波状態の表示	特許3097787		
使用動作状態の表示	特開平11-122668;特開2000-287249		
3) パネルのサービス情報表示			
ガイド情報	特開2001-93024	G07D 9/00 421; G06F 3/16 340; G06F 19/00; G06F 19/00; G06F 19/00; G10L 15/00; H04B 7/26; H04M 1/65; H04M 11/00 302	携帯電話を用いて、自動振り込みなどを行う自動手続装置に入力を行う際に、入力ガイダンスを表示する。
ガイド情報	特許2815431	H04Q 7/38	移動端末からの地図情報要求信号に基づき、固定局は移動端末が属するエリアの地図情報を送信する。
通知・警告情報	特開2001-136576	H04Q 7/38; H04Q 7/38; H04M 1/00; H04M 1/725; H04M 3/42; H04M 3/42	携帯端末が特定地域内に到着したことを、アラームにより報知する。
通知・警告情報	特開平11-252643		
4) パネルの発着信・メッセージ情報表示			
着信時の表示	特開2001-111654		
5) 発光表示			
電池状態表示・電池消耗防止	特開平8-223646	H04Q 7/38; G08B 5/36; G08B 21/00; H02J 7/00	電池駆動の移動無線端末が着信可能である状態を表示する電池電圧によるLEDとして、2色発光のLED(1)(2)を使用し、電池電圧の低下時にそれまでと異なる色の発光により、電池電圧の低下を警告する。

表 2.17.4-1 富士通の技術開発課題対応保有特許の概要(2/2)

技術要素／課題	特許no	特許分類	概要(解決手段要旨)
6) 可聴表示			
着信応答	特開平8-195793;特開平10-173739;特開平11-168769;特開平11-331314;特開2001-53831		
警報	特開2001-136576	H04Q 7/38; H04Q 7/38; H04M 1/00; H04M 1/725; H04M 3/42; H04M 3/42	位置の情報を記憶手段に登録して管理する制御装置を備えた移動通信システムで、制御装置に特定地域(特定ゾーン)を登録しておき、携帯端末が特定地域に入った際、制御装置からの情報に基づき携帯端末のアラーム手段(ブザー、バイブレータなど)を作動させて、特定地域に到着したことを、アラームにより利用者に通知する。
通信応答	特開平8-223279;特開平10-327258;特開2001-111654		
通信接続状態	特開平9-84116	H04Q 7/38	複数の通信状態(例えば、エラーレートの劣化、電池電圧の低下)に基づいて2種類のアラーム音またはメッセージを用意し、その通信状態に対応するアラーム音またはメッセージを通話者双方に出力する。

技術要素／課題	特許no	特許分類	概要(解決手段要旨)
7) 振動表示			
着信認知	特開平11-168769	H04Q 7/38; H04M 1/00; H04M 1/00	着信機能自動選択を行う携帯電話機において、周囲の明暗状況を検出する光検出手段と、検出手段の出力を受けて着信機能の自動選択処理を行う制御手段とを具備し、制御手段は、光検出手段の照度変化に応じて、携帯電話機の動作状態とサービスの設定動作を切り替え制御する。
着信認知	特開2001-53831	H04M 1/00; H04M 1/00; H04M 1/00; H04Q 7/38	着信音通知モードと、振動で通知する振動通知モードと、振動通知モードから着信音通知モードに自動的に切替える自動切替モードとの選択を行うモード選択部と、モード選択部により選択されたモードに従って着信時の通知を行い、かつ自動切替モードの選択時に、着信無応答回数または経過時間の設定条件を判定して、振動通知モードから着信音通知モードに切り替える制御部とを備えた。

2.18 日本電信電話

　日本電信電話は電気通信の基盤となる電気通信技術に関する研究開発を行っている。表2.18.4-1に示すようにガイド情報に関する保有特許が目立つ。

2.18.1 企業の概要

表2.18.1-1 日本電信電話の企業の概要

1)	商号	日本電信電話株式会社
2)	設立年月日	1952（昭和27）年8月1日
3)	資本金	9,379億5,000万円
4)	従業員	3,314名（2001年3月現在）
5)	事業内容	地域通信事業、長距離・国際通信事業、移動通信事業、データ通信事業
6)	技術・資本提携関係	―
7)	事業所	（本社）東京　（支店）丸の内、新宿、渋谷、多摩、神奈川、千葉
8)	関連会社	（国内）東日本電信電話、西日本電信電話、エヌ・ティ・ティ・コミュニケーション、エヌ・ティ・ティ・ドコモ （海外）NTT America,Inc（米国）、NTT Rocky,Inc、
9)	業績推移	（売上高）　　　（経常利益）　　単位：百万円 1997年3月　　　6,371,287　　　　365,999 1998年3月　　　6,322,344　　　　356,616 1999年3月　　　6,137,003　　　　237,368 2000年3月　　　1,696,799　　　　117,574 2001年3月　　　　322,865　　　　 83,984
10)	業務概要	(1) 東日本電信電話株式会社及び西日本電信電話株式会社（以下「地域会社」という）が発行する株式の引受け及び保有並びに当該株式の株主としての権利の行使 (2) 地域会社に対し、必要な助言、あっせんその他の援助 (3) 電気通信の基盤となる電気通信技術に関する研究 (4) 前3号の業務に附帯する業務 　　上記業務を営むにあたって、その目的を達成するために必要な業務
11)	主な取引先	―
12)	技術移転窓口	―

2.18.2 製品例

　携帯電話、PHS本体の生産がないので、保有特許との関連は不明。

2.18.3 技術開発拠点と研究者

東京都：本社（特許公報記載の発明者住所による）

図 2.18.3-1 日本電信電話の発明者数と出願件数推移

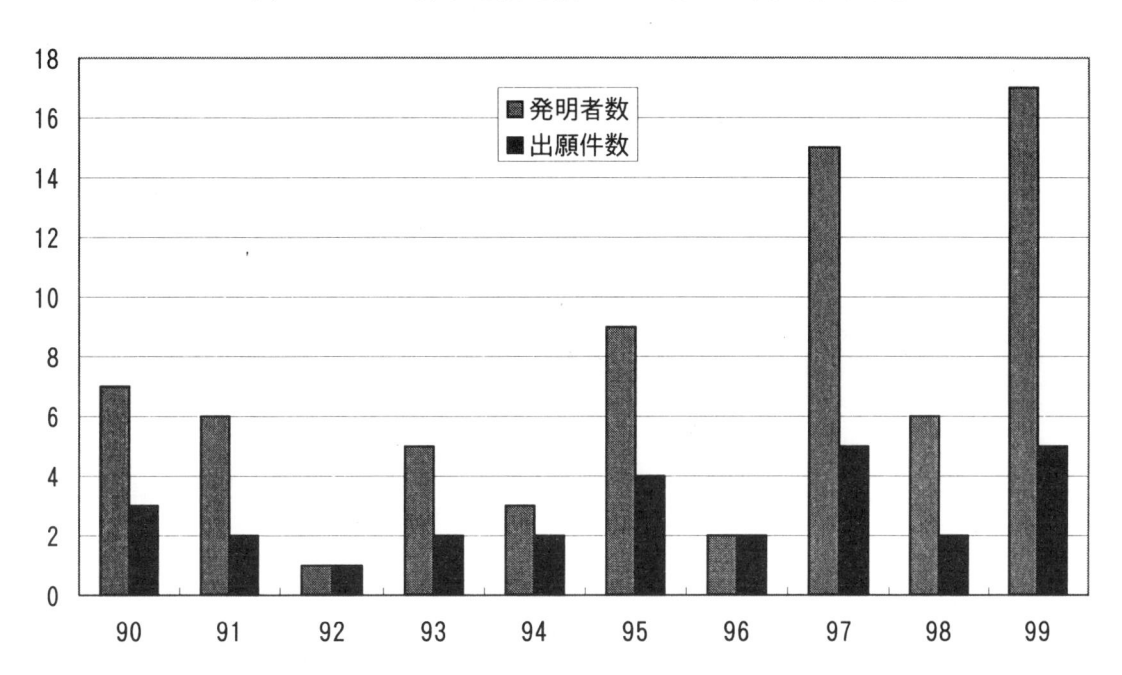

図 2.18.3-2 日本電信電話の発明者人数と出願件数

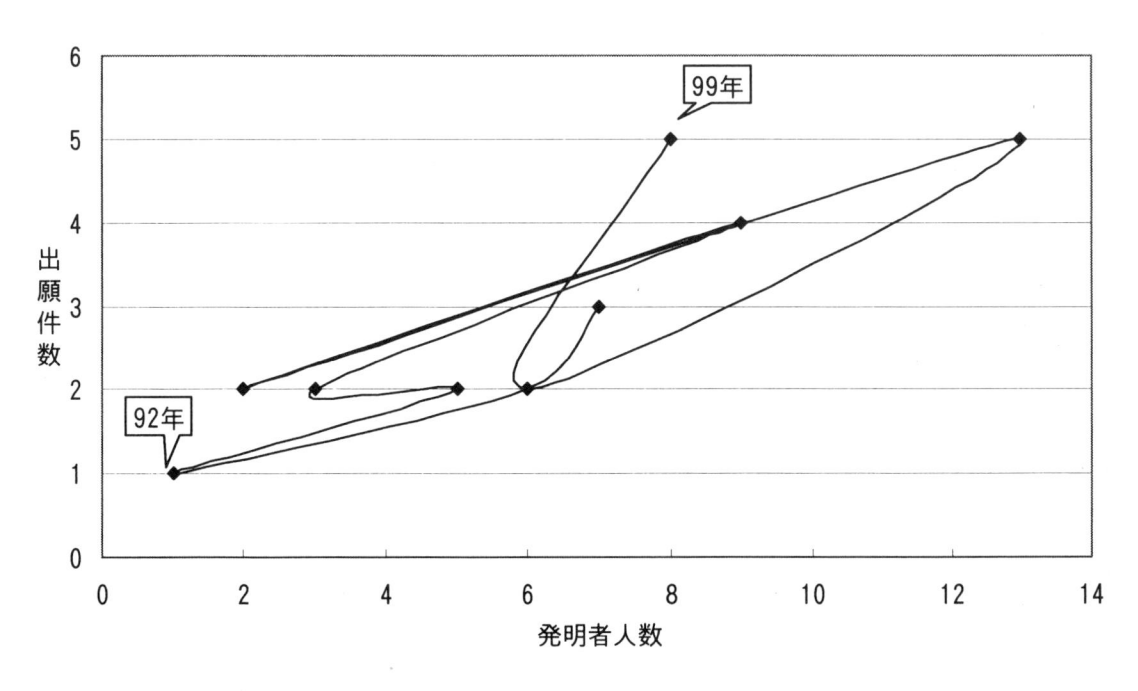

1991～2001年7月までに公開された出願

2.18.4 技術開発課題対応保有特許の概要

表2.18.4-1 日本電信電話の技術開発課題対応保有特許の概要(1/2)

技術要素／課題	特許no	特許分類	概要（解決手段要旨）
1) パネルの表示制御			
入力操作性	特開平11-68915；特開平11-168426		
2) パネルの状態表示			
電波状態の表示	特開平9-135203	H04B 7/26； H04Q 7/38	受信電界強度と誤り率（符号間干渉量）の双方を測定し、両方の測定結果から通信品質を表示する。
3) パネルのサービス情報表示			
ガイド情報	特開平9-93653	H04Q 7/38； G01S 3/00； H04Q 7/34	複数の基地局からの識別番号を含む受信信号から識別番号を抽出するとともに、受信レベルが最も良い基地局を判定し、地図情報から判定した基地局付近の地図情報を表示する。
ガイド情報	特開平11-55741	H04Q 7/38； H04Q 7/38； G01C 21/00； G01C 21/00； G01S 5/14； G08G 1/0969； G09B 29/00； H04Q 7/34； H04Q 7/34	モバイル端末を用いて位置検出手段から得られる位置情報を位置情報センタに登録し、登録グループごとに人または車両などの移動状況を一元的に管理することのできる複数位置情報表示方法および位置情報管理装置。
ガイド情報	特開2001-4391	G01C 21/00 ； G06F 13/00 354； G06F 17/30 ； G06F 17/30 ； G08G 1/09 ； G08G 1/137 ； G09B 29/00 ； G09B 29/10 ； H04Q 7/38 ； H04Q 7/38 ； H04M 11/08	携帯電話機用案内地図を提供するサーバまたは携帯電話機から、行き先に対応した地図を所得し表示する。
ガイド情報	特開2001-5763	G06F 13/00 354； G06F 17/30； G09B 29/00； H04Q 7/38； H04M 11/08	道路を中心線によるネットワークで表すなどして、道路、線路、ランドマークを見やすく表示する。
ガイド情報	特開平8-107583		

表 2.18.4-1 日本電信電話の技術開発課題対応保有特許の概要(2/2)

技術要素／課題	特許no	特許分類	概要（解決手段要旨）
4) パネルの発着信・メッセージ情報表示			
発信時の表示	特開平8-265848；特開平11-68915		
通話情報の表示	特開平11-55752		
メッセージの表示	特開平11-164362	H04Q 7/38; H04M 3/54	外部よりメッセージを受信した無線端末が、該メッセージを少なくとも1つのほかの無線端末に転送し、メッセージの転送を受けた無線端末が、転送されたメッセージを更に少なくとも1つの別の無線端末に転送するようにして、複数の無線端末間でメッセージを自動的に転送し、各無線端末は、転送されたメッセージを自動的に自己に接続されている掲示装置に転送し、該メッセージ掲示装置がメッセージを表示するように構成する。

5) 発光表示	該当なし		

6) 可聴表示			
着信認知	特開2000-124982		
警報	特開平7-131851	H04Q 7/34; H04Q 7/38	特定のエリアおよびこれに隣接する特定の他のエリアのエリアコード（第1および第2のエリアコード）を登録しておき、無線基地局から発せられる電波よりメモリに蓄積される最も新しいエリアコードおよび該最も新しいエリアコードとは異なりかつ2番目に新しいエリアコードが、それぞれ第1および第2のエリアコードと一致する場合に使用者に報知する。（目的の駅に到着する場合の警報などに利用）
着信応答	特許2914955	H04Q 7/38; H04Q 7/38; H04B 7/204; H04B 7/26	携帯電話端末を子機とする携帯電話端末機能を内蔵した携帯情報端末であって、受信した時にデータ呼の場合はメモリに保存し、音声呼の場合には携帯電話を呼び出して携帯端末を介して通話を行う。

7) 振動表示	該当なし		

2.19 エヌ・ティ・ティ・ドコモ

　エヌ・ティ・ティ・ドコモは携帯電話、PHSの通信業者の一つである。シェアは50%を超えるなど移動通信分野をリードしている。発明者数および出願件数が、1999年に急増していることが特徴である。

2.19.1 企業の概要

表2.19.1-1 エヌ・ティ・ティ・ドコモの企業の概要

1)	商号	株式会社エヌ・ティ・ティ・ドコモ
2)	設立年月日	1991（平成3）年8月14日
3)	資本金	9,496億7,950万円
4)	従業員	5,334名（2001年3月現在）
5)	事業内容	携帯電話事業、PHS事業、クイックキャスト事業の通信サービスおよび、端末機器販売
6)	技術・資本提携関係	NTT：NTTが行う基盤的研究開発及びグループ経営運営に関して同社から提供される役務及び便益ならびにその対価の支払等を内容とする契約（地域ドコモ8社） NTT：NTTが行う基盤的研究開発及びグループ経営運営に関して、同社から提供される役務及び便益ならびにその対価の支払等を内容とする契約
7)	事業所	（本社）東京　（支店）東京、神奈川、千葉、埼玉、茨城、栃木、山梨、長野
8)	関連会社	（国内）エヌ・ティ・ティ・ドコモ（北海道、東北、東海、北陸、関西、中国、四国、九州）、ドコモサービス（北海道、東北、東海、北陸、関西、中国、四国、九州）
9)	業績推移	（売上高）　　　（経常利益）　単位：百万円 1997年3月　　　　905,289　　　　65,922 1998年3月　　　1,275,955　　　153,133 1999年3月　　　1,485,728　　　171,330 2000年3月　　　1,735,064　　　232,736 2001年3月　　　2,142,353　　　292,938
10)	主要製品	携帯電話、PHSの通信サービス　　DoCoMoブランド携帯電話、PHS
11)	主な取引先	（仕入）日本電気、松下通信工業、富士通、三菱電機
12)	技術移転窓口	－

2.19.2 製品例
　研究開発と製品の関連性が特定できない。

2.19.3 技術開発拠点と研究者

東京都：本社（特許公報記載の発明者住所による）

図 2.19.3-1 エヌ・ティ・ティ・ドコモの発明者数と出願件数推移

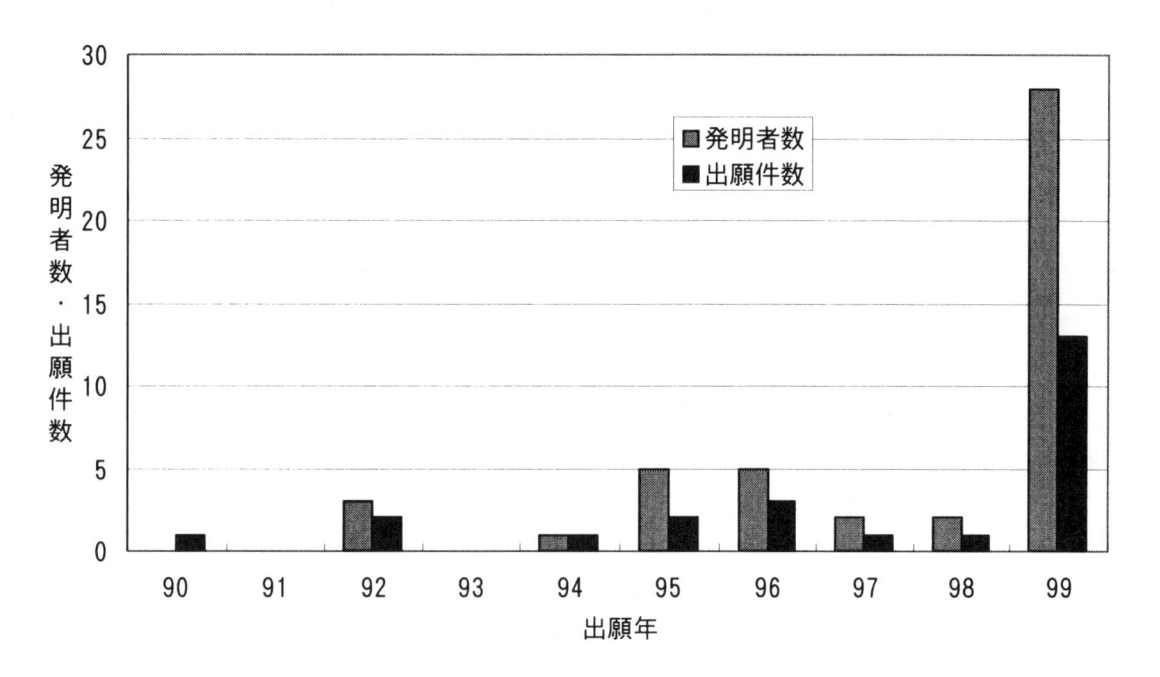

図 2.19.3-2 エヌ・ティ・ティ・ドコモの発明者人数と出願件数

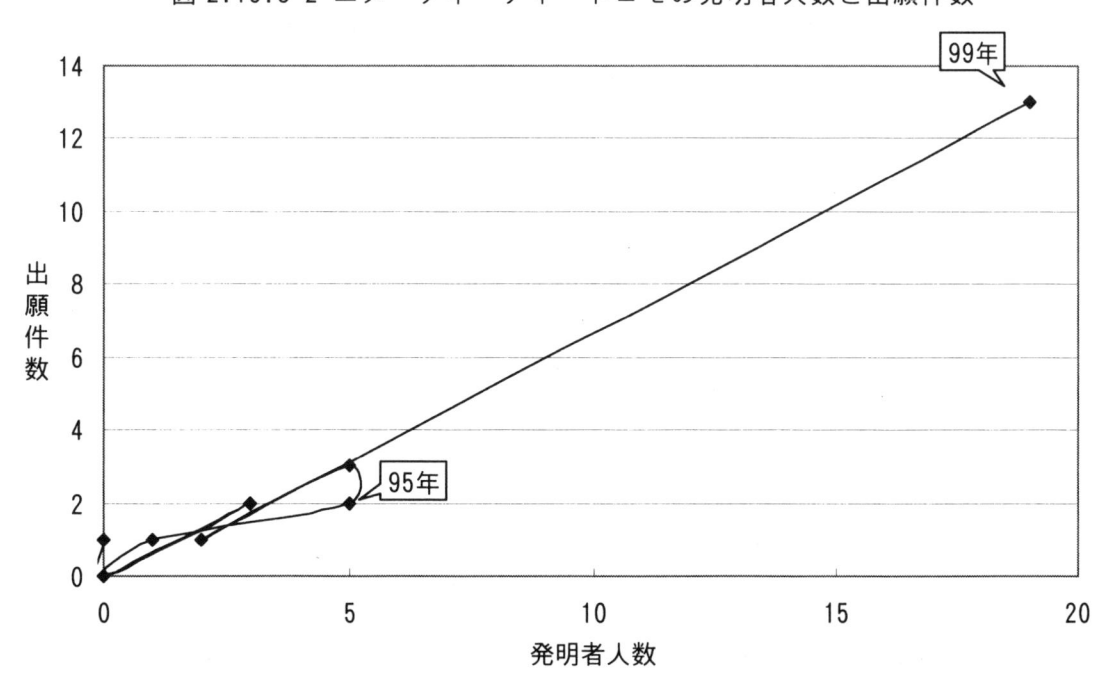

1991～2001 年 7 月までに公開された出願

2.19.4 技術開発課題対応保有特許の概要

表 2.19.4-1 エヌ・テイ・テイ・ドコモの技術開発課題対応保有特許の概要(1/2)

技術要素／課題	特許no	特許分類	概要（解決手段要旨）
1) パネルの表示制御			
視認性・画質改善	特開2001-61138		
大容量データの表示	特開2001-16201	H04L 12/18; H04B 7/26; H04Q 7/38; H04L 12/28; H04L 12/54; H04L 12/58	情報データを分割して携帯電話に送信することで、一度に送信できないような大容量データを表示する。
電力低減化	特開2001-159889		
条件に応じた制御	特許3045273	H04Q 7/38; H04Q 7/38	複数の加入者番号が記憶されたメモリカードから加入者番号を読み込むとともに登録することにより、加入者番号を使い分けることができる。
2) パネルの状態表示			
動作状態に応じた正確で、認識容易な表示	特開2001-174532		
電波状態の表示	特開2001-136574		
回線状態の表示	特許2875116		
外部機器接続状態の表示	特開2001-136574		
3) パネルのサービス情報表示			
ビジネス情報	特開2001-76168	G06T 15/00; G09B 29/10; H04Q 7/38; H04N 13/00	実際の風景とCGデータによる画像データとを、操作者の視線方向および携帯端末の位置に基づいて合成し表示する。
生活・娯楽情報	特開平9-68427	G01C 15/00; A63G 33/00; G01C 21/00; G08G 1/123; H04Q 7/34; H04Q 7/38; G01S 5/14	相手端末の位置および方向をリアルタイムに表示し、この情報を基にして複数人で種々のゲームを行う。
ガイド情報	特開平9-68427	G01C 15/00; A63G 33/00; G01C 21/00; G08G 1/123; H04Q 7/34; H04Q 7/38; G01S 5/14	相手端末の位置および方向をリアルタイムに表示し、この情報を基にして複数人で種々のゲームを行う。
ガイド情報	特開2001-4392	G01C 21/00; G06F 13/00 354; G06F 17/30; G06F 17/30; G08G 1/09; G08G 1/137; G09B 29/00; G09B 29/10; H04Q 7/38; H04Q 7/38; H04M 11/08	携帯電話機は、地図サーバから地図情報と案内情報部品とを受信し、これらを統合して地図を完成させ表示する。
ガイド情報	特開2001-4393		

表 2.19.4-1 エヌ・テイ・テイ・ドコモの技術開発課題対応保有特許の概要(2/2)

技術要素／課題	特許no	特許分類	概要（解決手段要旨）
地域情報	特開2001-169355	H04Q 7/38; G01S 5/02; G08G 1/09; H04Q 7/34	基地局は基地局が位置する地域情報を、カバーする無線セル内の携帯電話に対して送信する。
地域情報	特開2001-197545		

4) パネルの発着信・メッセージ情報表示			
メッセージの表示	特開平9-321858	H04M 1/57; H04Q 7/14; H04M 1/27; H04M 11/00 303	操作者が操作手段を操作し、所望のメッセージを選択し表示手段に表示させ、操作手段を操作し検索操作を行う。これにより、メッセージの可視領域先頭から3桁以上連続する数字列が検索され、表示手段に表示される。操作者は、さらに必要に応じて次検索操作を行い、所望の電話番号を表示手段に表示させる。そして、操作者は、操作手段を操作し、表示手段に表示された電話番号による発信操作を行う。

5) 発光表示	該当なし

6) 可聴表示	
着信認知	特開2000-106685

7) 振動表示	該当なし

2.20 ノキア モービル フォーンズ

　ノキア モービル フォーンズは世界第1位の携帯電話メーカである。国内においては、エヌ・ティ・ティ・ドコモやJ-フォン向けに製品を供給している。

2.20.1 企業の概要

表2.20.1-1 ノキア モービル フォーンズの企業の概要

1)	商号	ノキア モービル フォーンズ
2)	設立年月日	－
3)	資本金	－
4)	従業員	27,353名（NOKIA Mobile2000年12月31日現在）
5)	事業内容	携帯電話（アナログ、GSM、AMPS、CDMA、TDMA）通信設備
6)	技術・資本提携関係	－
7)	事業所	（本社）Keilalahdentie 4, FIN-00045
8)	関連会社	－
9)	業績推移	（売上高）　　（経常利益）　　単位：EUR in millions 【NOKIA Mobile】 1998年　　　　8,070　　　　1,540 1999年　　　　13,182　　　　3,099 2000年　　　　21,887　　　　4,879
10)	主要製品	携帯電話（NTTドコモ向け、J-フォン向け）
11)	主な取引先	－
12)	技術移転窓口	－

2.20.2 製品例

表2.20.2-1 ノキア モービル フォーンズの製品例

要素技術	製品	製品名	発売時期	出典
・パネルの表示制御 ・パネルのサービス表示	携帯	NM502i	───	日経モバイル、2000年5月号
・パネルの状態表示	携帯	DP-151	───	モバイルメディアマガジン、1994年11月号
・可聴表示	携帯	DP-145	───	日経モバイル、1998年6月号

2.20.3 技術開発拠点と研究者

フィンランド：本社
イギリス
デンマーク
アメリカ
神奈川
埼玉

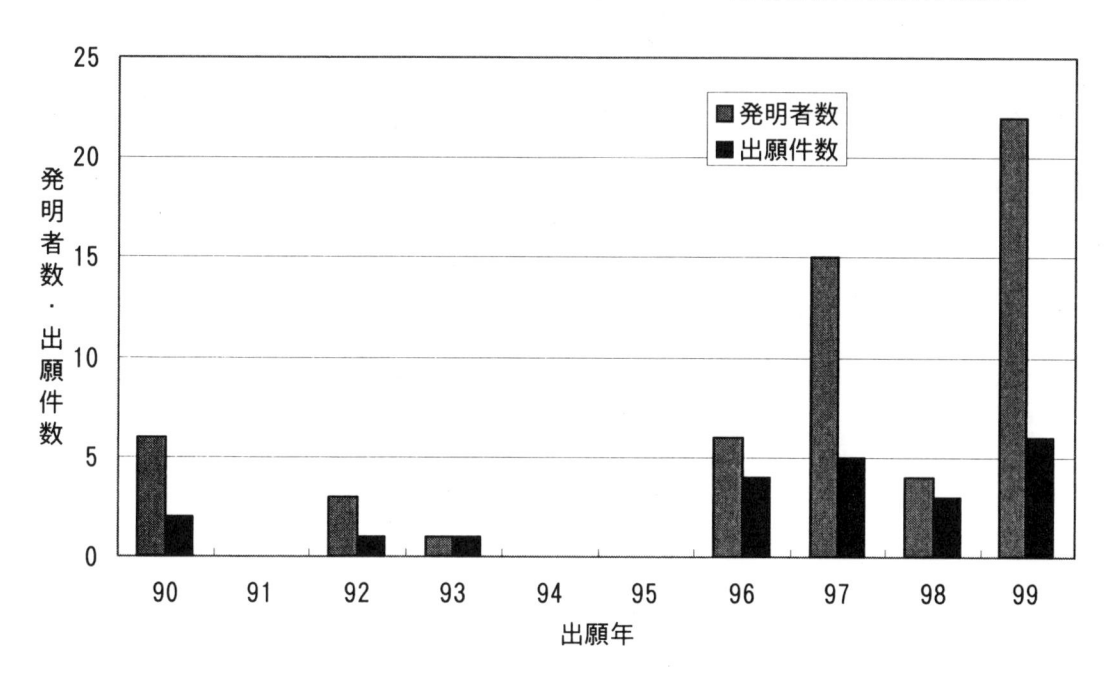

図 2.20.3-1 ノキア　モービル　フォーンズの発明者数と出願件数推移

図 2.20.3-2 ノキア　モービル　フォーンズの発明者人数と出願件数

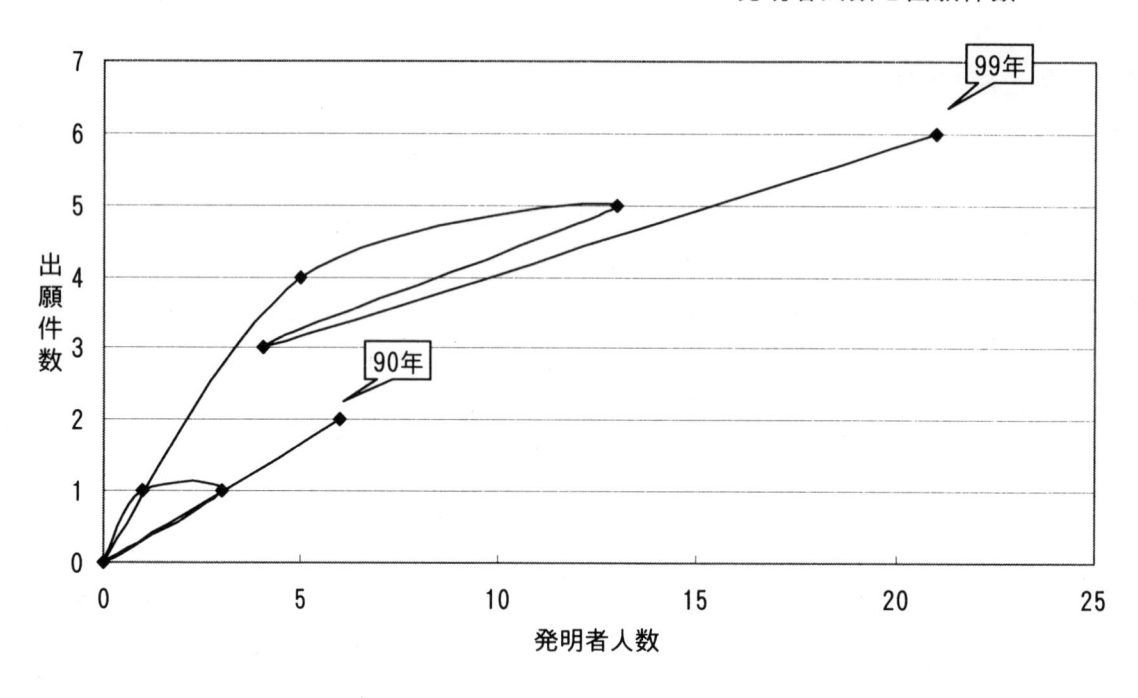

1991～2001 年 7 月までに公開された出願

2.20.4 技術開発課題対応保有特許の概要

表2.20.4-1 ノキア　モービル　フォーンズの技術開発課題対応保有特許の概要(1/2)

技術要素／課題	特許no	特許分類	概要（解決手段要旨）
1)パネルの表示制御			
視認性・画質改善	特開2001-216065	G06F 3/00 654; H04Q 7/38; H04M 1/00; H04M 1/725	複数のアプリケーションの識別情報を同時に表示し、選択されたアプリケーションに使用可能なオプションのリストを表示する。
視認性・画質改善	特開平10-290275;特開2000-124977;特開2000-316190		
アミューズメント性	特開2001-186040	H04B 1/38; G06F 1/32; G06F 3/14 320; G09G 3/20 680; G09G 3/36; H04Q 7/38; H04M 1/725	スタンバイモードからパーシャルモードに移行する際、スクリーンセーバ画像を時間的かつ段階的に小さくする。
小型・軽量化	特開平10-190814		
入力操作性	特開平10-98560	H04M 11/00 303; H04Q 7/38; H04M 1/00; H04M 1/27	ユーザ入力手段の第1の動作に応答してその後の項目を出力手段により選択のために表示させるとともに、ユーザ入力手段の別の動作に応答して現在指示されている項目を選択する制御手段とを備えているユーザーインターフェイス。
入力操作性	特開平11-27368	H04M 1/27; H04Q 7/38	タッチパネル上に複数の記号が配列されており、1回目の記号へのタッチによりタッチした記号の近辺が拡大され、2回目の記号へのタッチにより最終的に記号が選択される。
入力操作性	特開2001-216065	G06F 3/00 654; H04Q 7/38; H04M 1/00; H04M 1/725	複数のアプリケーションの識別情報を同時に表示し、選択されたアプリケーションに使用可能なオプションのリストを表示する。
入力操作性	特開2001-230845	H04M 1/247; G06F 3/00 658; H04Q 7/32; H04Q 7/38; H04M 1/02; H04M 1/23; H04M 1/725	複数の機能に対応しディスプレイ上に複数の領域が設定され、カーソルをこれらの領域に正確に移動しなくとも、自動的に最も近い領域に移動し、所望の機能が選択される。
入力操作性	特許3043837	H04Q 7/38; H04M 1/23	ダイヤルの回転方向と速度に対応して、メニューの操作方向と速度を制御する。
入力操作性	特許3162129	H04M 1/274; H04M 1/56; H04Q 7/38	新規電話番号が発呼される場合はレジスタに書き込まれ、登録されている電話番号は使用頻度の順に表示される。
入力操作性	特開平6-208333;特開平10-190813;特開平11-168540;特開平11-317798;特開平11-317799;特開2000-36856;特開2000-92186;特開2001-166870		
電力低減化	特開2001-197178	H04M 1/02; H04M 1/02; H04B 7/26; H04B 7/26	キー入力を制限するためのカバーが設けられ、ディスプレイ及びカバーにより覆われていないキーだけが照明される。

表2.20.4-1 ノキア　モービル　フォーンズの技術開発課題対応保有特許の概要(2/2)

技術要素／課題	特許no	特許分類	概要（解決手段要旨）
2) パネルの状態表示			
3) パネルのサービス情報表示			
ガイド情報	特開平10-136437	H04Q 7/34; H04Q 7/34; H04Q 7/38	移動局ユーザーの位置を測定し知らせたり、基地局がその中にある移動局ユーザーにおよその位置を知らせる。
4) パネルの発着信・メッセージ情報表示			
通話情報の表示	特開2000-36856		
5) 発光表示	該当なし		
6) 可聴表示	該当なし		
7) 振動表示	該当なし		

3．主要企業の技術開発拠点

3.1 携帯電話表示技術全体
3.2 パネルの表示制御
3.3 パネルの状態表示
3.4 パネルのサービス情報表示
3.5 パネルの発着信・メッセージ表示
3.6 発光表示
3.7 可聴表示
3.8 振動表示

> 特許流通
> 支援チャート

3．主要企業の技術開発拠点

技術開発拠点の都道府県別所在地分布は、技術要素間の差が
ほとんどなく大都市に集中している。

　携帯電話表示技術に関する主要企業の開発拠点を都道府県別（海外拠点含む）に示す。開発
拠点は発明者の住所により特定し、全体および要素技術ごとに分析した。

3.1 携帯電話表示技術全体

図 3.1-1 技術開発拠点図

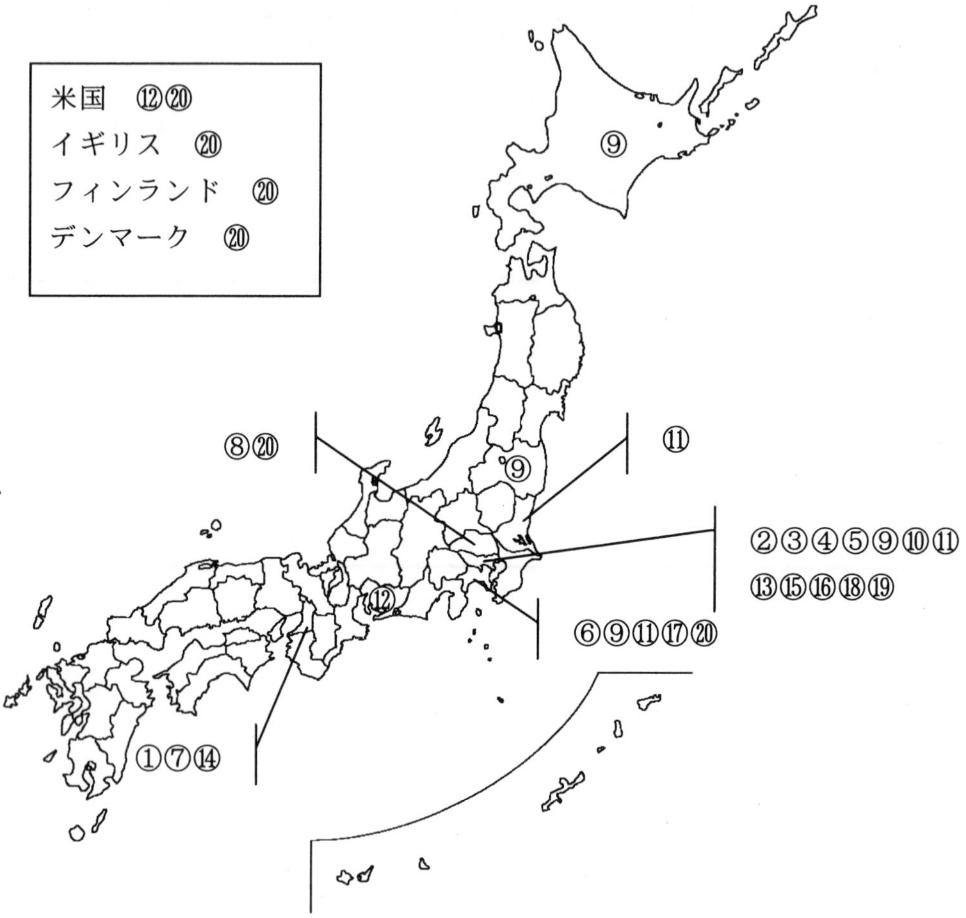

```
米国      ⑫⑳
イギリス   ⑳
フィンランド ⑳
デンマーク  ⑳
```

⑨
⑧⑳ ⑪
⑨
②③④⑤⑨⑩⑪
⑬⑮⑯⑱⑲
⑫
⑥⑨⑪⑰⑳
①⑦⑭

表 3.1-1 技術開発拠点一覧表(1/2)

技術要素	No	企業名	特許	事業所名	住所	発明者数
携帯電話表示技術全体	1	松下電器産業	235 件	本社	大阪府	165
	2	日本電気	218 件	本社	東京都	235
	3	ソニー	163 件	本社	東京都	247
	4	東芝	141 件	本社	東京都	267
	5	日立国際電気	138 件	本社	東京都	210
	6	NEC モバイリング	110 件	本社	神奈川県	114
	7	三洋電機	109 件	本社	大阪府	138
	8	埼玉日本電気	106 件	本社	埼玉県	111
	9	京セラ	95 件	東京用賀事業所	東京都	21
				横浜事業所	神奈川県	69
				福島棚倉工場	福島県	2
				北海道北見工場	北海道	21

表3.1-1 技術開発拠点一覧表(2/2)

技術要素	No	企業名	特許	事業所名	住所	発明者数
携帯電話表示技術全体	10	カシオ計算機	93件	本社	東京都	102
	11	日立製作所	87件	中央研究所など	東京都	40
				マルチメディアシステム開発本部など	神奈川県	147
				映像情報メディア事業部など	茨城県	41
	12	デンソー	74件	本社	愛知県	111
					米国	2
	13	三菱電機	69件	本社	東京都	100
	14	シャープ	59件	本社	大阪府	83
	15	ケンウッド	58件	本社	東京都	78
	16	キヤノン	36件	本社	東京都	45
	17	富士通	36件	本店	神奈川県	65
	18	日本電信電話	29件	本社	東京都	72
	19	エヌ・ティ・ティ・ドコモ	25件	本社	東京都	48
	20	ノキア モービル フォーンズ	22件	本社	フィンランド	37
					イギリス	6
					デンマーク	10
					米国	1
					神奈川県	2
					埼玉県	1

3.2 パネルの表示制御

図 3.2-1 技術開発拠点図

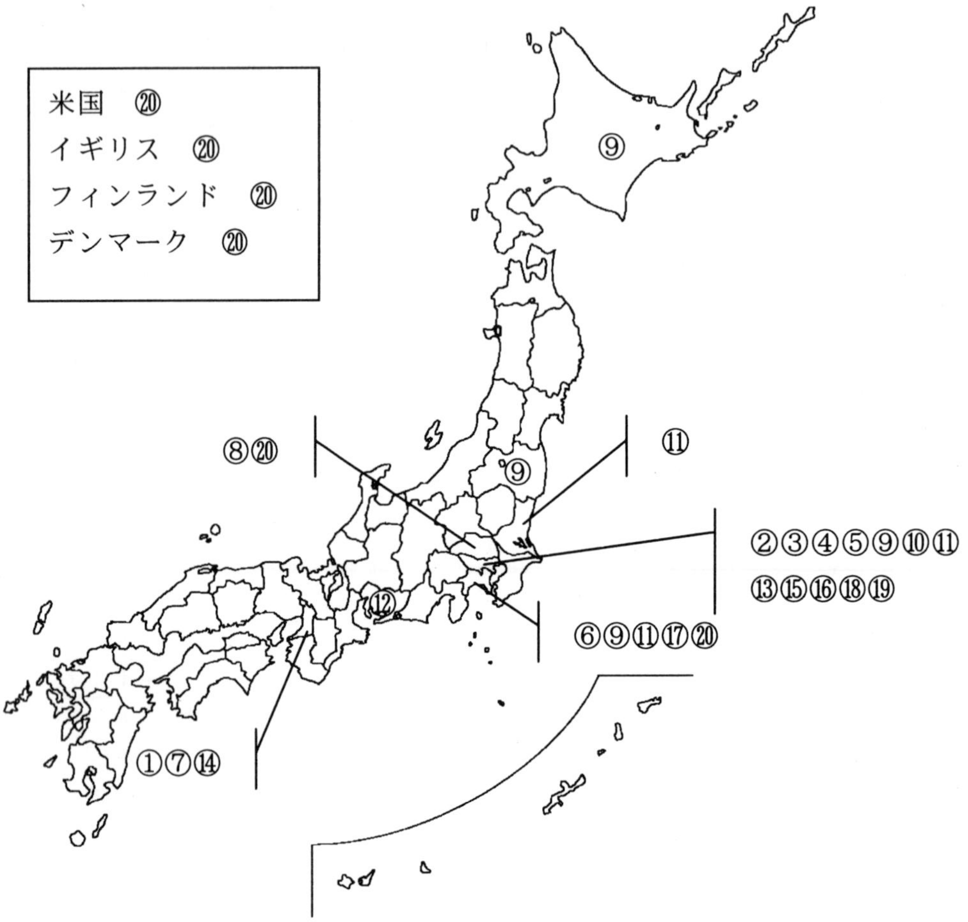

表 3.2-1 技術開発拠点一覧表(1/2)

技術要素	No	企業名	特許	事業所名	住所	発明者数
パネルの表示制御	1	松下電器産業	110 件	本社	大阪府	76
	2	日本電気	85 件	本社	東京都	91
	3	ソニー	93 件	本社	東京都	152
	4	東芝	70 件	本社	東京都	135
	5	日立国際電気	59 件	本社	東京都	94
	6	NEC モバイリング	27 件	本社	神奈川県	27
	7	三洋電機	46 件	本社	大阪府	64
	8	埼玉日本電気	50 件	本社	埼玉県	54

表 3.2-1 技術開発拠点一覧表(2/2)

技術要素	No	企業名	特許	事業所名	住所	発明者数
パネルの表示制御	9	京セラ	49件	東京用賀事業所	東京都	13
				横浜事業所	神奈川県	38
				福島棚倉工場	福島県	2
				北海道北見工場	北海道	4
	10	カシオ計算機	31件	本社	東京都	35
	11	日立製作所	30件	本社など	東京都	12
				マルチメディアシステム開発本部など	神奈川県	49
				映像情報メディア事業部など	茨城県	21
	12	デンソー	41件	本社	愛知県	65
	13	三菱電機	26件	本社	東京都	43
	14	シャープ	33件	本社	大阪府	49
	15	ケンウッド	37件	本社	東京都	51
	16	キヤノン	18件	本社	東京都	20
	17	富士通	11件	本店	神奈川県	28
	18	日本電信電話	4件	本社	東京都	11
	19	エヌ・ティ・ティ・ドコモ	10件	本社	東京都	19
	20	ノキア モービル フオーンズ	21件	本社	フィンランド	36
					イギリス	6
					デンマーク	9
					米国	1
					神奈川県	2
					埼玉県	1

3.3 パネルの状態表示

図 3.3-1 技術開発拠点図

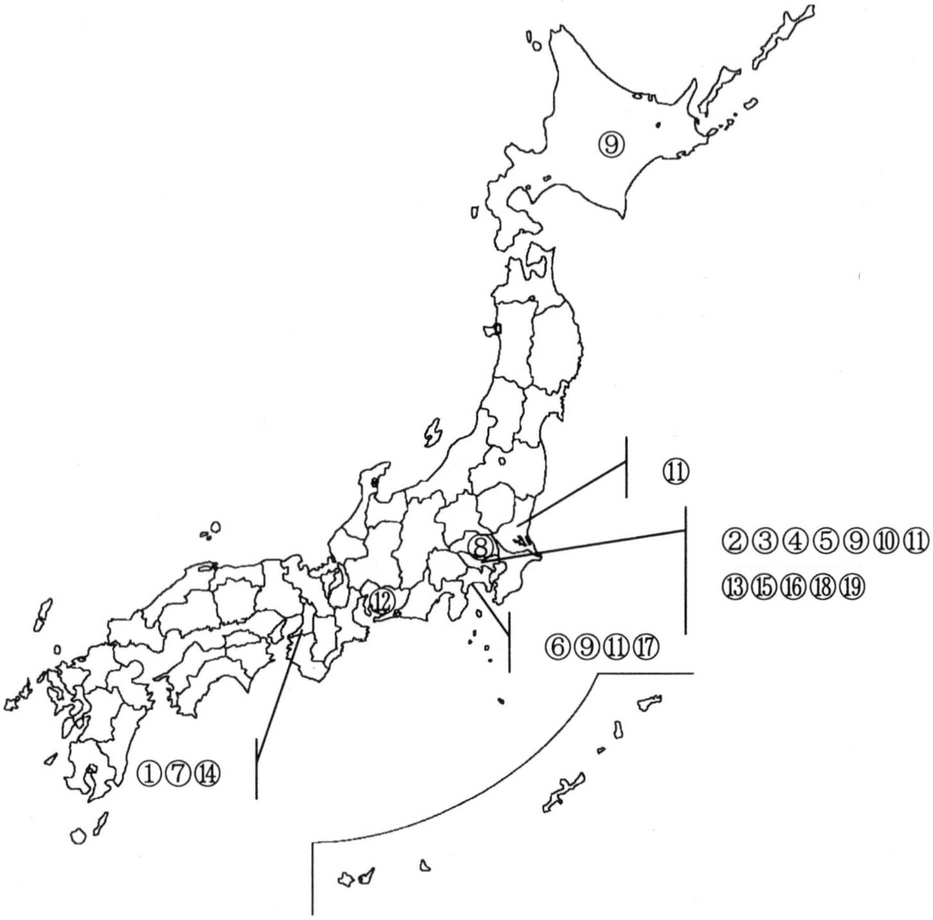

表 3.3-1 技術開発拠点一覧表(1/2)

技術要素	No	企業名	特許	事業所名	住所	発明者数
パネルの状態表示	1	松下電器産業	36 件	本社	大阪府	17
	2	日本電気	31 件	本社	東京都	39
	3	ソニー	12 件	本社	東京都	14
	4	東芝	31 件	本社	東京都	59
	5	日立国際電気	20 件	本社	東京都	35
	6	NEC モバイリング	21 件	本社	神奈川県	22
	7	三洋電機	22 件	本社	大阪府	36
	8	埼玉日本電気	14 件	本社	埼玉県	14

表 3.3-1 技術開発拠点一覧表(2/2)

技術要素	No	企業名	特許	事業所名	住所	発明者数
パネルの状態表示	9	京セラ	11件	東京用賀事業所	東京都	4
				横浜事業所	神奈川県	7
				北海道北見工場	北海道	1
	10	カシオ計算機	8件	本社	東京都	10
	11	日立製作所	16件	マルチメディアシステム開発本部生活ソフト開発センターなど	東京都	21
				マルチメディアシステム開発本部など	神奈川県	24
				映像情報メディア事業部など	茨城県	8
	12	デンソー	5件	本社	愛知県	7
	13	三菱電機	10件	本社	東京都	11
	14	シャープ	10件	本社	大阪府	16
	15	ケンウッド	4件	本社	東京都	6
	16	キヤノン	4件	本社	東京都	4
	17	富士通	7件	本店	神奈川県	16
	18	日本電信電話	5件	本社	東京都	10
	19	エヌ・ティ・ティ・ドコモ	4件	本社	東京都	9

3.4 パネルのサービス情報表示

図 3.4-1 技術開発拠点図

フィンランド ⑳

表 3.4-1 技術開発拠点一覧表(1/2)

技術要素	No	企業名	特許	事業所名	住所	発明者数
パネルの サービス 情報表示	1	松下電器産業	26 件	本社	大阪府	20
	2	日本電気	30 件	本社	東京都	32
	3	ソニー	20 件	本社	東京都	28
	4	東芝	14 件	本社	東京都	21
	5	日立国際電気	7 件	本社	東京都	9
	6	NEC モバイリング	11 件	本社	神奈川県	11
	7	三洋電機	6 件	本社	大阪府	7
	8	埼玉日本電気	3 件	本社	埼玉県	3
	9	京セラ	7 件	横浜事業所	神奈川県	7

表 3.4-1 技術開発拠点一覧表(2/2)

技術要素	No	企業名	特許	事業所名	住所	発明者数
パネルの サービス 情報表示	10	カシオ計算機	12件	本社	東京都	13
	11	日立製作所	15件	本社など	東京都	8
				マルチメディアシステム開発本部など	神奈川県	34
				AV機器事業部など	茨城県	1
	12	デンソー	12件	本社	愛知県	15
	13	三菱電機	7件	本社	東京都	13
	14	シャープ	4件	本社	大阪府	12
	15	ケンウッド	1件	本社	東京都	2
	16	キヤノン	6件	本社	東京都	9
	17	富士通	6件	本店	神奈川県	8
	18	日本電信電話	8件	本社	東京都	25
	19	エヌ・ティ・ティ・ドコモ	9件	本社	東京都	21
	20	ノキア モービルフォーンズ	1件		フィンランド	2

3.5 パネルの発着信・メッセージ表示

図 3.5-1 技術開発拠点図

| 米国 | ⑫ |
| デンマーク | ⑳ |

表 3.5-1 技術開発拠点一覧表(1/2)

技術要素	No	企業名	特許	事業所名	住所	発明者数
パネルの発着信・メッセージ表示	1	松下電器産業	29件	本社	大阪府	11
	2	日本電気	42件	本社	東京都	46
	3	ソニー	20件	本社	東京都	39
	4	東芝	21件	本社	東京都	12
	5	日立国際電気	17件	本社	東京都	35
	6	NECモバイリング	21件	本社	神奈川県	12
	7	三洋電機	5件	本社	大阪府	16
	8	埼玉日本電気	23件	本社	埼玉県	10
	9	京セラ	6件	東京用賀事業所	東京都	3
				横浜事業所	神奈川県	7

表 3.5-1 技術開発拠点一覧表(2/2)

技術要素	No	企業名	特許	事業所名	住所	発明者数
パネルの発着信・メッセージ表示	10	カシオ計算機	12件	本社	東京都	36
	11	日立製作所	5件	マルチメディアシステム開発本部生活ソフト開発センターなど	東京都	8
				マルチメディアシステム開発本部など	神奈川県	27
				映像情報メディア事業部など	茨城県	4
	12	デンソー	9件	本社	愛知県	11
					米国	2
	13	三菱電機	3件	本社	東京都	10
	14	シャープ	2件	本社	大阪府	13
	15	ケンウッド	2件	本社	東京都	16
	16	キヤノン	2件	本社	東京都	15
	17	富士通	3件	本店	神奈川県	10
	18	日本電信電話	4件	本社	東京都	13
	19	エヌ・ティ・ティ・ドコモ	1件	本社	東京都	5
	20	ノキア モービル フォーンズ	1件		デンマーク	1

3.6 発光表示

図 3.6-1 技術開発拠点図

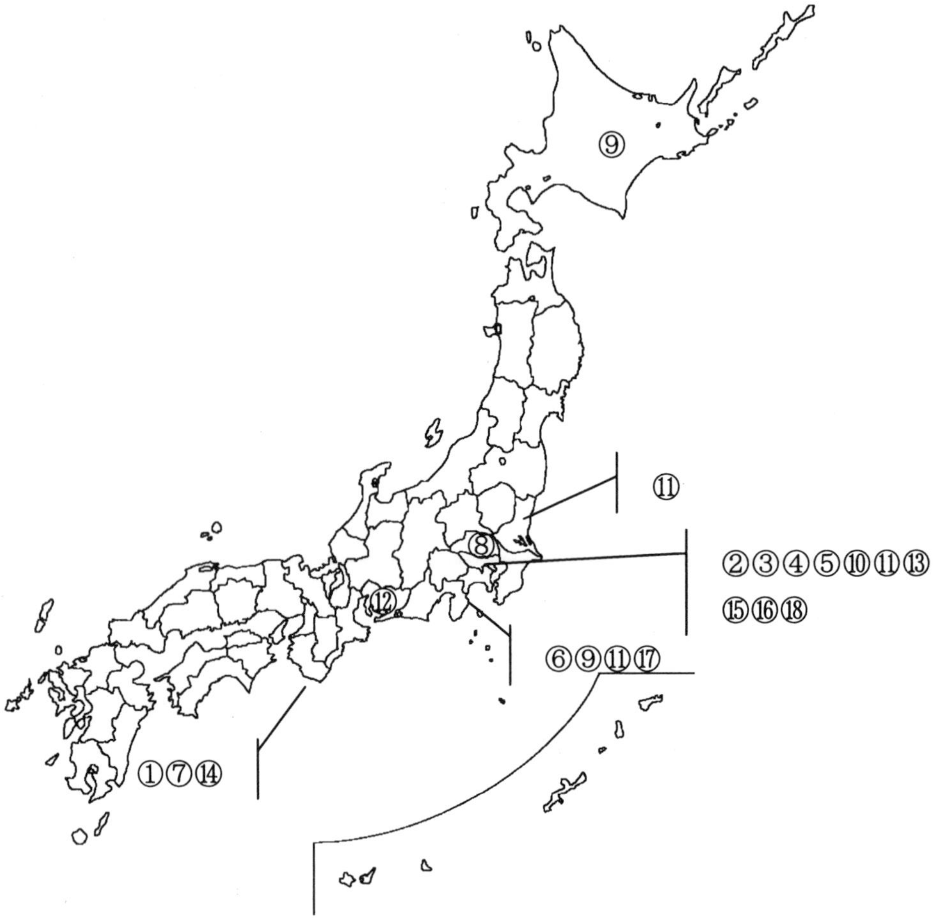

表 3.6-1 技術開発拠点一覧表(1/2)

技術要素	No	企業名	特許	事業所名	住所	発明者数
発光表示	1	松下電器産業	14件	本社	大阪府	2
	2	日本電気	18件	本社	東京都	20
	3	ソニー	12件	本社	東京都	17
	4	東芝	8件	本社	東京都	10
	5	日立国際電気	17件	本社	東京都	24
	6	NECモバイリング	21件	本社	神奈川県	20
	7	三洋電機	5件	本社	大阪府	3
	8	埼玉日本電気	23件	本社	埼玉県	22
	9	京セラ	6件	横浜事業所	神奈川県	5
				北海道北見工場	北海道	2

表 3.6-1 技術開発拠点一覧表(2/2)

技術要素	No	企業名	特許	事業所名	住所	発明者数
発光表示	10	カシオ計算機	12件	本社	東京都	7
	11	日立製作所	5件	本社など	東京都	1
				マルチメディアシステム開発本部など	神奈川県	10
				映像情報メディア事業部など	茨城県	3
	12	デンソー	9件	本社	愛知県	16
	13	三菱電機	3件	本社	東京都	3
	14	シャープ	2件	本社	大阪府	2
	15	ケンウッド	2件	本社	東京都	3
	16	キヤノン	2件	本社	東京都	3
	17	富士通	3件	本店	神奈川県	7
	18	日本電信電話	4件	本社	東京都	6

3.7 可聴表示

図 3.7-1 技術開発拠点図

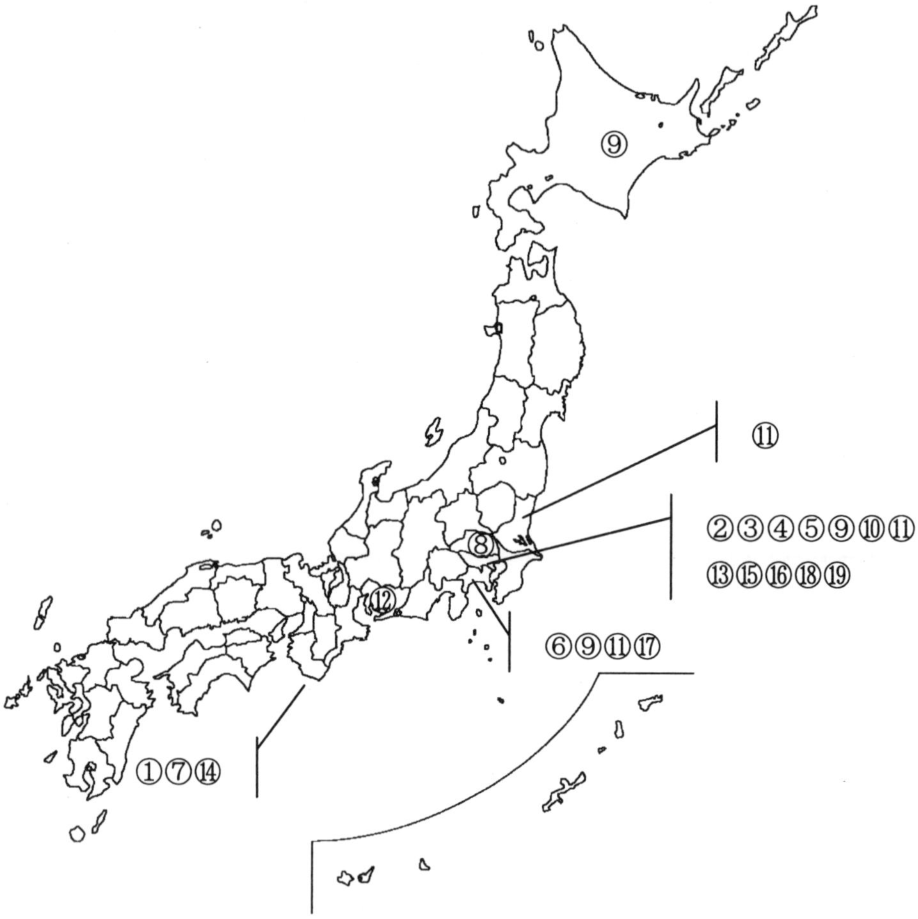

表 3.7-1 技術開発拠点一覧表(1/2)

技術要素	No	企業名	特許	事業所名	住所	発明者数
可聴表示	1	松下電器産業	50件	本社	大阪府	28
	2	日本電気	61件	本社	東京都	65
	3	ソニー	35件	本社	東京都	44
	4	東芝	31件	本社	東京都	49
	5	日立国際電気	43件	本社	東京都	62
	6	NECモバイリング	35件	本社	神奈川県	35
	7	三洋電機	28件	本社	大阪府	29
	8	埼玉日本電気	30件	本社	埼玉県	31

表 3.7-1 技術開発拠点一覧表(2/2)

技術要素	No	企業名	特許	事業所名	住所	発明者数
可聴表示	9	京セラ	11件	東京用賀事業所	東京都	2
				横浜事業所	神奈川県	13
				北海道北見工場	北海道	1
	10	カシオ計算機	21件	本社	東京都	25
	11	日立製作所	22件	本社など	東京都	7
				マルチメディアシステム開発本部など	神奈川県	37
				デジタルメディア製品事業部など	茨城県	9
	12	デンソー	17件	本社	愛知県	30
	13	三菱電機	20件	本社	東京都	24
	14	シャープ	12件	本社	大阪府	14
	15	ケンウッド	13件	本社	東京都	15
	16	キヤノン	9件	本社	東京都	11
	17	富士通	14件	本店	神奈川県	27
	18	日本電信電話	8件	本社	東京都	22
	19	エヌ・ティ・ティ・ドコモ	4件	本社	東京都	4

3.8 振動表示

図 3.8-1 技術開発拠点図

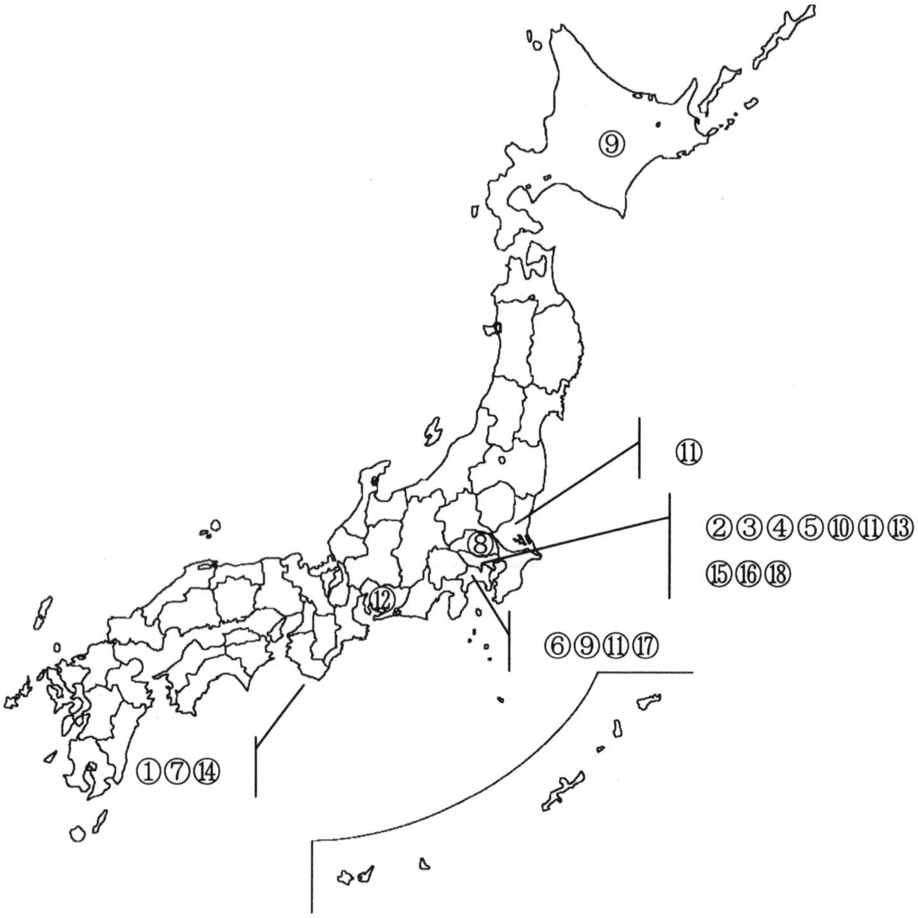

表 3.8-1 技術開発拠点一覧表(1/2)

技術要素	No	企業名	特許	事業所名	住所	発明者数
振動表示	1	松下電器産業	34件	本社	大阪府	26
	2	日本電気	24件	本社	東京都	24
	3	ソニー	14件	本社	東京都	14
	4	東芝	9件	本社	東京都	21
	5	日立国際電気	19件	本社	東京都	26
	6	NECモバイリング	9件	本社	神奈川県	9
	7	三洋電機	16件	本社	大阪府	15
	8	埼玉日本電気	17件	本社	埼玉県	18
	9	京セラ	23件	横浜事業所	神奈川県	11
				北海道北見工場	北海道	15

表 3.8-1 技術開発拠点一覧表(2/2)

技術要素	No	企業名	特許	事業所名	住所	発明者数
振動表示	10	カシオ計算機	15件	本社	東京都	11
	11	日立製作所	11件	本社など	東京都	5
				マルチメディアシステム開発本部など	神奈川県	18
				デジタルメディア製品事業部など	茨城県	7
	12	デンソー	8件	本社	愛知県	15
	13	三菱電機	11件	本社	東京都	15
	14	シャープ	8件	本社	大阪府	10
	15	ケンウッド	9件	本社	東京都	10
	16	キヤノン	4件	本社	東京都	5
	17	富士通	6件	本店	神奈川県	15
	18	日本電信電話	2件	本社	東京都	5

資料

1. 工業所有権総合情報館と特許流通促進事業
2. 特許流通アドバイザー一覧
3. 特許電子図書館情報検索指導アドバイザー一覧
4. 知的所有権センター一覧
5. 平成13年度25技術テーマの特許流通の概要
6. 特許番号一覧

資料１．工業所有権総合情報館と特許流通促進事業

　特許庁工業所有権総合情報館は、明治20年に特許局官制が施行され、農商務省特許局庶務部内に図書館を置き、図書等の保管・閲覧を開始したことにより、組織上のスタートを切りました。

　その後、我が国が明治32年に「工業所有権の保護等に関するパリ同盟条約」に加入することにより、同条約に基づく公報等の閲覧を行う中央資料館として、国際的な地位を獲得しました。

　平成9年からは、工業所有権相談業務と情報流通業務を新たに加え、総合的な情報提供機関として、その役割を果たしております。さらに平成13年4月以降は、独立行政法人工業所有権総合情報館として生まれ変わり、より一層の利用者ニーズに機敏に対応する業務運営を目指し、特許公報等の情報提供及び工業所有権に関する相談等による出願人支援、審査審判協力のための図書等の提供、開放特許活用等の特許流通促進事業を推進しております。

１　事業の概要

(1) 内外国公報類の収集・閲覧

　下記の公報閲覧室でどなたでも内外国公報等の調査を行うことができる環境と体制を整備しています。

閲覧室	所在地	TEL
札幌閲覧室	北海道札幌市北区北7条西2-8　北ビル7F	011-747-3061
仙台閲覧室	宮城県仙台市青葉区本町3-4-18　太陽生命仙台本町ビル7F	022-711-1339
第一公報閲覧室	東京都千代田区霞が関3-4-3　特許庁2F	03-3580-7947
第二公報閲覧室	東京都千代田区霞が関1-3-1　経済産業省別館1F	03-3581-1101（内線3819）
名古屋閲覧室	愛知県名古屋市中区栄2-10-19　名古屋商工会議所ビルB2F	052-223-5764
大阪閲覧室	大阪府大阪市天王寺区伶人町2-7　関西特許情報センター1F	06-4305-0211
広島閲覧室	広島県広島市中区上八丁堀6-30　広島合同庁舎3号館	082-222-4595
高松閲覧室	香川県高松市林町2217-15　香川産業頭脳化センタービル2F	087-869-0661
福岡閲覧室	福岡県福岡市博多区博多駅東2-6-23　住友博多駅前第2ビル2F	092-414-7101
那覇閲覧室	沖縄県那覇市前島3-1-15　大同生命那覇ビル5F	098-867-9610

(2) 審査審判用図書等の収集・閲覧

　審査に利用する図書等を収集・整理し、特許庁の審査に提供すると同時に、「図書閲覧室（特許庁2F）」において、調査を希望する方々へ提供しています。【TEL：03-3592-2920】

(3) 工業所有権に関する相談

　相談窓口（特許庁2F）を開設し、工業所有権に関する一般的な相談に応じています。

手紙、電話、e-mail等による相談も受け付けています。
【TEL：03-3581-1101（内線 2121～2123）】【FAX：03-3502-8916】
【e-mail：PA8102@ncipi.jpo.go.jp】

(4) 特許流通の促進
特許権の活用を促進するための特許流通市場の整備に向け、各種事業を行っています。
（詳細は2項参照）【TEL：03-3580-6949】

2 特許流通促進事業

先行き不透明な経済情勢の中、企業が生き残り、発展して行くためには、新しいビジネスの創造が重要であり、その際、知的資産の活用、とりわけ技術情報の宝庫である特許の活用がキーポイントとなりつつあります。

また、企業が技術開発を行う場合、まず自社で開発を行うことが考えられますが、商品のライフサイクルの短縮化、技術開発のスピードアップ化が求められている今日、外部からの技術を積極的に導入することも必要になってきています。

このような状況下、特許庁では、特許の流通を通じた技術移転・新規事業の創出を促進するため、特許流通促進事業を展開していますが、2001年4月から、これらの事業は、特許庁から独立をした「独立行政法人　工業所有権総合情報館」が引き継いでいます。

(1) 特許流通の促進
① 特許流通アドバイザー
全国の知的所有権センター・TLO等からの要請に応じて、知的所有権や技術移転についての豊富な知識・経験を有する専門家を特許流通アドバイザーとして派遣しています。
知的所有権センターでは、地域の活用可能な特許の調査、当該特許の提供支援及び大学・研究機関が保有する特許と地域企業との橋渡しを行っています。（資料2参照）

② 特許流通促進説明会
地域特性に合った特許情報の有効活用の普及・啓発を図るため、技術移転の実例を紹介しながら特許流通のプロセスや特許電子図書館を利用した特許情報検索方法等を内容とした説明会を開催しています。

(2) 開放特許情報等の提供
① 特許流通データベース
活用可能な開放特許を産業界、特に中小・ベンチャー企業に円滑に流通させ実用化を推進していくため、企業や研究機関・大学等が保有する提供意思のある特許をデータベース化し、インターネットを通じて公開しています。（http://www.ncipi.go.jp）

② 開放特許活用例集
特許流通データベースに登録されている開放特許の中から製品化ポテンシャルが高い案

件を選定し、これら有用な開放特許を有効に使ってもらうためのビジネスアイデア集を作成しています。

③ 特許流通支援チャート
　企業が新規事業創出時の技術導入・技術移転を図る上で指標となりうる国内特許の動向を技術テーマごとに、分析したものです。出願上位企業の特許取得状況、技術開発課題に対応した特許保有状況、技術開発拠点等を紹介しています。

④ 特許電子図書館情報検索指導アドバイザー
　知的財産権及びその情報に関する専門的知識を有するアドバイザーを全国の知的所有権センターに派遣し、特許情報の検索に必要な基礎知識から特許情報の活用の仕方まで、無料でアドバイス・相談を行っています。（資料3参照）

(3) 知的財産権取引業の育成
① 知的財産権取引業者データベース
　特許を始めとする知的財産権の取引や技術移転の促進には、欧米の技術移転先進国に見られるように、民間の仲介事業者の存在が不可欠です。こうした民間ビジネスが質・量ともに不足し、社会的認知度も低いことから、事業者の情報を収集してデータベース化し、インターネットを通じて公開しています。

② 国際セミナー・研修会等
　著名海外取引業者と我が国取引業者との情報交換、議論の場（国際セミナー）を開催しています。また、産学官の技術移転を促進して、企業の新商品開発や技術力向上を促進するために不可欠な、技術移転に携わる人材の育成を目的とした研修事業を開催しています。

資料2. 特許流通アドバイザー一覧 （平成14年3月1日現在）

○経済産業局特許室および知的所有権センターへの派遣

派遣先	氏名	所在地	TEL
北海道経済産業局特許室	杉谷 克彦	〒060-0807 札幌市北区北7条西2丁目8番地1北ビル7階	011-708-5783
北海道知的所有権センター （北海道立工業試験場）	宮本 剛汎	〒060-0819 札幌市北区北19条西11丁目 北海道立工業試験場内	011-747-2211
東北経済産業局特許室	三澤 輝起	〒980-0014 仙台市青葉区本町3-4-18 太陽生命仙台本町ビル7階	022-223-9761
青森県知的所有権センター （(社)発明協会青森県支部）	内藤 規雄	〒030-0112 青森市大字八ツ役字芦谷202-4 青森県産業技術開発センター内	017-762-3912
岩手県知的所有権センター （岩手県工業技術センター）	阿部 新喜司	〒020-0852 盛岡市飯岡新田3-35-2 岩手県工業技術センター内	019-635-8182
宮城県知的所有権センター （宮城県産業技術総合センター）	小野 賢悟	〒981-3206 仙台市泉区明通二丁目2番地 宮城県産業技術総合センター内	022-377-8725
秋田県知的所有権センター （秋田県工業技術センター）	石川 順三	〒010-1623 秋田市新屋町字砂奴寄4-11 秋田県工業技術センター内	018-862-3417
山形県知的所有権センター （山形県工業技術センター）	冨樫 富雄	〒990-2473 山形市松栄1-3-8 山形県産業創造支援センター内	023-647-8130
福島県知的所有権センター （(社)発明協会福島県支部）	相澤 正彬	〒963-0215 郡山市待池台1-12 福島県ハイテクプラザ内	024-959-3351
関東経済産業局特許室	村上 義英	〒330-9715 さいたま市上落合2-11 さいたま新都心合同庁舎1号館	048-600-0501
茨城県知的所有権センター （(財)茨城県中小企業振興公社）	齋藤 幸一	〒312-0005 ひたちなか市新光町38 ひたちなかテクノセンタービル内	029-264-2077
栃木県知的所有権センター （(社)発明協会栃木県支部）	坂本 武	〒322-0011 鹿沼市白桑田516-1 栃木県工業技術センター内	0289-60-1811
群馬県知的所有権センター （(社)発明協会群馬県支部）	三田 隆志	〒371-0845 前橋市鳥羽町190 群馬県工業試験場内	027-280-4416
	金井 澄雄	〒371-0845 前橋市鳥羽町190 群馬県工業試験場内	027-280-4416
埼玉県知的所有権センター （埼玉県工業技術センター）	野口 満	〒333-0848 川口市芝下1-1-56 埼玉県工業技術センター内	048-269-3108
	清水 修	〒333-0848 川口市芝下1-1-56 埼玉県工業技術センター内	048-269-3108
千葉県知的所有権センター （(社)発明協会千葉県支部）	稲谷 稔宏	〒260-0854 千葉市中央区長洲1-9-1 千葉県庁南庁舎内	043-223-6536
	阿草 一男	〒260-0854 千葉市中央区長洲1-9-1 千葉県庁南庁舎内	043-223-6536
東京都知的所有権センター （東京都城南地域中小企業振興センター）	鷹見 紀彦	〒144-0035 大田区南蒲田1-20-20 城南地域中小企業振興センター内	03-3737-1435
神奈川県知的所有権センター支部 （(財)神奈川高度技術支援財団）	小森 幹雄	〒213-0012 川崎市高津区坂戸3-2-1 かながわサイエンスパーク内	044-819-2100
新潟県知的所有権センター （(財)信濃川テクノポリス開発機構）	小林 靖幸	〒940-2127 長岡市新産4-1-9 長岡地域技術開発振興センター内	0258-46-9711
山梨県知的所有権センター （山梨県工業技術センター）	廣川 幸生	〒400-0055 甲府市大津町2094 山梨県工業技術センター内	055-220-2409
長野県知的所有権センター （(社)発明協会長野県支部）	徳永 正明	〒380-0928 長野市若里1-18-1 長野県工業試験場内	026-229-7688
静岡県知的所有権センター （(社)発明協会静岡県支部）	神長 邦雄	〒421-1221 静岡市牧ヶ谷2078 静岡工業技術センター内	054-276-1516
	山田 修寧	〒421-1221 静岡市牧ヶ谷2078 静岡工業技術センター内	054-276-1516
中部経済産業局特許室	原口 邦弘	〒460-0008 名古屋市中区栄2-10-19 名古屋商工会議所ビルB2F	052-223-6549
富山県知的所有権センター （富山県工業技術センター）	小坂 郁雄	〒933-0981 高岡市二上町150 富山県工業技術センター内	0766-29-2081
石川県知的所有権センター （(財)石川県産業創出支援機構	一丸 義次	〒920-0223 金沢市戸水町イ65番地 石川県地場産業振興センター新館1階	076-267-8117
岐阜県知的所有権センター （岐阜県科学技術振興センター）	松永 孝義	〒509-0108 各務原市須衛町4-179-1 テクノプラザ5F	0583-79-2250
	木下 裕雄	〒509-0108 各務原市須衛町4-179-1 テクノプラザ5F	0583-79-2250
愛知県知的所有権センター （愛知県工業技術センター）	森 孝和	〒448-0003 刈谷市一ツ木町西新割 愛知県工業技術センター内	0566-24-1841
	三浦 元久	〒448-0003 刈谷市一ツ木町西新割 愛知県工業技術センター内	0566-24-1841

派遣先	氏名	所在地	TEL
三重県知的所有権センター (三重県工業技術総合研究所)	馬渡 建一	〒514-0819 津市高茶屋5-5-45 三重県科学振興センター工業研究部内	059-234-4150
近畿経済産業局特許室	下田 英宣	〒543-0061 大阪市天王寺区伶人町2-7 関西特許情報センター1階	06-6776-8491
福井県知的所有権センター (福井県工業技術センター)	上坂 旭	〒910-0102 福井市川合鷲塚町61字北稲田10 福井県工業技術センター内	0776-55-2100
滋賀県知的所有権センター (滋賀県工業技術センター)	新屋 正男	〒520-3004 栗東市上砥山232 滋賀県工業技術総合センター別館内	077-558-4040
京都府知的所有権センター ((社)発明協会京都支部)	衣川 清彦	〒600-8813 京都市下京区中堂寺南町17番地 京都リサーチパーク京都高度技術研究所ビル4階	075-326-0066
大阪府知的所有権センター (大阪府立特許情報センター)	大空 一博	〒543-0061 大阪市天王寺区伶人町2-7 関西特許情報センター内	06-6772-0704
	梶原 淳治	〒577-0809 東大阪市永和1-11-10	06-6722-1151
兵庫県知的所有権センター ((財)新産業創造研究機構)	園田 憲一	〒650-0047 神戸市中央区港島南町1-5-2 神戸キメックセンタービル6F	078-306-6808
	島田 一男	〒650-0047 神戸市中央区港島南町1-5-2 神戸キメックセンタービル6F	078-306-6808
和歌山県知的所有権センター ((社)発明協会和歌山県支部)	北澤 宏造	〒640-8214 和歌山県寄合町25 和歌山市発明館4階	073-432-0087
中国経済産業局特許室	木村 郁男	〒730-8531 広島市中区上八丁堀6-30 広島合同庁舎3号館1階	082-502-6828
鳥取県知的所有権センター ((社)発明協会鳥取支部)	五十嵐 善司	〒689-1112 鳥取市若葉台南7-5-1 新産業創造センター1階	0857-52-6728
島根県知的所有権センター ((社)発明協会島根支部)	佐野 馨	〒690-0816 島根県松江市北陵町1 テクノアークしまね内	0852-60-5146
岡山県知的所有権センター ((社)発明協会岡山支部)	横田 悦造	〒701-1221 岡山市芳賀5301 テクノサポート岡山内	086-286-9102
広島県知的所有権センター ((社)発明協会広島県支部)	壹岐 正弘	〒730-0052 広島市中区千田町3-13-11 広島発明会館2階	082-544-2066
山口県知的所有権センター ((社)発明協会山口県支部)	滝川 尚久	〒753-0077 山口市熊野町1-10 NPYビル10階 (財)山口県産業技術開発機構内	083-922-9927
四国経済産業局特許室	鶴野 弘章	〒761-0301 香川県高松市林町2217-15 香川産業頭脳化センタービル2階	087-869-3790
徳島県知的所有権センター ((社)発明協会徳島県支部)	武岡 明夫	〒770-8021 徳島市雑賀町西開11-2 徳島県立工業技術センター内	088-669-0117
香川県知的所有権センター ((社)発明協会香川県支部)	谷田 吉成	〒761-0301 香川県高松市林町2217-15 香川産業頭脳化センタービル2階	087-869-9004
	福家 康矩	〒761-0301 香川県高松市林町2217-15 香川産業頭脳化センタービル2階	087-869-9004
愛媛県知的所有権センター ((社)発明協会愛媛県支部)	川野 辰己	〒791-1101 松山市久米窪田町337-1 テクノプラザ愛媛	089-960-1489
高知県知的所有権センター ((財)高知県産業振興センター)	吉本 忠男	〒781-5101 高知市布師田3992-2 高知県中小企業会館2階	0888-46-7087
九州経済産業局特許室	簗田 克志	〒812-8546 福岡市博多区博多駅東2-11-1 福岡合同庁舎内	092-436-7260
福岡県知的所有権センター ((社)発明協会福岡県支部)	道津 毅	〒812-0013 福岡市博多区博多駅東2-6-23 住友博多駅前第2ビル1階	092-415-6777
福岡県知的所有権センター北九州支部 ((株)北九州テクノセンター)	沖 宏治	〒804-0003 北九州市戸畑区中原新町2-1 (株)北九州テクノセンター内	093-873-1432
佐賀県知的所有権センター (佐賀県工業技術センター)	光武 章二	〒849-0932 佐賀市鍋島町大字八戸溝114 佐賀県工業技術センター内	0952-30-8161
	村上 忠郎	〒849-0932 佐賀市鍋島町大字八戸溝114 佐賀県工業技術センター内	0952-30-8161
長崎県知的所有権センター ((社)発明協会長崎県支部)	嶋北 正俊	〒856-0026 大村市池田2-1303-8 長崎県工業技術センター内	0957-52-1138
熊本県知的所有権センター ((社)発明協会熊本県支部)	深見 毅	〒862-0901 熊本市東町3-11-38 熊本県工業技術センター内	096-331-7023
大分県知的所有権センター (大分県産業科学技術センター)	古崎 宣	〒870-1117 大分市高江西1-4361-10 大分県産業科学技術センター内	097-596-7121
宮崎県知的所有権センター ((社)発明協会宮崎県支部)	久保田 英世	〒880-0303 宮崎県宮崎郡佐土原町東上那珂16500-2 宮崎県工業技術センター内	0985-74-2953
鹿児島県知的所有権センター (鹿児島県工業技術センター)	山田 式典	〒899-5105 鹿児島県姶良郡隼人町小田1445-1 鹿児島県工業技術センター内	0995-64-2056
沖縄総合事務局特許室	下司 義雄	〒900-0016 那覇市前島3-1-15 大同生命那覇ビル5階	098-867-3293
沖縄県知的所有権センター (沖縄県工業技術センター)	木村 薫	〒904-2234 具志川市州崎12-2 沖縄県工業技術センター内1階	098-939-2372

○技術移転機関(TLO)への派遣

派遣先	氏名	所在地	TEL
北海道ティー・エル・オー(株)	山田 邦重	〒060-0808 札幌市北区北8条西5丁目 北海道大学事務局分館2館	011-708-3633
	岩城 全紀	〒060-0808 札幌市北区北8条西5丁目 北海道大学事務局分館2館	011-708-3633
(株)東北テクノアーチ	井硲 弘	〒980-0845 仙台市青葉区荒巻字青葉468番地 東北大学未来科学技術共同センター	022-222-3049
(株)筑波リエゾン研究所	関 淳次	〒305-8577 茨城県つくば市天王台1-1-1 筑波大学共同研究棟A303	0298-50-0195
	綾 紀元	〒305-8577 茨城県つくば市天王台1-1-1 筑波大学共同研究棟A303	0298-50-0195
(財)日本産業技術振興協会 産総研イノベーションズ	坂 光	〒305-8568 茨城県つくば市梅園1-1-1 つくば中央第二事業所D-7階	0298-61-5210
日本大学国際産業技術・ビジネス育成セン	斎藤 光史	〒102-8275 東京都千代田区九段南4-8-24	03-5275-8139
	加根魯 和宏	〒102-8275 東京都千代田区九段南4-8-24	03-5275-8139
学校法人早稲田大学知的財産センター	菅野 淳	〒162-0041 東京都新宿区早稲田鶴巻町513 早稲田大学研究開発センター120-1号館1F	03-5286-9867
	風間 孝彦	〒162-0041 東京都新宿区早稲田鶴巻町513 早稲田大学研究開発センター120-1号館1F	03-5286-9867
(財)理工学振興会	鷹巣 征行	〒226-8503 横浜市緑区長津田町4259 フロンティア創造共同研究センター内	045-921-4391
	北川 謙一	〒226-8503 横浜市緑区長津田町4259 フロンティア創造共同研究センター内	045-921-4391
よこはまティーエルオー(株)	小原 郁	〒240-8501 横浜市保土ヶ谷区常盤台79-5 横浜国立大学共同研究推進センター内	045-339-4441
学校法人慶応義塾大学知的資産センター	道井 敏	〒108-0073 港区三田2-11-15 三田川崎ビル3階	03-5427-1678
	鈴木 泰	〒108-0073 港区三田2-11-15 三田川崎ビル3階	03-5427-1678
学校法人東京電機大学産官学交流セン	河村 幸夫	〒101-8457 千代田区神田錦町2-2	03-5280-3640
タマティーエルオー(株)	古瀬 武弘	〒192-0083 八王子市旭町9-1 八王子スクエアビル11階	0426-31-1325
学校法人明治大学知的資産センター	竹田 幹男	〒101-8301 千代田区神田駿河台1-1	03-3296-4327
(株)山梨ティー・エル・オー	田中 正男	〒400-8511 甲府市武田4-3-11 山梨大学地域共同開発研究センター内	055-220-8760
(財)浜松科学技術研究振興会	小野 義光	〒432-8561 浜松市城北3-5-1	053-412-6703
(財)名古屋産業科学研究所	杉本 勝	〒460-0008 名古屋市中区栄二丁目十番十九号 名古屋商工会議所ビル	052-223-5691
	小西 富雅	〒460-0008 名古屋市中区栄二丁目十番十九号 名古屋商工会議所ビル	052-223-5694
関西ティー・エル・オー(株)	山田 富義	〒600-8813 京都市下京区中堂寺南町17 京都リサーチパークサイエンスセンタービル1号館2階	075-315-8250
	斎田 雄一	〒600-8813 京都市下京区中堂寺南町17 京都リサーチパークサイエンスセンタービル1号館2階	075-315-8250
(財)新産業創造研究機構	井上 勝彦	〒650-0047 神戸市中央区港島南町1-5-2 神戸キメックセンタービル6F	078-306-6805
	長冨 弘充	〒650-0047 神戸市中央区港島南町1-5-2 神戸キメックセンタービル6F	078-306-6805
(財)大阪産業振興機構	有馬 秀平	〒565-0871 大阪府吹田市山田丘2-1 大阪大学先端科学技術共同研究センター4F	06-6879-4196
(有)山口ティー・エル・オー	松本 孝三	〒755-8611 山口県宇部市常盤台2-16-1 山口大学地域共同研究開発センター内	0836-22-9768
	熊原 尋美	〒755-8611 山口県宇部市常盤台2-16-1 山口大学地域共同研究開発センター内	0836-22-9768
(株)テクノネットワーク四国	佐藤 博正	〒760-0033 香川県高松市丸の内2-5 ヨンデンビル別館4F	087-811-5039
(株)北九州テクノセンター	乾 全	〒804-0003 北九州市戸畑区中原新町2番1号	093-873-1448
(株)産学連携機構九州	堀 浩一	〒812-8581 福岡市東区箱崎6-10-1 九州大学技術移転推進室内	092-642-4363
(財)くまもとテクノ産業財団	桂 真郎	〒861-2202 熊本県上益城郡益城町田原2081-10	096-289-2340

資料3. 特許電子図書館情報検索指導アドバイザー一覧 （平成14年3月1日現在）

○知的所有権センターへの派遣

派遣先	氏名	所在地	TEL
北海道知的所有権センター (北海道立工業試験場)	平野 徹	〒060-0819 札幌市北区北19条西11丁目	011-747-2211
青森県知的所有権センター ((社)発明協会青森県支部)	佐々木 泰樹	〒030-0112 青森市第二問屋町4-11-6	017-762-3912
岩手県知的所有権センター (岩手県工業技術センター)	中嶋 孝弘	〒020-0852 盛岡市飯岡新田3-35-2	019-634-0684
宮城県知的所有権センター (宮城県産業技術総合センター)	小林 保	〒981-3206 仙台市泉区明通2-2	022-377-8725
秋田県知的所有権センター (秋田県工業技術センター)	田嶋 正夫	〒010-1623 秋田市新屋町字砂奴寄4-11	018-862-3417
山形県知的所有権センター (山形県工業技術センター)	大澤 忠行	〒990-2473 山形市松栄1-3-8	023-647-8130
福島県知的所有権センター ((社)発明協会福島県支部)	栗田 広	〒963-0215 郡山市待池台1-12 福島県ハイテクプラザ内	024-963-0242
茨城県知的所有権センター ((財)茨城県中小企業振興公社)	猪野 正己	〒312-0005 ひたちなか市新光町38 ひたちなかテクノセンタービル1階	029-264-2211
栃木県知的所有権センター ((社)発明協会栃木県支部)	中里 浩	〒322-0011 鹿沼市白桑田516-1 栃木県工業技術センター内	0289-65-7550
群馬県知的所有権センター ((社)発明協会群馬県支部)	神林 賢蔵	〒371-0845 前橋市鳥羽町190 群馬県工業試験場内	027-254-0627
埼玉県知的所有権センター ((社)発明協会埼玉県支部)	田中 廣雅	〒331-8669 さいたま市桜木町1-7-5 ソニックシティ10階	048-644-4806
千葉県知的所有権センター ((社)発明協会千葉県支部)	中原 照義	〒260-0854 千葉市中央区長洲1-9-1 千葉県庁南庁舎R3階	043-223-7748
東京都知的所有権センター ((社)発明協会東京支部)	福澤 勝義	〒105-0001 港区虎ノ門2-9-14	03-3502-5521
神奈川県知的所有権センター (神奈川県産業技術総合研究所)	森 啓次	〒243-0435 海老名市下今泉705-1	046-236-1500
神奈川県知的所有権センター支部 ((財)神奈川高度技術支援財団)	大井 隆	〒213-0012 川崎市高津区坂戸3-2-1 かながわサイエンスパーク西棟205	044-819-2100
神奈川県知的所有権センター支部 ((社)発明協会神奈川県支部)	蓮見 亮	〒231-0015 横浜市中区尾上町5-80 神奈川中小企業センター10階	045-633-5055
新潟県知的所有権センター ((財)信濃川テクノポリス開発機構)	石谷 速夫	〒940-2127 長岡市新産4-1-9	0258-46-9711
山梨県知的所有権センター (山梨県工業技術センター)	山下 知	〒400-0055 甲府市大津町2094	055-243-6111
長野県知的所有権センター ((社)発明協会長野県支部)	岡田 光正	〒380-0928 長野市若里1-18-1 長野県工業試験場内	026-228-5559
静岡県知的所有権センター ((社)発明協会静岡県支部)	吉井 和夫	〒421-1221 静岡市牧ヶ谷2078 静岡工業技術センター資料館内	054-278-6111
富山県知的所有権センター (富山県工業技術センター)	齋藤 靖雄	〒933-0981 高岡市二上町150	0766-29-1252
石川県知的所有権センター (財)石川県産業創出支援機構	辻 寛司	〒920-0223 金沢市戸水町イ65番地 石川県地場産業振興センター	076-267-5918
岐阜県知的所有権センター (岐阜県科学技術振興センター)	林 邦明	〒509-0108 各務原市須衛町4-179-1 テクノプラザ5F	0583-79-2250
愛知県知的所有権センター (愛知県工業技術センター)	加藤 英昭	〒448-0003 刈谷市一ツ木町西新割	0566-24-1841
三重県知的所有権センター (三重県工業技術総合研究所)	長峰 隆	〒514-0819 津市高茶屋5-5-45	059-234-4150
福井県知的所有権センター (福井県工業技術センター)	川・好昭	〒910-0102 福井市川合鷲塚町61字北稲田10	0776-55-1195
滋賀県知的所有権センター (滋賀県工業技術センター)	森 久子	〒520-3004 栗東市上砥山232	077-558-4040
京都府知的所有権センター ((社)発明協会京都支部)	中野 剛	〒600-8813 京都市下京区中堂寺南町17 京都リサーチパーク内 京都高度技研ビル4階	075-315-8686
大阪府知的所有権センター (大阪府立特許情報センター)	秋田 伸一	〒543-0061 大阪市天王寺区伶人町2-7	06-6771-2646
大阪府知的所有権センター支部 ((社)発明協会大阪支部知的財産センター)	戎 邦夫	〒564-0062 吹田市垂水町3-24-1 シンプレス江坂ビル2階	06-6330-7725
兵庫県知的所有権センター ((社)発明協会兵庫県支部)	山口 克己	〒654-0037 神戸市須磨区行平町3-1-31 兵庫県立産業技術センター4階	078-731-5847
奈良県知的所有権センター (奈良県工業技術センター)	北田 友彦	〒630-8031 奈良市柏木町129-1	0742-33-0863

派遣先	氏名	所在地	TEL
和歌山県知的所有権センター ((社)発明協会和歌山県支部)	木村 武司	〒640-8214 和歌山県寄合町25 和歌山市発明館4階	073-432-0087
鳥取県知的所有権センター ((社)発明協会鳥取県支部)	奥村 隆一	〒689-1112 鳥取市若葉台南7-5-1 新産業創造センター1階	0857-52-6728
島根県知的所有権センター ((社)発明協会島根県支部)	門脇 みどり	〒690-0816 島根県松江市北陵町1番地 テクノアークしまね1F内	0852-60-5146
岡山県知的所有権センター ((社)発明協会岡山県支部)	佐藤 新吾	〒701-1221 岡山市芳賀5301 テクノサポート岡山内	086-286-9656
広島県知的所有権センター ((社)発明協会広島県支部)	若木 幸蔵	〒730-0052 広島市中区千田町3-13-11 広島発明会館内	082-544-0775
広島県知的所有権センター支部 ((社)発明協会広島県支部備後支会)	渡部 武徳	〒720-0067 福山市西町2-10-1	0849-21-2349
広島県知的所有権センター支部 (呉地域産業振興センター)	三上 達矢	〒737-0004 呉市阿賀南2-10-1	0823-76-3766
山口県知的所有権センター ((社)発明協会山口県支部)	大段 恭二	〒753-0077 山口市熊野町1-10 NPYビル10階	083-922-9927
徳島県知的所有権センター ((社)発明協会徳島県支部)	平野 稔	〒770-8021 徳島市雑賀町西開11-2 徳島県立工業技術センター内	088-636-3388
香川県知的所有権センター ((社)発明協会香川県支部)	中元 恒	〒761-0301 香川県高松市林町2217-15 香川産業頭脳化センタービル2階	087-869-9005
愛媛県知的所有権センター ((社)発明協会愛媛県支部)	片山 忠徳	〒791-1101 松山市久米窪田町337-1 テクノプラザ愛媛	089-960-1118
高知県知的所有権センター (高知県工業技術センター)	柏井 富雄	〒781-5101 高知市布師田3992-3	088-845-7664
福岡県知的所有権センター ((社)発明協会福岡県支部)	浦井 正章	〒812-0013 福岡市博多区博多駅東2-6-23 住友博多駅前第2ビル2階	092-474-7255
福岡県知的所有権センター北九州支部 ((株)北九州テクノセンター)	重藤 務	〒804-0003 北九州市戸畑区中原新町2-1	093-873-1432
佐賀県知的所有権センター (佐賀県工業技術センター)	塚島 誠一郎	〒849-0932 佐賀市鍋島町八戸溝114	0952-30-8161
長崎県知的所有権センター ((社)発明協会長崎県支部)	川添 早苗	〒856-0026 大村市池田2-1303-8 長崎県工業技術センター内	0957-52-1144
熊本県知的所有権センター ((社)発明協会熊本県支部)	松山 彰雄	〒862-0901 熊本市東町3-11-38 熊本県工業技術センター内	096-360-3291
大分県知的所有権センター (大分県産業科学技術センター)	鎌田 正道	〒870-1117 大分市高江西1-4361-10	097-596-7121
宮崎県知的所有権センター ((社)発明協会宮崎県支部)	黒田 護	〒880-0303 宮崎県宮崎郡佐土原町東上那珂16500-2 宮崎県工業技術センター内	0985-74-2953
鹿児島県知的所有権センター (鹿児島県工業技術センター)	大井 敏民	〒899-5105 鹿児島県姶良郡隼人町小田1445-1	0995-64-2445
沖縄県知的所有権センター (沖縄県工業技術センター)	和田 修	〒904-2234 具志川市字州崎12-2 中城湾港新港地区トロピカルテクノパーク内	098-929-0111

資料4．知的所有権センター一覧 （平成14年3月1日現在）

都道府県	名称	所在地	TEL
北海道	北海道知的所有権センター (北海道立工業試験場)	〒060-0819 札幌市北区北19条西11丁目	011-747-2211
青森県	青森県知的所有権センター ((社)発明協会青森支部)	〒030-0112 青森市第二問屋町4-11-6	017-762-3912
岩手県	岩手県知的所有権センター (岩手県工業技術センター)	〒020-0852 盛岡市飯岡新田3-35-2	019-634-0684
宮城県	宮城県知的所有権センター (宮城県産業技術総合センター)	〒981-3206 仙台市泉区明通2-2	022-377-8725
秋田県	秋田県知的所有権センター (秋田県工業技術センター)	〒010-1623 秋田市新屋町字砂奴寄4-11	018-862-3417
山形県	山形県知的所有権センター (山形県工業技術センター)	〒990-2473 山形市松栄1-3-8	023-647-8130
福島県	福島県知的所有権センター ((社)発明協会福島支部)	〒963-0215 郡山市待池台1-12 福島県ハイテクプラザ内	024-963-0242
茨城県	茨城県知的所有権センター ((財)茨城県中小企業振興公社)	〒312-0005 ひたちなか市新光町38 ひたちなかテクノセンタービル1階	029-264-2211
栃木県	栃木県知的所有権センター ((社)発明協会栃木支部)	〒322-0011 鹿沼市白桑田516-1 栃木県工業技術センター内	0289-65-7550
群馬県	群馬県知的所有権センター ((社)発明協会群馬支部)	〒371-0845 前橋市鳥羽町190 群馬県工業試験場内	027-254-0627
埼玉県	埼玉県知的所有権センター ((社)発明協会埼玉支部)	〒331-8669 さいたま市桜木町1-7-5 ソニックシティ10階	048-644-4806
千葉県	千葉県知的所有権センター ((社)発明協会千葉支部)	〒260-0854 千葉市中央区長洲1-9-1 千葉県庁南庁舎R3階	043-223-7748
東京都	東京都知的所有権センター ((社)発明協会東京支部)	〒105-0001 港区虎ノ門2-9-14	03-3502-5521
神奈川県	神奈川県知的所有権センター (神奈川県産業技術総合研究所)	〒243-0435 海老名市下今泉705-1	046-236-1500
	神奈川県知的所有権センター支部 ((財)神奈川高度技術支援財団)	〒213-0012 川崎市高津区坂戸3-2-1 かながわサイエンスパーク西棟205	044-819-2100
	神奈川県知的所有権センター支部 ((社)発明協会神奈川県支部)	〒231-0015 横浜市中区尾上町5-80 神奈川中小企業センター10階	045-633-5055
新潟県	新潟県知的所有権センター ((財)信濃川テクノポリス開発機構)	〒940-2127 長岡市新産4-1-9	0258-46-9711
山梨県	山梨県知的所有権センター (山梨県工業技術センター)	〒400-0055 甲府市大津町2094	055-243-6111
長野県	長野県知的所有権センター ((社)発明協会長野県支部)	〒380-0928 長野市若里1-18-1 長野県工業試験場内	026-228-5559
静岡県	静岡県知的所有権センター ((社)発明協会静岡県支部)	〒421-1221 静岡市牧ヶ谷2078 静岡工業技術センター資料館内	054-278-6111
富山県	富山県知的所有権センター (富山県工業技術センター)	〒933-0981 高岡市二上町150	0766-29-1252
石川県	石川県知的所有権センター (財)石川県産業創出支援機構	〒920-0223 金沢市戸水町イ65番地 石川県地場産業振興センター	076-267-5918
岐阜県	岐阜県知的所有権センター (岐阜県科学技術振興センター)	〒509-0108 各務原市須衛町4-179-1 テクノプラザ5F	0583-79-2250
愛知県	愛知県知的所有権センター (愛知県工業技術センター)	〒448-0003 刈谷市一ツ木町西新割	0566-24-1841
三重県	三重県知的所有権センター (三重県工業技術総合研究所)	〒514-0819 津市高茶屋5-5-45	059-234-4150
福井県	福井県知的所有権センター (福井県工業技術センター)	〒910-0102 福井市川合鷲塚町61字北稲田10	0776-55-1195
滋賀県	滋賀県知的所有権センター (滋賀県工業技術センター)	〒520-3004 栗東市上砥山232	077-558-4040
京都府	京都府知的所有権センター ((社)発明協会京都支部)	〒600-8813 京都市下京区中堂寺南町17 京都リサーチパーク内 京都高度技研ビル4階	075-315-8686
大阪府	大阪府知的所有権センター (大阪府立特許情報センター)	〒543-0061 大阪市天王寺区伶人町2-7	06-6771-2646
	大阪府知的所有権センター支部 ((社)発明協会大阪支部知的財産センター)	〒564-0062 吹田市垂水町3-24-1 シンプレス江坂ビル2階	06-6330-7725
兵庫県	兵庫県知的所有権センター ((社)発明協会兵庫支部)	〒654-0037 神戸市須磨区行平町3-1-31 兵庫県立産業技術センター4階	078-731-5847

都道府県	名　称	所　在　地	TEL
奈良県	奈良県知的所有権センター (奈良県工業技術センター)	〒630-8031	奈良市柏木町129-1	0742-33-0863
和歌山県	和歌山県知的所有権センター ((社)発明協会和歌山県支部)	〒640-8214	和歌山県寄合町25 和歌山市発明館4階	073-432-0087
鳥取県	鳥取県知的所有権センター ((社)発明協会鳥取県支部)	〒689-1112	鳥取市若葉台南7-5-1 新産業創造センター1階	0857-52-6728
島根県	島根県知的所有権センター ((社)発明協会島根県支部)	〒690-0816	島根県松江市北陵町1番地 テクノアークしまね1F内	0852-60-5146
岡山県	岡山県知的所有権センター ((社)発明協会岡山県支部)	〒701-1221	岡山市芳賀5301 テクノサポート岡山内	086-286-9656
広島県	広島県知的所有権センター ((社)発明協会広島県支部)	〒730-0052	広島市中区千田町3-13-11 広島発明会館内	082-544-0775
	広島県知的所有権センター支部 ((社)発明協会広島県支部備後支会)	〒720-0067	福山市西町2-10-1	0849-21-2349
	広島県知的所有権センター支部 (呉地域産業振興センター)	〒737-0004	呉市阿賀南2-10-1	0823-76-3766
山口県	山口県知的所有権センター ((社)発明協会山口県支部)	〒753-0077	山口市熊野町1-10 NPYビル10階	083-922-9927
徳島県	徳島県知的所有権センター ((社)発明協会徳島県支部)	〒770-8021	徳島市雑賀町西開11-2 徳島県立工業技術センター内	088-636-3388
香川県	香川県知的所有権センター ((社)発明協会香川県支部)	〒761-0301	香川県高松市林町2217-15 香川産業頭脳化センタービル2階	087-869-9005
愛媛県	愛媛県知的所有権センター ((社)発明協会愛媛県支部)	〒791-1101	松山市久米窪田町337-1 テクノプラザ愛媛	089-960-1118
高知県	高知県知的所有権センター (高知県工業技術センター)	〒781-5101	高知市布師田3992-3	088-845-7664
福岡県	福岡県知的所有権センター ((社)発明協会福岡県支部)	〒812-0013	福岡市博多区博多駅東2-6-23 住友博多駅前第2ビル2階	092-474-7255
	福岡県知的所有権センター北九州支部 ((株)北九州テクノセンター)	〒804-0003	北九州市戸畑区中原新町2-1	093-873-1432
佐賀県	佐賀県知的所有権センター (佐賀県工業技術センター)	〒849-0932	佐賀市鍋島町八戸溝114	0952-30-8161
長崎県	長崎県知的所有権センター ((社)発明協会長崎県支部)	〒856-0026	大村市池田2-1303-8 長崎県工業技術センター内	0957-52-1144
熊本県	熊本県知的所有権センター ((社)発明協会熊本県支部)	〒862-0901	熊本市東町3-11-38 熊本県工業技術センター内	096-360-3291
大分県	大分県知的所有権センター (大分県産業科学技術センター)	〒870-1117	大分市高江西1-4361-10	097-596-7121
宮崎県	宮崎県知的所有権センター ((社)発明協会宮崎県支部)	〒880-0303	宮崎県宮崎郡佐土原町東上那珂16500-2 宮崎県工業技術センター内	0985-74-2953
鹿児島県	鹿児島県知的所有権センター (鹿児島県工業技術センター)	〒899-5105	鹿児島県姶良郡隼人町小田1445-1	0995-64-2445
沖縄県	沖縄県知的所有権センター (沖縄県工業技術センター)	〒904-2234	具志川市字州崎12-2 中城湾港新港地区トロピカルテクノパーク内	098-929-0111

資料 5. 平成 13 年度 25 技術テーマの特許流通の概要

5.1 アンケート送付先と回収率

平成 13 年度は、25 の技術テーマにおいて「特許流通支援チャート」を作成し、その中で特許流通に対する意識調査として各技術テーマの出願件数上位企業を対象としてアンケート調査を行った。平成 13 年 12 月 7 日に郵送によりアンケートを送付し、平成 14 年 1 月 31 日までに回収されたものを対象に解析した。

表 5.1-1 に、アンケート調査表の回収状況を示す。送付数 578 件、回収数 306 件、回収率 52.9%であった。

表 5.1-1 アンケートの回収状況

送付数	回収数	未回収数	回収率
578	306	272	52.9%

表 5.1-2 に、業種別の回収状況を示す。各業種を一般系、機械系、化学系、電気系と大きく 4 つに分類した。以下、「○○系」と表現する場合は、各企業の業種別に基づく分類を示す。それぞれの回収率は、一般系 56.5%、機械系 63.5%、化学系 41.1%、電気系 51.6%であった。

表 5.1-2 アンケートの業種別回収件数と回収率

業種と回収率	業種	回収件数
一般系 48/85=56.5%	建設	5
	窯業	12
	鉄鋼	6
	非鉄金属	17
	金属製品	2
	その他製造業	6
化学系 39/95=41.1%	食品	1
	繊維	12
	紙・パルプ	3
	化学	22
	石油・ゴム	1
機械系 73/115=63.5%	機械	23
	精密機器	28
	輸送機器	22
電気系 146/283=51.6%	電気	144
	通信	2

図 5.1 に、全回収件数を母数にして業種別に回収率を示す。全回収件数に占める業種別の回収率は電気系 47.7%、機械系 23.9%、一般系 15.7%、化学系 12.7%である。

図 5.1 回収件数の業種別比率

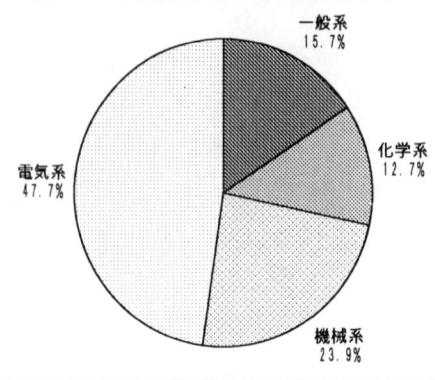

一般系	化学系	機械系	電気系	合計
48	39	73	146	306

表 5.1-3 に、技術テーマ別の回収件数と回収率を示す。この表では、技術テーマを一般分野、化学分野、機械分野、電気分野に分類した。以下、「○○分野」と表現する場合は、技術テーマによる分類を示す。回収率の最も良かった技術テーマは焼却炉排ガス処理技術の 71.4%で、最も悪かったのは有機 EL 素子の 34.6%である。

表 5.1-3 テーマ別の回収件数と回収率

分野	技術テーマ名	送付数	回収数	回収率
一般分野	カーテンウォール	24	13	54.2%
	気体膜分離装置	25	12	48.0%
	半導体洗浄と環境適応技術	23	14	60.9%
	焼却炉排ガス処理技術	21	15	71.4%
	はんだ付け鉛フリー技術	20	11	55.0%
化学分野	プラスティックリサイクル	25	15	60.0%
	バイオセンサ	24	16	66.7%
	セラミックスの接合	23	12	52.2%
	有機EL素子	26	9	34.6%
	生分解ポリエステル	23	12	52.2%
	有機導電性ポリマー	24	15	62.5%
	リチウムポリマー電池	29	13	44.8%
機械分野	車いす	21	12	57.1%
	金属射出成形技術	28	14	50.0%
	微細レーザ加工	20	10	50.0%
	ヒートパイプ	22	10	45.5%
電気分野	圧力センサ	22	13	59.1%
	個人照合	29	12	41.4%
	非接触型ICカード	21	10	47.6%
	ビルドアップ多層プリント配線板	23	11	47.8%
	携帯電話表示技術	20	11	55.0%
	アクティブマトリックス液晶駆動技術	21	12	57.1%
	プログラム制御技術	21	12	57.1%
	半導体レーザの活性層	22	11	50.0%
	無線LAN	21	11	52.4%

5.2 アンケート結果
5.2.1 開放特許に関して
(1) 開放特許と非開放特許

他者にライセンスしてもよい特許を「開放特許」、ライセンスの可能性のない特許を「非開放特許」と定義した。その上で、各技術テーマにおける保有特許のうち、自社での実施状況と開放状況について質問を行った。

306件中257件の回答があった（回答率84.0%）。保有特許件数に対する開放特許件数の割合を開放比率とし、保有特許件数に対する非開放特許件数の割合を非開放比率と定義した。

図5.2.1-1に、業種別の特許の開放比率と非開放比率を示す。全体の開放比率は58.3%で、業種別では一般系が37.1%、化学系が20.6%、機械系が39.4%、電気系が77.4%である。化学系（20.6%）の企業の開放比率は、化学分野における開放比率（図5.2.1-2）の最低値である「生分解ポリエステル」の22.6%よりさらに低い値となっている。これは、化学分野においても、機械系、電気系の企業であれば、保有特許について比較的開放的であることを示唆している。

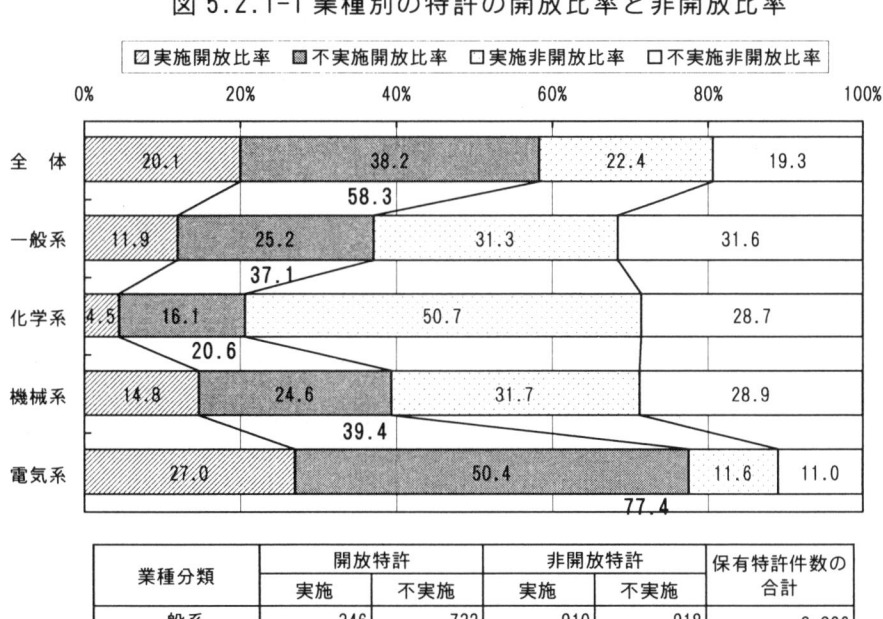

図5.2.1-1 業種別の特許の開放比率と非開放比率

業種分類	開放特許 実施	開放特許 不実施	非開放特許 実施	非開放特許 不実施	保有特許件数の合計
一般系	346	732	910	918	2,906
化学系	90	323	1,017	576	2,006
機械系	494	821	1,058	964	3,337
電気系	2,835	5,291	1,218	1,155	10,499
全 体	3,765	7,167	4,203	3,613	18,748

図5.2.1-2に、技術テーマ別の開放比率と非開放比率を示す。

開放比率（実施開放比率と不実施開放比率を加算。）が高い技術テーマを見てみると、最高値は「個人照合」の84.7%で、次いで「はんだ付け鉛フリー技術」の83.2%、「無線LAN」の82.4%、「携帯電話表示技術」の80.0%となっている。一方、低い方から見ると、「生分解ポリエステル」の22.6%で、次いで「カーテンウォール」の29.3%、「有機EL」の30.5%である。

図5.2.1-2 技術テーマ別の開放比率と非開放比率

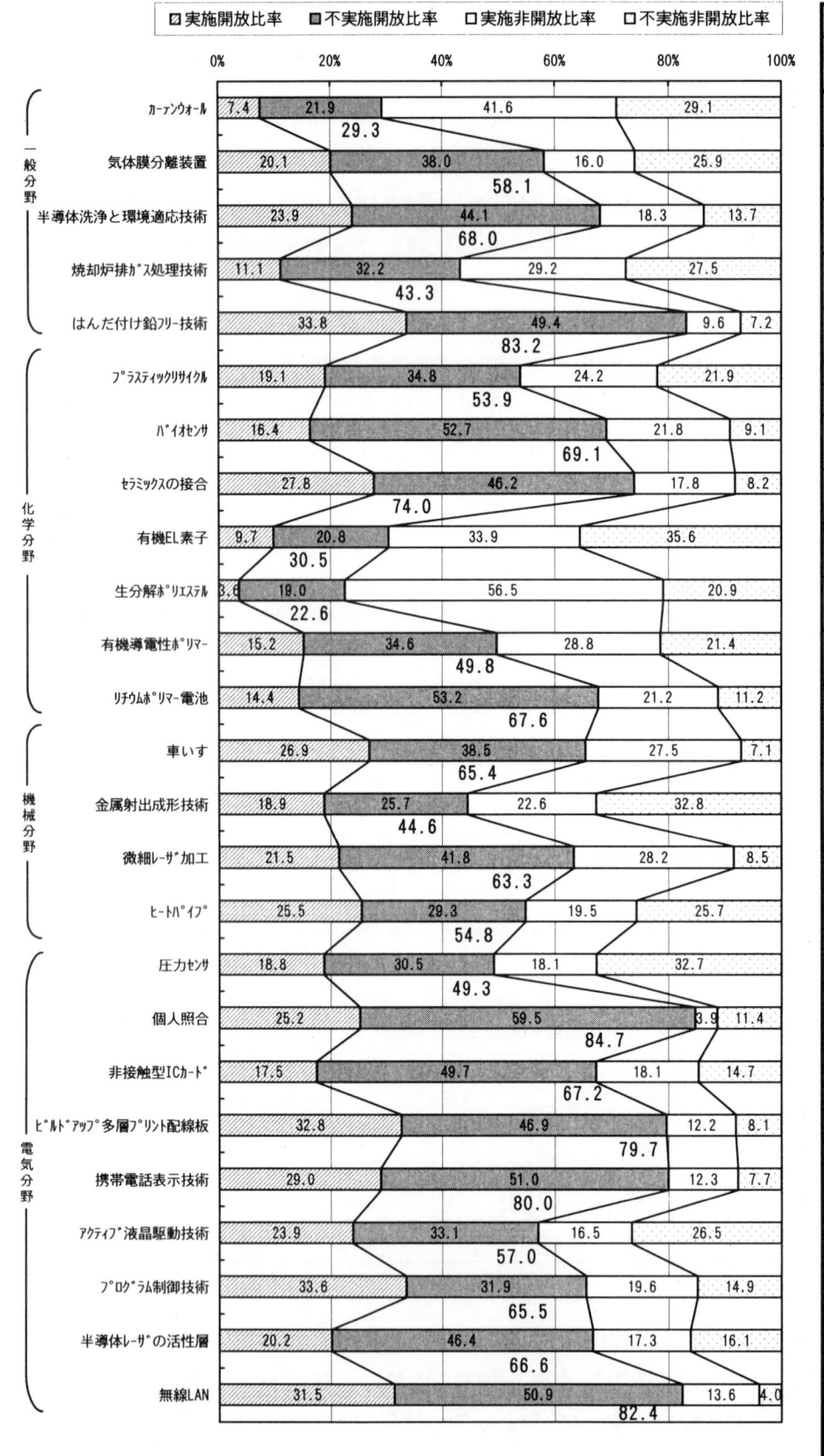

凡例: 実施開放比率 / 不実施開放比率 / 実施非開放比率 / 不実施非開放比率

分野	技術テーマ	実施開放比率	不実施開放比率	開放計	実施非開放比率	不実施非開放比率	開放特許 実施	開放特許 不実施	非開放特許 実施	非開放特許 不実施	保有特許件数の合計
一般分野	カーテンウォール	7.4	21.9	29.3	41.6	29.1	67	198	376	264	905
	気体膜分離装置	20.1	38.0	58.1	16.0	25.9	88	166	70	113	437
	半導体洗浄と環境適応技術	23.9	44.1	68.0	18.3	13.7	155	286	119	89	649
	焼却炉排ガス処理技術	11.1	32.2	43.3	29.2	27.5	133	387	351	330	1,201
	はんだ付け鉛フリー技術	33.8	49.4	83.2	9.6	7.2	139	204	40	30	413
化学分野	プラスティックリサイクル	19.1	34.8	53.9	24.2	21.9	196	357	248	225	1,026
	バイオセンサ	16.4	52.7	69.1	21.8	9.1	106	340	141	59	646
	セラミックスの接合	27.8	46.2	74.0	17.8	8.2	145	241	93	42	521
	有機EL素子	9.7	20.8	30.5	33.9	35.6	90	193	316	332	931
	生分解ポリエステル	3.6	19.0	22.6	56.5	20.9	28	147	437	162	774
	有機導電性ポリマー	15.2	34.6	49.8	28.8	21.4	125	285	237	176	823
	リチウムポリマー電池	14.4	53.2	67.6	21.2	11.2	140	515	205	108	968
機械分野	車いす	26.9	38.5	65.4	27.5	7.1	107	154	110	28	399
	金属射出成形技術	18.9	25.7	44.6	22.6	32.8	147	200	175	255	777
	微細レーザ加工	21.5	41.8	63.3	28.2	8.5	68	133	89	27	317
	ヒートパイプ	25.5	29.3	54.8	19.5	25.7	215	248	164	217	844
電気分野	圧力センサ	18.8	30.5	49.3	18.1	32.7	164	267	158	286	875
	個人照合	25.2	59.5	84.7	3.9	11.4	220	521	34	100	875
	非接触型ICカード	17.5	49.7	67.2	18.1	14.7	140	398	145	117	800
	ビルドアップ多層プリント配線板	32.8	46.9	79.7	12.2	8.1	177	254	66	44	541
	携帯電話表示技術	29.0	51.0	80.0	12.3	7.7	235	414	100	62	811
	アクティブ液晶駆動技術	23.9	33.1	57.0	16.5	26.5	252	349	174	278	1,053
	プログラム制御技術	33.6	31.9	65.5	19.6	14.9	280	265	163	124	832
	半導体レーザの活性層	20.2	46.4	66.6	17.3	16.1	123	282	105	99	609
	無線LAN	31.5	50.9	82.4	13.6	4.0	227	367	98	29	721
	合計						3,767	7,171	4,214	3,596	18,748

図5.2.1-3は、業種別に、各企業の特許の開放比率を示したものである。

開放比率は、化学系で最も低く、電気系で最も高い。機械系と一般系はその中間に位置する。推測するに、化学系の企業では、保有特許は「物質特許」である場合が多く、自社の市場独占を確保するため、特許を開放しづらい状況にあるのではないかと思われる。逆に、電気・機械系の企業は、商品のライフサイクルが短いため、せっかく取得した特許も短期間で新技術と入れ替える必要があり、不実施となった特許を開放特許として供出やすい環境にあるのではないかと考えられる。また、より効率性の高い技術開発を進めるべく他社とのアライアンスを目的とした開放特許戦略を採るケースも、最近出てきているのではないだろうか。

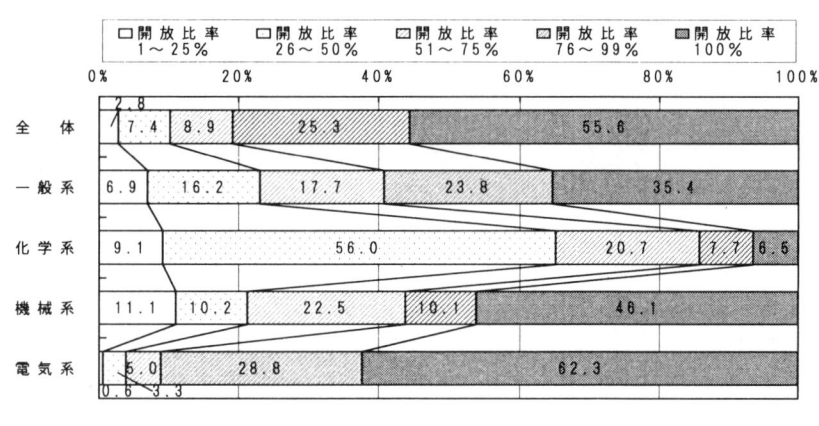

図5.2.1-3 特許の開放比率の構成

	開放比率0%	開放比率1〜25%	開放比率26〜50%	開放比率51〜75%	開放比率76〜99%	開放比率100%
全体	2.8	7.4	8.9	25.3	–	55.6
一般系	–	6.9	16.2	17.7	23.8	35.4
化学系	–	9.1	56.0	20.7	7.7	6.5
機械系	–	11.1	10.2	22.5	10.1	46.1
電気系	0.6	3.3	5.0	28.8	–	62.3

図5.2.1-4に、業種別の自社実施比率と不実施比率を示す。全体の自社実施比率は42.5%で、業種別では化学系55.2%、機械系46.5%、一般系43.2%、電気系38.6%である。化学系の企業は、自社実施比率が高く開放比率が低い。電気・機械系の企業は、その逆で自社実施比率が低く開放比率は高い。自社実施比率と開放比率は、反比例の関係にあるといえる。

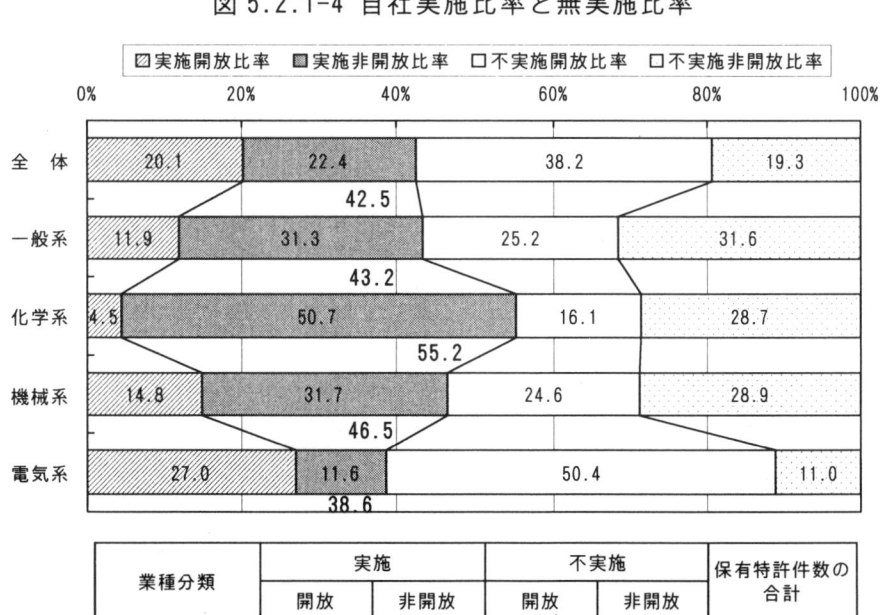

図5.2.1-4 自社実施比率と無実施比率

	実施開放比率	実施非開放比率	不実施開放比率	不実施非開放比率	自社実施比率
全体	20.1	22.4	38.2	19.3	42.5
一般系	11.9	31.3	25.2	31.6	43.2
化学系	4.5	50.7	16.1	28.7	55.2
機械系	14.8	31.7	24.6	28.9	46.5
電気系	27.0	11.6	50.4	11.0	38.6

業種分類	実施 開放	実施 非開放	不実施 開放	不実施 非開放	保有特許件数の合計
一般系	346	910	732	918	2,906
化学系	90	1,017	323	576	2,006
機械系	494	1,058	821	964	3,337
電気系	2,835	1,218	5,291	1,155	10,499
全体	3,765	4,203	7,167	3,613	18,748

（2）非開放特許の理由

開放可能性のない特許の理由について質問を行った（複数回答）。

質問内容	一般系	化学系	機械系	電気系	全体
・独占的排他権の行使により、ライバル企業を排除するため（ライバル企業排除）	36.3%	36.7%	36.4%	34.5%	36.0%
・他社に対する技術の優位性の喪失（優位性喪失）	31.9%	31.6%	30.5%	29.9%	30.9%
・技術の価値評価が困難なため（価値評価困難）	12.1%	16.5%	15.3%	13.8%	14.4%
・企業秘密がもれるから（企業秘密）	5.5%	7.6%	3.4%	14.9%	7.5%
・相手先を見つけるのが困難であるため（相手先探し）	7.7%	5.1%	8.5%	2.3%	6.1%
・ライセンス経験不足等のため提供に不安があるから（経験不足）	4.4%	0.0%	0.8%	0.0%	1.3%
・その他	2.1%	2.5%	5.1%	4.6%	3.8%

図5.2.1-5は非開放特許の理由の内容を示す。

「ライバル企業の排除」が最も多く36.0%、次いで「優位性喪失」が30.9%と高かった。特許権を「技術の市場における排他的独占権」として充分に行使していることが伺える。「価値評価困難」は14.4%となっているが、今回の「特許流通支援チャート」作成にあたり分析対象とした特許は直近10年間だったため、登録前の特許が多く、権利範囲が未確定なものが多かったためと思われる。

電気系の企業で「企業秘密がもれるから」という理由が14.9%と高いのは、技術のライフサイクルが短く新技術開発が激化しており、さらに、技術自体が模倣されやすいことが原因であるのではないだろうか。

化学系の企業で「企業秘密がもれるから」という理由が7.6%と高いのは、物質特許のノウハウ漏洩に細心の注意を払う必要があるためと思われる。

機械系や一般系の企業で「相手先探し」が、それぞれ8.5%、7.7%と高いことは、これらの分野で技術移転を仲介する者の活躍できる潜在性が高いことを示している。

なお、その他の理由としては、「共同出願先との調整」が12件と多かった。

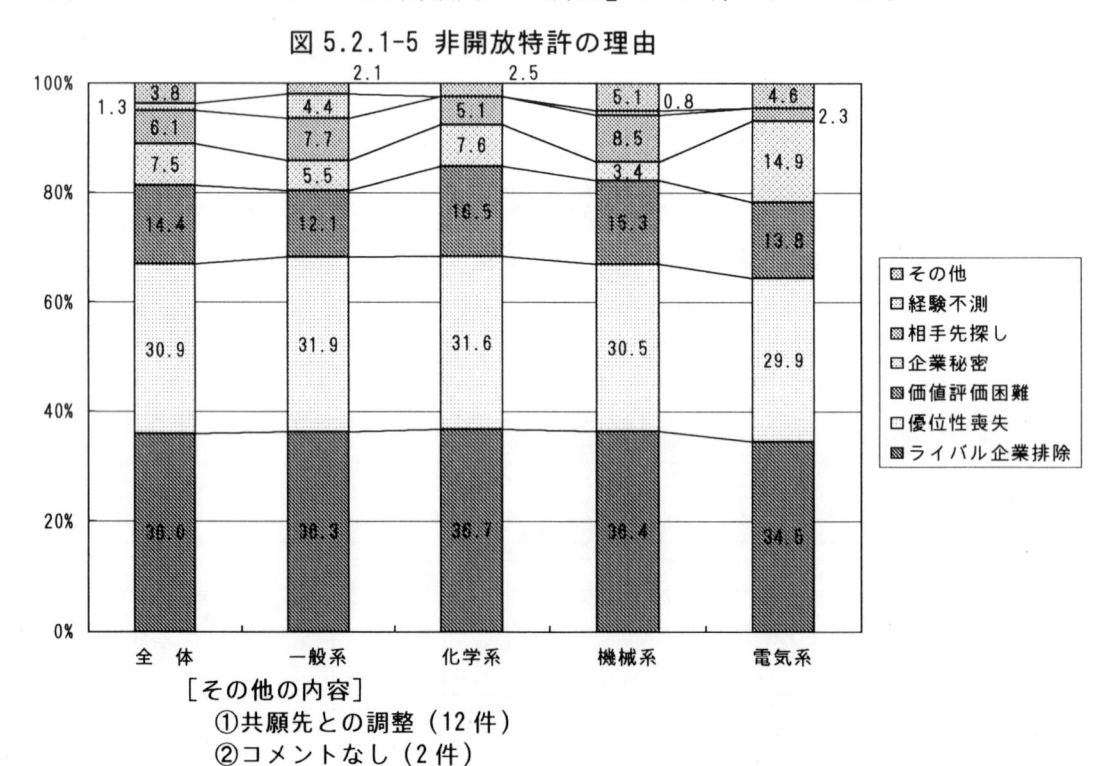

図5.2.1-5 非開放特許の理由

[その他の内容]
　①共願先との調整（12件）
　②コメントなし（2件）

5.2.2 ライセンス供与に関して
(1) ライセンス活動

ライセンス供与の活動姿勢について質問を行った。

質問内容	一般系	化学系	機械系	電気系	全体
・特許ライセンス供与のための活動を積極的に行っている（積極的）	2.0%	15.8%	4.3%	8.9%	7.5%
・特許ライセンス供与のための活動を行っている（普通）	36.7%	15.8%	25.7%	57.7%	41.2%
・特許ライセンス供与のための活動はやや消極的である（消極的）	24.5%	13.2%	14.3%	10.4%	14.0%
・特許ライセンス供与のための活動を行っていない（しない）	36.8%	55.2%	55.7%	23.0%	37.3%

その結果を、図 5.2.2-1 ライセンス活動に示す。306 件中 295 件の回答であった(回答率 96.4％)。

何らかの形で特許ライセンス活動を行っている企業は 62.7％を占めた。そのうち、比較的積極的に活動を行っている企業は 48.7％に上る（「積極的」＋「普通」）。これは、技術移転を仲介する者の活躍できる潜在性がかなり高いことを示唆している。

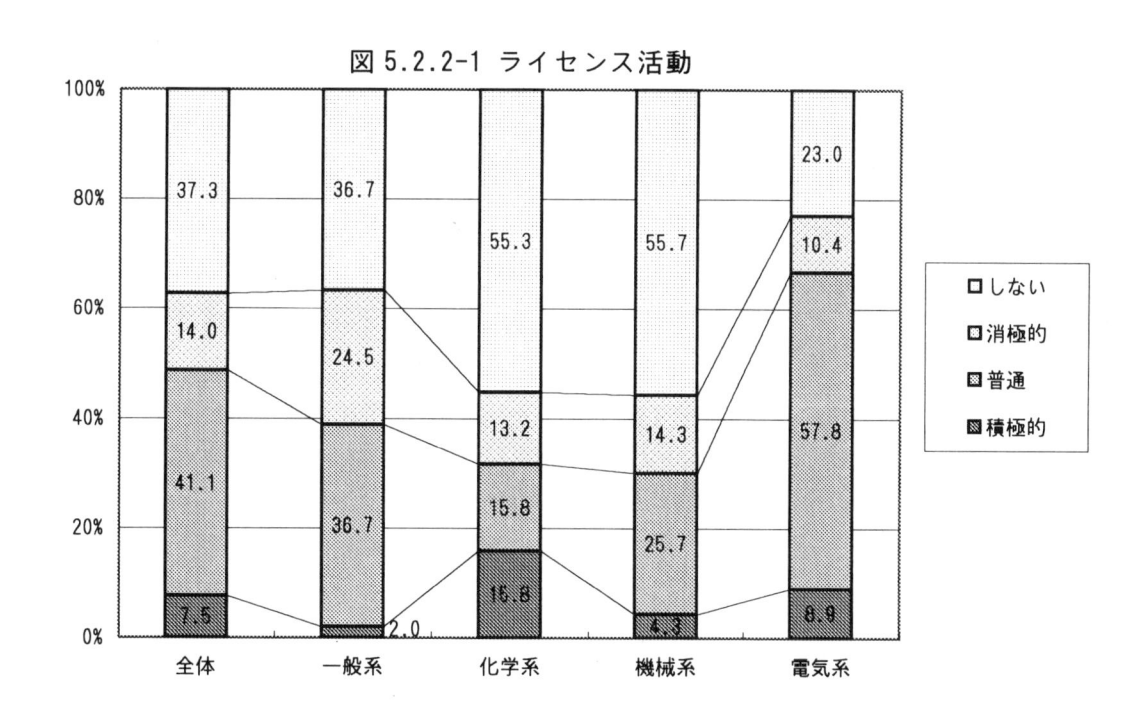

図 5.2.2-1 ライセンス活動

(2) ライセンス実績

ライセンス供与の実績について質問を行った。

質問内容	一般系	化学系	機械系	電気系	全体
・供与実績はないが今後も行う方針（実績無し今後も実施）	54.5%	48.0%	43.6%	74.6%	58.3%
・供与実績があり今後も行う方針（実績有り今後も実施）	72.2%	61.5%	95.5%	67.3%	73.5%
・供与実績はなく今後は不明（実績無し今後は不明）	36.4%	24.0%	46.1%	20.3%	30.8%
・供与実績はあるが今後は不明（実績有り今後は不明）	27.8%	38.5%	4.5%	30.7%	25.5%
・供与実績はなく今後も行わない方針（実績無し今後も実施せず）	9.1%	28.0%	10.3%	5.1%	10.9%
・供与実績はあるが今後は行わない方針（実績有り今後は実施せず）	0.0%	0.0%	0.0%	2.0%	1.0%

図5.2.2-2に、ライセンス実績を示す。306件中295件の回答があった（回答率96.4%）。ライセンス実績有りとライセンス実績無しを分けて示す。

「供与実績があり、今後も実施」は73.5%と非常に高い割合であり、特許ライセンスの有効性を認識した企業はさらにライセンス活動を活発化させる傾向にあるといえる。また、「供与実績はないが、今後は実施」が58.3%あり、ライセンスに対する関心の高まりが感じられる。

機械系や一般系の企業で「実績有り今後も実施」がそれぞれ90%、70%を越えており、他業種の企業よりもライセンスに対する関心が非常に高いことがわかる。

図5.2.2-2 ライセンス実績

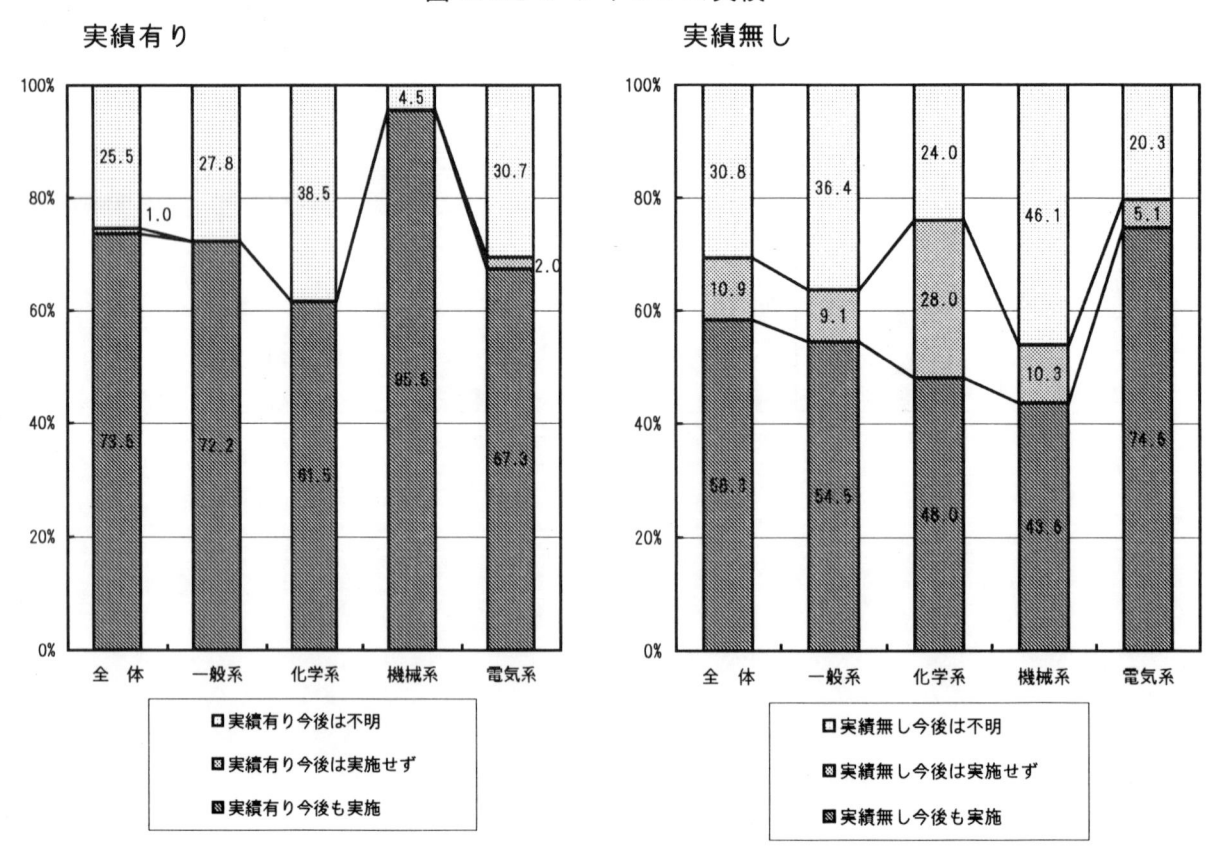

(3) ライセンス先の見つけ方

ライセンス供与の実績があると5.2.2項の(2)で回答したテーマ出願人にライセンス先の見つけ方について質問を行った(複数回答)。

質問内容	一般系	化学系	機械系	電気系	全体
・先方からの申し入れ(申入れ)	27.8%	43.2%	37.7%	32.0%	33.7%
・権利侵害調査の結果(侵害発)	22.2%	10.8%	17.4%	21.3%	19.3%
・系列企業の情報網（内部情報）	9.7%	10.8%	11.6%	11.5%	11.0%
・系列企業を除く取引先企業（外部情報）	2.8%	10.8%	8.7%	10.7%	8.3%
・新聞、雑誌、TV、インターネット等（メディア）	5.6%	2.7%	2.9%	12.3%	7.3%
・イベント、展示会等(展示会)	12.5%	5.4%	7.2%	3.3%	6.7%
・特許公報	5.6%	5.4%	2.9%	1.6%	3.3%
・相手先に相談できる人がいた等(人的ネットワーク)	1.4%	8.2%	7.3%	0.8%	3.3%
・学会発表、学会誌(学会)	5.6%	8.2%	1.4%	1.6%	2.7%
・データベース（DB）	6.8%	2.7%	0.0%	0.0%	1.7%
・国・公立研究機関（官公庁）	0.0%	0.0%	0.0%	3.3%	1.3%
・弁理士、特許事務所(特許事務所)	0.0%	0.0%	2.9%	0.0%	0.7%
・その他	0.0%	0.0%	0.0%	1.6%	0.7%

その結果を、図5.2.2-3 ライセンス先の見つけ方に示す。「申入れ」が33.7％と最も多く、次いで侵害警告を発した「侵害発」が19.3％、「内部情報」によりものが11.0％、「外部情報」によるものが8.3％であった。特許流通データベースなどの「DB」からは1.7％であった。化学系において、「申入れ」が40％を越えている。

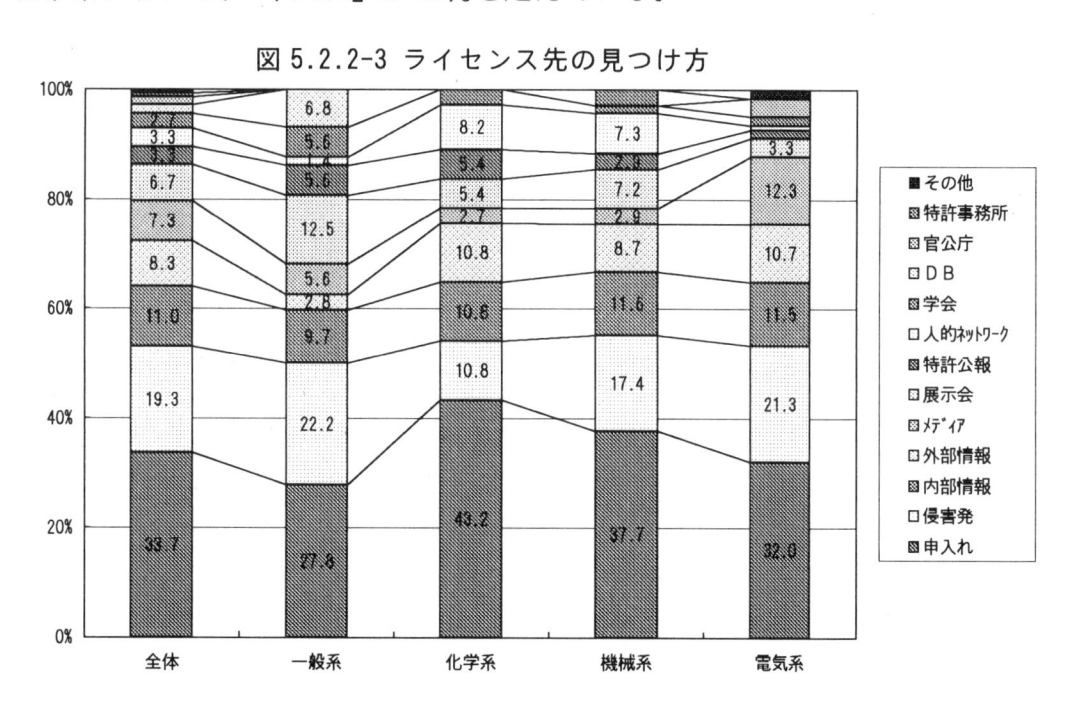

図5.2.2-3 ライセンス先の見つけ方

〔その他の内容〕
①関係団体（2件）

(4) ライセンス供与の不成功理由

5.2.2項の(1)でライセンス活動をしていると答えて、ライセンス実績の無いテーマ出願人に、その不成功理由について質問を行った。

質問内容	一般系	化学系	機械系	電気系	全体
・相手先が見つからない(相手先探し)	58.8%	57.9%	68.0%	73.0%	66.7%
・情勢(業績・経営方針・市場など)が変化した(情勢変化)	8.8%	10.5%	16.0%	0.0%	6.4%
・ロイヤリティーの折り合いがつかなかった(ロイヤリティー)	11.8%	5.3%	4.0%	4.8%	6.4%
・当該特許だけでは、製品化が困難と思われるから(製品化困難)	3.2%	5.0%	7.7%	1.6%	3.6%
・供与に伴う技術移転(試作や実証試験等)に時間がかかっており、まだ、供与までに至らない(時間浪費)	0.0%	0.0%	0.0%	4.8%	2.1%
・ロイヤリティー以外の契約条件で折り合いがつかなかった(契約条件)	3.2%	5.0%	0.0%	0.0%	1.4%
・相手先の技術消化力が低かった(技術消化力不足)	0.0%	10.0%	0.0%	0.0%	1.4%
・新技術が出現した(新技術)	3.2%	5.3%	0.0%	0.0%	1.3%
・相手先の秘密保持に信頼が置けなかった(機密漏洩)	3.2%	0.0%	0.0%	0.0%	0.7%
・相手先がグランド・バックを認めなかった(グラントバック)	0.0%	0.0%	0.0%	0.0%	0.0%
・交渉過程で不信感が生まれた(不信感)	0.0%	0.0%	0.0%	0.0%	0.0%
・競合技術に遅れをとった(競合技術)	0.0%	0.0%	0.0%	0.0%	0.0%
・その他	9.7%	0.0%	3.9%	15.8%	10.0%

その結果を、図5.2.2-4 ライセンス供与の不成功理由に示す。約66.7%は「相手先探し」と回答している。このことから、相手先を探す仲介者および仲介を行うデータベース等のインフラの充実が必要と思われる。電気系の「相手先探し」は73.0%を占めていて他の業種より多い。

図5.2.2-4 ライセンス供与の不成功理由

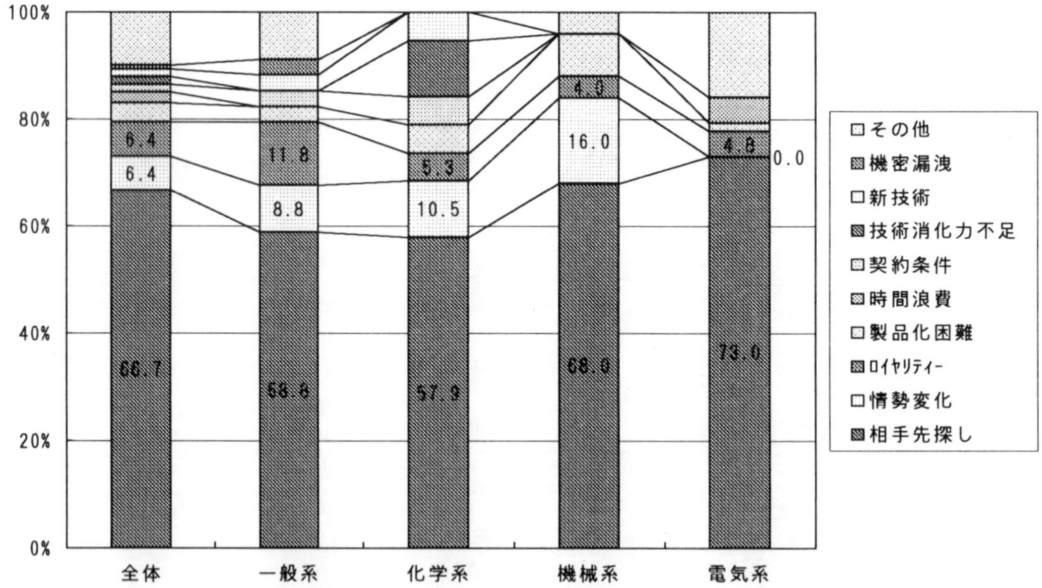

〔その他の内容〕
①単独での技術供与でない
②活動を開始してから時間が経っていない
③当該分野では未登録が多い(3件)
④市場未熟
⑤業界の動向(規格等)
⑥コメントなし(6件)

5.2.3 技術移転の対応
(1) 申し入れ対応

技術移転してもらいたいと申し入れがあった時、どのように対応するかについて質問を行った。

質問内容	一般系	化学系	機械系	電気系	全体
・とりあえず、話を聞く（話を聞く）	44.3%	70.3%	54.9%	56.8%	55.8%
・積極的に交渉していく（積極交渉）	51.9%	27.0%	39.5%	40.7%	40.6%
・他社への特許ライセンスの供与は考えていないので、断る（断る）	3.8%	2.7%	2.8%	2.5%	2.9%
・その他	0.0%	0.0%	2.8%	0.0%	0.7%

その結果を、図 5.2.3-1 ライセンス申し入れ対応に示す。「話を聞く」が 55.8％であった。次いで「積極交渉」が 40.6％であった。「話を聞く」と「積極交渉」で 96.4％という高率であり、中小企業側からみた場合は、ライセンス供与の申し入れを積極的に行っても断られるのはわずか 2.9％しかないということを示している。一般系の「積極交渉」が他の業種より高い。

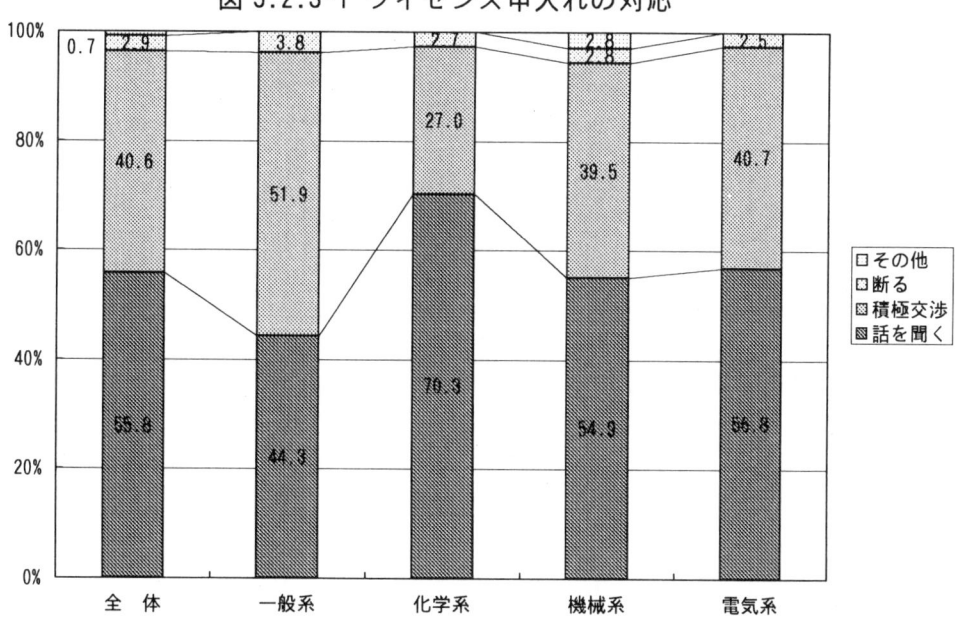

図 5.2.3-1 ライセンス申入れの対応

(2) 仲介の必要性

ライセンスの仲介の必要性があるかについて質問を行った。

質問内容	一般系	化学系	機械系	電気系	全体
・自社内にそれに相当する機能があるから不要（社内機能あるから不要）	36.6%	48.7%	62.4%	53.8%	52.0%
・現在はレベルが低いので不要（低レベル仲介で不要）	1.9%	0.0%	1.4%	1.7%	1.5%
・適切な仲介者がいれば使っても良い（適切な仲介者で検討）	44.2%	45.9%	27.5%	40.2%	38.5%
・公的支援機関に仲介等を必要とする（公的仲介が必要）	17.3%	5.4%	8.7%	3.4%	7.6%
・民間仲介業者に仲介等を必要とする（民間仲介が必要）	0.0%	0.0%	0.0%	0.9%	0.4%

図 5.2.3-2 に仲介の必要性の内訳を示す。「社内機能あるから不要」が 52.0％を占め、最も多い。アンケートの配布先は大手企業が大部分であったため、自社において知財管理、技術移転機能が整備されている企業が 50％以上を占めることを意味している。

次いで「適切な仲介者で検討」が 38.5％、「公的仲介が必要」が 7.6％、「民間仲介が必要」が 0.4％となっている。これらを加えると仲介の必要を感じている企業は 46.5％に上る。

自前で知財管理や知財戦略を立てることができない中小企業や一部の大企業では、技術移転・仲介者の存在が必要であると推測される。

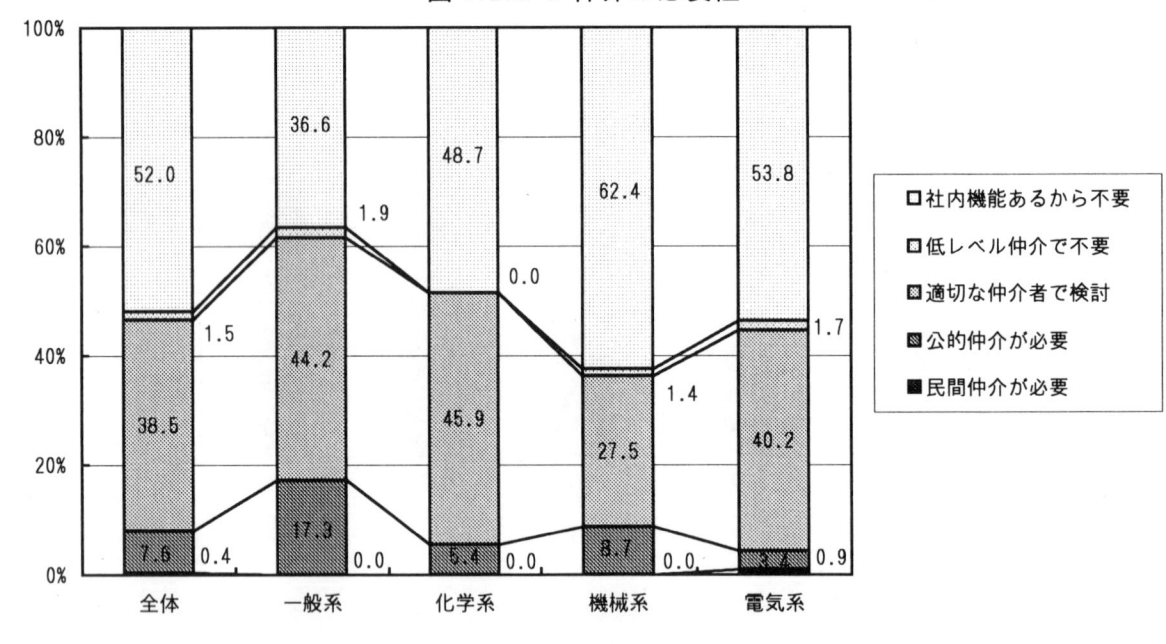

図 5.2.3-2 仲介の必要性

5.2.4 具体的事例
(1) テーマ特許の供与実績

技術テーマの分析の対象となった特許一覧表を掲載し(テーマ特許)、具体的にどの特許の供与実績があるかについて質問を行った。

質問内容	一般系	化学系	機械系	電気系	全体
・有る	12.8%	12.9%	13.6%	18.8%	15.7%
・無い	72.3%	48.4%	39.4%	34.2%	44.1%
・回答できない(回答不可)	14.9%	38.7%	47.0%	47.0%	40.2%

図 5.2.4-1 に、テーマ特許の供与実績を示す。

「有る」と回答した企業が 15.7%であった。「無い」と回答した企業が 44.1%あった。「回答不可」と回答した企業が 40.2%とかなり多かった。これは個別案件ごとにアンケートを行ったためと思われる。ライセンス自体、企業秘密であり、他者に情報を漏洩しない場合が多い。

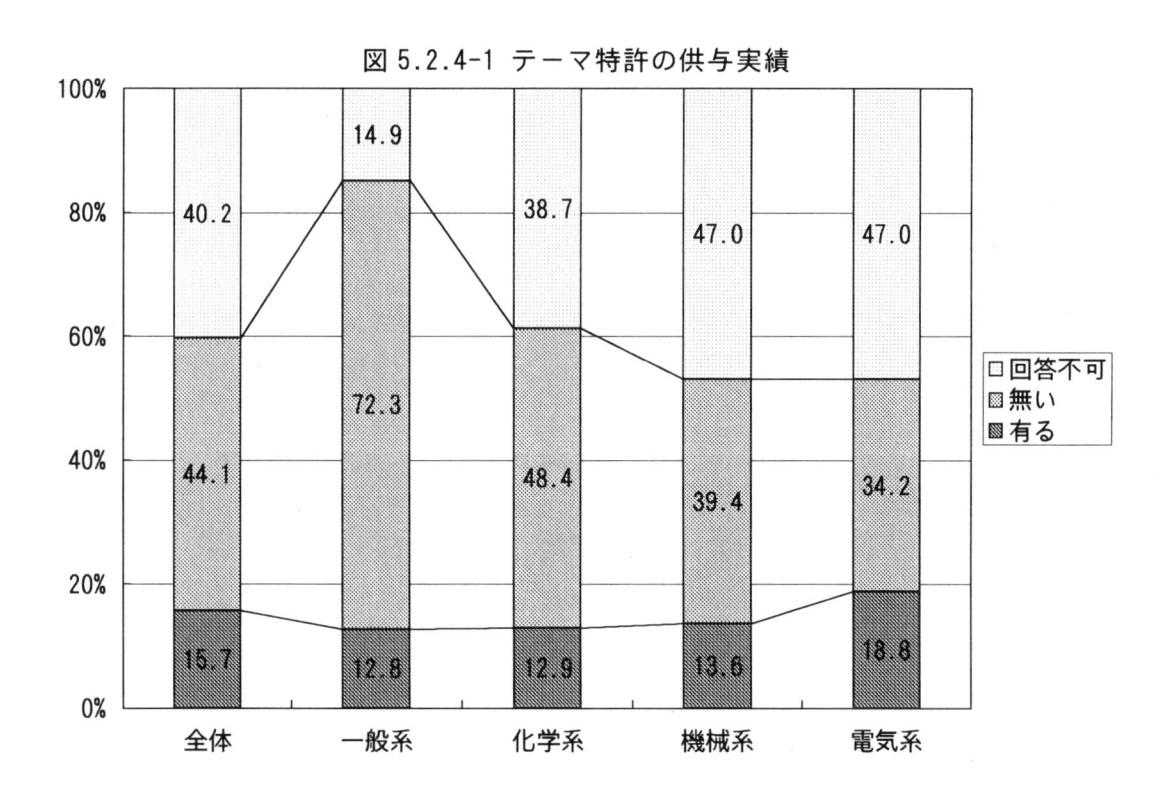

図 5.2.4-1 テーマ特許の供与実績

(2) テーマ特許を適用した製品

「特許流通支援チャート」に収蔵した特許（出願）を適用した製品の有無について質問を行った。

質問内容	一般系	化学系	機械系	電気系	全体
・回答できない(回答不可)	27.9%	34.4%	44.3%	53.2%	44.6%
・有る。	51.2%	43.8%	39.3%	37.1%	40.8%
・無い。	20.9%	21.8%	16.4%	9.7%	14.6%

図 5.2.4-2 に、テーマ特許を適用した製品の有無について結果を示す。

「有る」が 40.8％、「回答不可」が 44.6％、「無い」が 14.6％であった。一般系と化学系で「有る」と回答した企業が多かった。

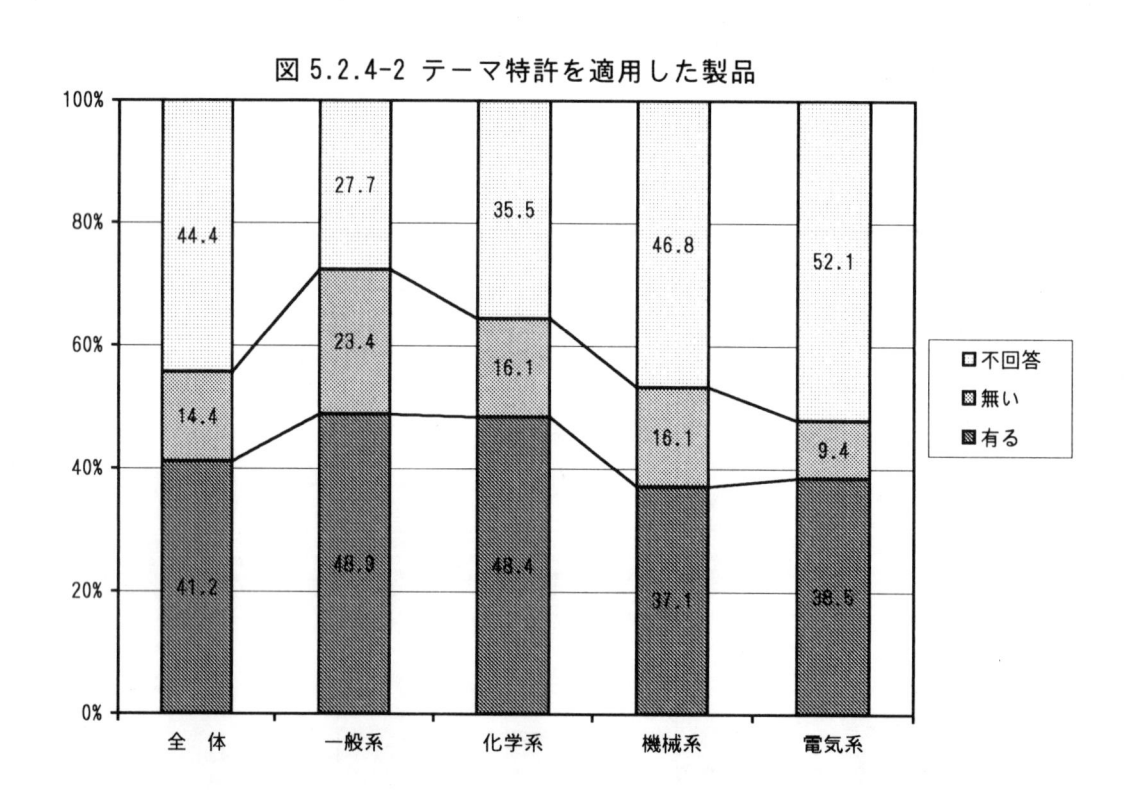

図 5.2.4-2 テーマ特許を適用した製品

	全体	一般系	化学系	機械系	電気系
不回答	44.4	27.7	35.5	46.8	52.1
無い	14.4	23.4	16.1	16.1	9.4
有る	41.2	48.9	48.4	37.1	38.5

5.3 ヒアリング調査

アンケートによる調査において、5.2.2 の(2)項でライセンス実績に関する質問を行った。その結果、回収数 306 件中 295 件の回答を得、そのうち「供与実績あり、今後も積極的な供与活動を実施したい」という回答が全テーマ合計で 25.4%(延べ 75 出願人)あった。これから重複を排除すると 43 出願人となった。

この 43 出願人を候補として、ライセンスの実態に関するヒアリング調査を行うこととした。ヒアリングの目的は技術移転が成功した理由をできるだけ明らかにすることにある。

表 5.3 にヒアリング出願人の件数を示す。43 出願人のうちヒアリングに応じてくれた出願人は 11 出願人(26.5%)であった。テーマ別且つ出願人別では延べ 15 出願人であった。ヒアリングは平成 14 年 2 月中旬から下旬にかけて行った。

表 5.3 ヒアリング出願人の件数

ヒアリング候補 出願人数	ヒアリング 出願人数	ヒアリング テーマ出願人数
4 3	1 1	1 5

5.3.1 ヒアリング総括

表 5.3 に示したようにヒアリングに応じてくれた出願人が 43 出願人中わずか 11 出願人(25.6%)と非常に少なかったのは、ライセンス状況およびその経緯に関する情報は企業秘密に属し、通常は外部に公表しないためであろう。さらに、11 出願人に対するヒアリング結果も、具体的なライセンス料やロイヤリティーなど核心部分については充分な回答をもらうことができなかった。

このため、今回のヒアリング調査は、対象母数が少なく、その結果も特許流通および技術移転プロセスについて全体の傾向をあらわすまでには至っておらず、いくつかのライセンス実績の事例を紹介するに留まらざるを得なかった。

5.3.2 ヒアリング結果

表 5.3.2-1 にヒアリング結果を示す。

技術移転のライセンサーはすべて大企業であった。

ライセンシーは、大企業が 8 件、中小企業が 3 件、子会社が 1 件、海外が 1 件、不明が 2 件であった。

技術移転の形態は、ライセンサーからの「申し出」によるものと、ライセンシーからの「申し入れ」によるものの 2 つに大別される。「申し出」が 3 件、「申し入れ」が 7 件、「不明」が 2 件であった。

「申し出」の理由は、3 件とも事業移管や事業中止に伴いライセンサーが技術を使わなくなったことによるものであった。このうち 1 件は、中小企業に対するライセンスであった。この中小企業は保有技術の水準が高かったため、スムーズにライセンスが行われたとのことであった。

「ノウハウを伴わない」技術移転は 3 件で、「ノウハウを伴う」技術移転は 4 件であった。

「ノウハウを伴わない」場合のライセンシーは、3 件のうち 1 件は海外の会社、1 件が中小企業、残り 1 件が同業種の大企業であった。

大手同士の技術移転だと、技術水準が似通っている場合が多いこと、特許性の評価やノウハウの要・不要、ライセンス料やロイヤリティー額の決定などについて経験に基づき判断できるため、スムーズに話が進むという意見があった。

　中小企業への移転は、ライセンサーもライセンシーも同業種で技術水準も似通っていたため、ノウハウの供与の必要はなかった。中小企業と技術移転を行う場合、ノウハウ供与を伴う必要があることが、交渉の障害となるケースが多いとの意見があった。

　「ノウハウを伴う」場合の4件のライセンサーはすべて大企業であった。ライセンシーは大企業が1件、中小企業が1件、不明が2件であった。

　「ノウハウを伴う」ことについて、ライセンサーは、時間や人員が避けないという理由で難色を示すところが多い。このため、中小企業に技術移転を行う場合は、ライセンシー側の技術水準を重視すると回答したところが多かった。

　ロイヤリティーは、イニシャルとランニングに分かれる。イニシャルだけの場合は4件、ランニングだけの場合は6件、双方とも含んでいる場合は4件であった。ロイヤリティーの形態は、双方の企業の合意に基づき決定されるため、技術移転の内容によりケースバイケースであると回答した企業がほとんどであった。

　中小企業へ技術移転を行う場合には、イニシャルロイヤリティーを低く抑えており、ランニングロイヤリティーとセットしている。

　ランニングロイヤリティーのみと回答した6件の企業であっても、「ノウハウを伴う」技術移転の場合にはイニシャルロイヤリティーを必ず要求するとすべての企業が回答している。中小企業への技術移転を行う際に、このイニシャルロイヤリティーの額をどうするか折り合いがつかず、不成功になった経験を持っていた。

表 5.3.2-1 ヒアリング結果

導入企業	移転の申入れ	ノウハウ込み	イニシャル	ランニング
—	ライセンシー	○	普通	—
—	—	○	普通	—
中小	ライセンシー	×	低	普通
海外	ライセンシー	×	普通	—
大手	ライセンシー	—	—	普通
大手	ライセンシー	—	—	普通
大手	ライセンシー	—	—	普通
大手	—	—	—	普通
中小	ライセンサー	—	—	普通
大手	—	—	普通	低
大手	—	○	普通	普通
大手	ライセンサー	—	普通	—
子会社	ライセンサー	—	—	—
中小	—	○	低	高
大手	ライセンシー	×	—	普通

＊ 特許技術提供企業はすべて大手企業である。

(注)
　ヒアリングの結果に関する個別のお問い合わせについては、回答をいただいた企業とのお約束があるため、応じることはできません。予めご了承ください。

資料6. 特許番号一覧

表6.-1 特許番号一覧(1/2)

技術要素/課題		特許no		
1) パネルの表示制御				
視認性・画質改善	特開平8-19023(35) 特開平11-17827(29) 特開2001-157260(21) 特許2602001(44)	特開平8-97887(27) 特開2000-163192(43) 特開2001-197167(32) 特許2970258(27)	特開平10-90442(27) 特開2000-270075(27) 特開2001-228853(21) 特許3068544(21)	特開平11-17579(27) 特開2001-145160(25) 特開2001-230839(21)
アミューズメント性	特開2001-224066(32)	特開2001-230836(32)	特許3001521(21)	
大容量データの表示	特開平11-155002(42)	特開2000-50360(41)	特開2000-278373(25)	
高速化	特開2000-356977(21)			
小型・軽量化	特開平9-116618(25) 特開2000-197026(45)	特開平10-98561(27) 特開2000-209318(47)	特開平10-123969(27) 特開2000-341433(24)	特開平10-313452(50) 特開2001-145160(25)
入力操作性	特開平8-97887(27) 特開平10-173759(28) 特開2000-59493(42) 特開2001-94659(29) 特開2001-186568(32) 特許2933575(21)	特開平10-23135(35) 特開平10-214157(27) 特開2000-216863(25) 特開2001-127867(24) 特開2001-189792(27) 特許3130882(24)	特開平10-23136(35) 特開平11-3040(29) 特開2000-270075(27) 特開2001-142614(21) 特許2602001(44) 特許3150128(21)	特開平10-27172(35) 特開平11-191032(25) 特開2001-77932(21) 特開2001-175452(32) 特許2705310(27) 特許3180005(44)
電力低減化	特開平9-27844(30) 特開平11-68921(35) 特開2001-223773(43)	特開平9-62201(35) 特開2000-253141(24) 特開2001-223791(50)	特開平9-261750(29) 特開2001-69235(47)	特開平10-94060(27) 特開2001-119476(24)
セキュリティ改善	特開2000-187763(41)	特開2001-103149(25)		
静粛性の確保	特開平8-65197(28)	特開2000-354274(35)	特開2001-224075(21)	
使用制約の自動化	特開平10-42362(26)	特開平10-98771(35)	特開2001-160985(25)	
情報表示の正確性	特開2001-53843(26)	特開2001-186235(21)		
条件に応じた制御	特開平11-355845(42) 特開2001-119450(49) 特許3076335(42)	特開2000-253456(25) 特開2001-127838(21) 特許3123933(21)	特開2000-307626(25) 特開2001-136241(24)	特開2000-341433(24) 特開2001-204068(32)
2) パネルの状態表示				
警告情報	特開2001-94661(50)			
使用可能時間および機能の表示	特開2000-49911(30)	特開2000-209649(25)	特許3068583(24)	
電波状態の表示	特開平10-51856(30) 特許2558390(23)	特開平10-111331(25)	特開平11-32375(37)	特開2000-32569(43)
回線状態の表示	特開平10-271560(26)	特許2908138(23)		
使用動作状態の表示	特開2000-286934(24)	特許2954117(23)		
外部機器接続状態の表示	特開平11-205421(30)	特開2001-189799(27)		
3) パネルのサービス表示				
ガイド情報	特開平10-243456(38) 特開平11-313373(47) 特許2834093(23)	特開平10-276474(41) 特開2000-197101(50) 特許3089538(41)	特開平11-153443(49) 特開2001-177627(21) 特許3103046(44)	特開平11-164350(28) 特許2553954(26)
取引・契約情報	特開2000-187763(41)	特開2000-222498(26)		
通知・警告情報	特開平11-308164(30)	特開2001-8265(41)	特許2885777(24)	特許2968778(21)
地域情報	特開平10-276466(30)	特開平11-308674(40)	特開2000-295662(30)	
送受信情報	特開2001-160985(25)			
サービス料金低減化	特開2000-307626(25)	特開2001-177670(32)		

表6.-1 特許番号一覧(2/2)

4) パネルの発着信・メッセージ情報表示				
着信表示	特開平10-243084(37)	特開平10-327448(21)	特開平11-146462(21)	特開平11-341548(23)
	特開2000-354274(35)	特開2001-45568(21)	特開2001-119450(49)	特開2001-206154(49)
発信表示	特開平8-265411(29)	特開平8-274864(29)	特開平11-331952(24)	特開2000-270085(24)
留守番電話・ボイスメール	特開平10-322454(23)			
着信表示	特開平8-65197(28)	特開2000-504534(43)		
発信表示	特開平11-164364(30)			
通話情報表示	特開2000-115333(24)	特開2000-196714(24)		
メッセージ表示	特開平11-289290(21)	特開平11-55711(21)	特許2786158(21)	
留守番電話・ボイスメール	特開平10-210137(30)	特開平10-304080(23)		
メール表示	特開平8-98257(35)			

5) 発光表示				
着信認知	実用新案登録3037453(46)	実用新案登録3037454(46)	実用新案登録3037456(46)	実用新案登録3046925(46)
	実用新案登録3047924(46)	実用新案登録3049746(34)	実用新案登録3052668(48)	実用新案登録3053031(34)
	実用新案登録3055463(36)	実用新案登録3055464(36)	実用新案登録3056830(34)	実用新案登録3057488(36)
	実用新案登録3058096(34)	実用新案登録3059859(36)	実用新案登録3060236(36)	実用新案登録3060768(36)
	実用新案登録3066453(36)	実用新案登録3067348(48)	実用新案登録3067349(48)	実用新案登録3067350(48)
	特開平8-265427(29)	特開平10-93664(34)	特開平10-284914(43)	特開平11-46377(47)
	特開平11-136319(40)	特開平11-239385(26)	特開平11-275183(40)	特開平11-298566(34)
	特開2000-349868(48)	特開2001-7896(48)	特開2001-94637(21)	特開2001-211237(32)
	特許3061596(36)			
電池	特開平8-237738(28)			
状態確認	特許3191692(26)			

6) 可聴表示				
着信認知	実用新案登録3046924(46)	実用新案登録3060768(36)	特開平7-336748(38)	特開平8-23560(38)
	特開平8-181743(29)	特開平9-238376(26)	特開平9-261301(25)	特開平9-275431(38)
	特開平9-275432(38)	特開平10-23539(26)	特開平10-42361(26)	特開平10-215299(40)
	特開平10-276466(30)	特開平11-41326(28)	特開平11-46377(47)	特開平11-187084(28)
	特開平11-187467(45)	特開平11-215210(29)	特開平11-239385(26)	特開平11-275183(40)
	特開2000-49906(26)	特開2000-49911(30)	特開2000-267660(25)	特開2000-295319(25)
	特開2000-295321(47)	特開2000-316050(21)	特開2001-77931(32)	特開2001-94637(21)
	特開2001-168955(32)	特開2001-206154(49)	特開2001-211235(32)	特開2001-224066(32)
	特開2001-230836(32)	特許2611480(45)	特許2944615(21)	特許3033714(21)
	特許3088410(21)			
警報	特開平11-41169(30)	特開2001-177611(32)	特許3099710(26)	
着信応答	特開平11-27382(28)	特開2000-4288(30)	特許3110380(23)	
通信接続状態	特開平8-275232(41)	特開平10-248077(26)		
電池	特開平11-74950(26)	特許3068583(24)		

7) 振動表示				
着信認知	実用新案登録3056397(34)	実用新案登録3056830(34)	実用新案登録3058096(34)	特開平8-181742(29)
	特開平8-181743(29)	特開平8-195791(29)	特開平10-42361(26)	特開平10-276466(30)
	特開平11-46377(47)	特開平11-88955(26)	特開平11-298566(34)	特開平11-355397(30)
	特開2000-59837(34)	特開2000-253456(25)	特開2000-316050(21)	特開2001-94637(21)
	特開2001-121079(32)	特許2944615(21)	特許3033714(21)	特許3119610(21)
電池	特開平11-74950(26)			

表6.-2 出願件数上位50社の連絡先

no	企業名	本社住所	TEL
1	松下電器産業	大阪府門真市大字門真1006	06-6908-1121
2	日本電気	東京都港区芝5-7-1	03-3454-1111
3	ソニー	東京都品川区北品川6-7-35	03-5448-2111
4	東芝	東京都港区芝浦1-1-1	03-3457-4511
5	日立国際電気	東京都中野区東中野3-14-20	03-3368-6111
6	NECモバイリング	神奈川県横浜市港北区新横浜3-16-8	045-476-2311
7	三洋電機	大阪府守口市京阪本通2-5-5	06-6991-1181
8	埼玉日本電気	埼玉県児玉郡神川町元原300－18	0495-77-3311
9	京セラ	京都府京都市伏見区竹田鳥羽殿町6	075-604-3500
10	カシオ計算機	東京都渋谷区本町1-6-2	03-5334-4111
11	日立製作所	東京都千代田区神田駿河台4-6	03-3258-1111
12	デンソー	愛知県刈谷市昭和町1-1	0566-25-5511
13	三菱電機	東京都千代田区丸の内2-2-3	03-3218-2111
14	シャープ	大阪府大阪市阿倍野区長池町22-22	06-6621-1221
15	ケンウッド	東京都渋谷区道玄坂1-14-6	03-5457-7111
16	キヤノン	東京都大田区下丸子3-30-2	03-3758-2111
17	富士通	東京都千代田区丸の内1-6-1　丸の内センタービル	03-3216-3211
18	日本電信電話	東京都千代田区大手町2-3-1	03-5205-5111
19	エヌ・ティ・ティ・ドコモ	東京都千代田区永田町2-11-1　山王パークタワー	03-5156-1111
20	ノキア　モービル　フォーンズ（フィンランド）	Keilalahdentie 4,FIN-00045	-
21	静岡日本電気	静岡県掛川市下俣８００番地	-
22	鳥取三洋電機	鳥取県鳥取市立川町７丁目101番地	0857-21-2001
23	日本電気通信システム	東京都港区三田１丁目４－２８（三田国際ビル）	03-5232-6300
24	日本電気テレコムシステム	神奈川県川崎市中原区小杉町1-403武蔵小杉STMビル	044-711-7200
25	リコー	東京都港区南青山1-15-5　リコービル	03-3479-3111
26	田村電機製作所	東京都目黒区下目黒2-2-3	03-3493-5113
27	モトローラ（米国）	1475 W. SHURE DRIVEARLINGTON HEIGHTS, IL 60004UNITED STATES	1-847-632-2560
28	沖電気工業	東京都港区虎ノ門1-7-12	-
29	アイワ	東京都台東区池之端1-2-11	03-3827-3111
30	日本電気エンジニアリング	東京都港区芝浦3-18-21１	03-5445-4411
31	東芝コミュニケーションテクノロジ	-	-
32	ヤマハ	静岡県浜松市中沢町10-1	-
33	日立画像情報システム	神奈川県横浜市戸塚区吉田町292	045-866-6204
34	山形カシオ	山形県東根市大字東根甲5400-1	0237-43-5111
35	東洋通信機	神奈川県川崎市幸区塚越3-484	044-542-6500
36	電興社	静岡県浜松市卸本町95番地	053-441-5441
37	村田機械	京都府京都市伏見区竹田向代町135	075-672-8138
38	船井電機研究所	大阪府大東市中垣内7丁目7番1号	072-870-4303
39	東芝エー　ブイ　イー	-	-
40	日本ビクター	神奈川県横浜市神奈川区守屋町３丁目１２番地	-
41	松下電工	大阪府門真市大字門真1048番地	06-6908-1131
42	アルカテル　シト（フランス）	Technologiepark 9　B - 9052 Zwijnaarde	+32 (0)9 264 55 76
43	コニン．フィリップス　エレクトロニクス（オランダ）	Building HVG P.O. Box 218　5600 MD Eindhoven Netherlands	Fax: +31-40-272-4825
44	インターナショナル　ビジネス　マシーンズ（米国）	1133 Westchester AvenueWhite Plains, New York 10604United States	-
45	トーキン	宮城県仙台市太白区郡山6丁目7番1号	022-308-0915
46	リーベックス	埼玉県川口市北原台2-19-1	048-294-4945
47	セイコーエプソン	長野県諏訪市大和三丁目3番5号	0266-52-3131
48	木村電子工業	神奈川県川崎市麻生区片平5-8-16	044-988-1689
49	日産自動車	東京都中央区銀座6-17-1	03-3543-5523
50	船井電機	大阪府大東市中垣内7丁目7番1号	072-870-4303

＊東芝コミュニケーションテクノロジ、東芝エー　ブイ　イーほか２社は
2000年４月１日に合併して東芝デジタルメディアエンジニアリングになった。

特許流通支援チャート 電気 5
携帯電話表示技術

2002年（平成14年）6月29日　　初 版 発 行
編　集　　独 立 行 政 法 人 ©2002　　工 業 所 有 権 総 合 情 報 館 発　行　　社 団 法 人　発 明 協 会
発行所　　社 団 法 人　発 明 協 会
〒105-0001　東京都港区虎ノ門2－9－14 　　　電　話　　03（3502）5433（編集） 　　　電　話　　03（3502）5491（販売） 　　　Ｆ Ａ Ｘ　　03（5512）7567（販売）
ISBN4-8271-0663-0 C3033　　印刷：株式会社　野毛印刷社 Printed in Japan

乱丁・落丁本はお取替えいたします。

本書の全部または一部の無断複写複製
を禁じます（著作権法上の例外を除く）。

発明協会HP：http://www.jiii.or.jp/

平成13年度「特許流通支援チャート」作成一覧

電気	技術テーマ名
1	非接触型ICカード
2	圧力センサ
3	個人照合
4	ビルドアップ多層プリント配線板
5	携帯電話表示技術
6	アクティブマトリクス液晶駆動技術
7	プログラム制御技術
8	半導体レーザの活性層
9	無線LAN

機械	技術テーマ名
1	車いす
2	金属射出成形技術
3	微細レーザ加工
4	ヒートパイプ

化学	技術テーマ名
1	プラスチックリサイクル
2	バイオセンサ
3	セラミックスの接合
4	有機EL素子
5	生分解性ポリエステル
6	有機導電性ポリマー
7	リチウムポリマー電池

一般	技術テーマ名
1	カーテンウォール
2	気体膜分離装置
3	半導体洗浄と環境適応技術
4	焼却炉排ガス処理技術
5	はんだ付け鉛フリー技術